Die Rückseite des Mondes, westlich des Kraters Daedalus

Alexis von Croy

# Der Mond und die Abenteuer der Apollo-Astronauten

Die Crew von Apollo 11: Neil Armstrong, Michael Collins und Buzz Aldrin

# Inhalt

# Vorwort

Als Apollo 11 auf dem Mond landete, war ich beinahe zehn Jahre alt. Mir war an diesem Tag schon bewusst, dass nun zum ersten Mal Menschen einen fremden Himmelskörper betreten hatten. Bis heute ist die Übertragung der ersten Fernsehbilder vom Mond für mich die beste und spannendste Sendung überhaupt geblieben. Meine Faszination für das Thema legte Pausen ein, verschwand aber nie. Auf der ganzen Welt gibt es sicher viele Menschen meines Alters, die noch immer mit Begeisterung an diese Mondlandung zurückdenken. Andere erforschen den Mond oder fotografieren ihn. Außerhalb der Zirkel von Fachleuten, Amateurastronomen und Raumfahrt-Begeisterten aber, so mein Gefühl, ist die Mondlandung beinahe in Vergessenheit geraten. Sie ist über die Jahre immer mehr zu einem abstrakten historischen Datum geworden, so wie die Entdeckung Amerikas. Den meisten Menschen sind die Geschehnisse vom Juli 1969 heute fremd, vielleicht auch, weil sie glauben, diese faszinierendste aller technischen Meisterleistungen ohnehin nicht im Detail verstehen zu können.

Den wenigsten unter uns ist klar, dass viele derer, die vor 40 Jahren an diesem Abenteuer teilnahmen, noch leben. Neil Armstrong, Buzz Aldrin und Michael Collins sind dieses Jahr 79 Jahre alt. Sechs der 24 Astronauten, die zum Mond flogen (gelandet sind 12), leben nicht mehr: James Irwin, Ron Evans, Pete Conrad, Jack Swigert, Stuart Roosa und Alan Shepard. In den Medien sind die Apollo-Astronauten oft als eiskalte Technokraten und verbohrte Ideologen dargestellt worden, die es nur den Russen zeigen wollten und keinerlei Sensibilität für die wirkliche Bedeutung der Mondflüge jenseits ihrer politischen Ziele und der monströsen, im Grunde militärischen Raketentechnik hatten. Wer David Singtons Dokumentarfilm »*In the Shadow of the Moon*« gesehen hat, weiß, wie lächerlich wenig dieses Klischee mit der Wirklichkeit des Apollo-Programms zu tun hat, vor allem auch mit jenen Abertausenden am Boden, die das Projekt erst möglich machten. Die meisten der Männer im Houstoner *Mission Control Center* und der zahllosen Ingenieure, die an Apollo mitwirkten, waren gerade mal junge Erwachsene, Twens.

Ich möchte die Geschichte der Mondflüge und der erfolgreichen ersten Landung als das spannende Abenteuer präsentieren, das es war: als eine Geschichte extremer Wagnisbereitschaft, als Flüge in besseren Konservendosen – dünnstem Stahl, etwas Alublech, Kunststoff – zu einer anderen Welt, als Saga der ersten Menschen, die den Fuß auf einen fremden Himmelskörper setzten. Keiner der zwölf Astronauten, die den Mond besuchten, konnte sich je wieder ganz lösen, befreien von den Erinnerungen an den fremden Himmelskörper, auf dem sie sich einst für Stunden oder gar Tage aufgehalten hatten.

Der coole Kommandant von Apollo 8, Frank Borman, der zwar den Mond nie betrat, ihn aber umrundete, brachte es einmal auf den Punkt: »*Manchmal sehe ich (…) hinauf zum Mond und dann erscheint es mir ganz unwahrscheinlich, dass ich wirklich dort oben war.*«

Alexis von Croy

Der Mond war von Anbeginn Teil des Lebens aller Menschen. Er kommt in unserer Kunst vor, bei Beethoven, aber auch in Popsongs. In den 50er-Jahren, als ich ein Kind war, machten nüchterne Zeitgenossen sich noch lustig über die Vorstellung von Weltraumreisen, aber viele wissenschaftsbegeisterte junge Menschen und Leser von Science-Fiction-Romanen waren überzeugt, dass es eines Tages wirklich so weit sein würde. Als ich in den 60er-Jahren die Universität besuchte, machte Präsident Kennedy die Landung auf dem Mond zu einem offiziellen Ziel der Vereinigten Staaten. Und ich hatte sogar das Glück, an der Kartierung des Mondes und der Erforschung der spektakulären Geschichte seiner Oberfläche beteiligt zu sein.

Die Landungen auf dem Mond begannen 1969. Zu jener Zeit schien das Apollo-Programm nur ein erster Schritt zu sein. Bestimmt würde die Menschheit nun systematisch und konsequent weiterarbeiten an der Eroberung des Weltalls und der Lüftung seiner Geheimnisse. Umso überraschender war, dass nach sechs erfolgreichen Mondflügen das öffentliche Interesse und die Aufmerksamkeit der Medien stark nachließen und die letzten Apollo-Missionen, auch aus diesem Grund, gestrichen wurden.

Die Wissenschaftler beschäftigten sich weiter mit den Daten vom Mond und mit den Gesteinsproben, welche die Astronauten und drei unbemannte russische Sonden mitgebracht hatten. Es war eine Blütezeit der Planetenforschung. 1975 veröffentlichten mein Kollege Donald R. Davis und ich, was inzwischen – irgendwie erscheint es mir immer noch wie ein Wunder oder Irrtum – zur führenden Theorie über die Entstehung des Mondes geworden ist. Alexis beschreibt das freundlicherweise sehr genau in diesem Buch. Bis zum Jahr 2000 hatte man mithilfe von Raumsonden herausgefunden, dass der Mars der Erde er-

staunlich ähnlich ist, mit ausgetrockneten Flussbetten, Polareis, Sedimentgesteinen, Lavaströmen und Sanddünen.
Aber der Antrieb der Menschen, über den Erdorbit hinaus weiter zu forschen, war erlahmt.
Ein solches Nachlassen des Interesses ist nicht ohne Beispiel. Oft haben Menschen hart daran gearbeitet, als »Erste« eine Grenze zu überwinden – nur um dann über Jahrzehnte hinweg kein großes Interesse mehr am Erreichten zu zeigen. Spanien drang 1539-40 mit einer tausendköpfigen Armee von Mexiko aus in den Südwesten der heutigen USA ein. Da die Eroberer dort nicht das erhoffte Gold fanden, brachen erst 60 Jahre später wieder tatkräftige Europäer auf, um sich im Gebiet des heutigen New Mexico anzusiedeln.
Und so war es auch bei der Erforschung der Pole. Nachdem der Nordpol wahrscheinlich 1909 erstmals erreicht wurde (die vorliegenden Dokumente sind nicht hieb- und stichfest), dauerte es 17 Jahre, bis der Mensch mit dem Flugzeug zurückkehrte, und 59 Jahre bis zur nächsten Expedition (mit Motorschlitten) über das Eis. Der Südpol wurde nach zwei erfolgreichen Versuchen im Jahr 1911 erst nach 45 Jahren wieder aus der Luft erreicht. Zu einer weiteren Expedition über Land kam es sogar erst 47 Jahre später.
Analog dazu werden mindestens 50 Jahre vergangen sein, bis nach den »Expeditionen« des Apollo-Programms wieder Menschen zum Erdtrabanten zurückkehren.
Dennoch – wir haben uns, so scheint es mir, endlich wieder aufgemacht, zurück zum Mond. Sowohl die Amerikaner als auch die Chinesen haben weitere Mondlandungen angekündigt, und auch Europa und Russland sind sehr aktiv. Wenn wir unsere geopolitischen und wirtschaftlichen Zwistigkeiten vom Tisch bekämen, könnten wir es vielleicht sogar gemeinsam angehen. In jedem Fall, denke ich, wird die Rückkehr zum Mond ein weiterer wichtiger Schritt für die Menschheit sein. Es existieren bereits seriöse technische Konzepte dafür, Sonnenenergie innerhalb des Erde-Mond-Systems, vielleicht sogar auf dem

Mond, zu sammeln und per Mikrowellen oder Laser auf die Erde zu senden, um so bereits gegen Ende dieses Jahrhunderts eine schadstofffreie Energiequelle zur Verfügung zu haben. Auch Asteroiden aus reinem Metall wurden bereits entdeckt.

Eine neue Ära der Menschheit wird anbrechen, wenn wir gelernt haben, uns frei innerhalb des Sonnensystems zu bewegen.

William K. Hartmann*
Planetary Science Institute
Tucson, Arizona

---

* Dr. William K. Hartmann, Leiter des *Planetary Science Institute* in Tucson, Arizona, ist gemeinsam mit Dr. Donald R. Davis der Begründer der heute führenden Theorie zum Ursprung des Mondes. Die »Giant Impact Theory« (siehe Seite 22) wurde erstmals 1975 veröffentlicht.

# Prolog

Stellen Sie sich ein kleines, mit Sand gefülltes Schwimmbecken vor. Das ist unsere Milchstraße, nur dass Galaxien wie sie in der Regel elliptisch oder spiralförmig und nicht rechteckig sind. Aber sie besteht tatsächlich aus etwa so vielen Sternen, wie Sandkörner in ein Schwimmbecken passen. Und nun stellen Sie sich eines der Sandkörner als die Sonne vor, umkreist von acht Planeten, darunter der Erde, die wiederum den Mond zum Trabanten hat.

Direkt neben unserer Sonne liegt ein anderes Sandkorn. Das soll der uns nächstgelegene Stern Proxima Centauri sein, 4,2 Lichtjahre entfernt. Wie lange brauchen Sie mit einem der fabelhaften Raumschiffe, die unsere Zivilisation bisher hervorgebracht hat, um Proxima Centauri zu erreichen? Etwa 70 000 Jahre. Es gibt aber auch Sterne in der Milchstraße, die 25 000 oder 50 000 Lichtjahre entfernt sind, sozusagen am anderen Ende des Schwimmbeckens, in Wirklichkeit aber unvorstellbar weit von uns entfernt.

Darf ich Ihre Vorstellungskraft noch etwas mehr strapazieren? Denken Sie sich ein zweites mit Sand gefülltes Schwimmbecken in Los Angeles, Kalifornien. Es repräsentiert unsere Nachbargalaxie – Andromeda. Der Andromeda*nebel*, wie er wegen seiner Erscheinung als milchiger kleiner Fleck zwischen den Sternen am Nachthimmel auch genannt wird, ist 2,5 Millionen Lichtjahre entfernt. Trotzdem kann man ihn in klaren Nächten zwischen den Sternen unserer Milchstraße mit bloßem Auge sehen. M31, so heißt Andromeda nüchtern unter Astronomen, besteht aus mindestens einer Billion Sonnen. Damit ist das System ungefähr fünfmal so groß wie die Milchstraße.

Und zwischen unseren beiden Schwimmbecken, also den Galaxien, befindet sich – nichts. Ein paar vereinzelte Atome schwirren hier herum. Es gibt viele Milliarden solcher Galaxien wie Andromeda oder die

Milchstraße, und das Licht der am weitesten entfernten Sternensysteme benötigt über 13 Milliarden Jahre, um uns zu erreichen. Von der Erde aus lassen sich mit bloßem Auge lediglich die uns am nächsten liegenden Sterne der Milchstraße erkennen, es sind etwa 5000. Durch große Teleskope aber sehen wir auch sehr weit entfernte Galaxien. Da uns das Licht einer Milliarden Lichtjahre entfernten Galaxie immer nur zeigt, wie diese Galaxie vor Milliarden Jahren aussah, unser Bild der Sonne aber ihrem Aussehen vor acht Minuten und das Bild des Mondes seinem Zustand vor etwas mehr als einer Sekunde entspricht, ist jeder Blick in den nächtlichen Sternenhimmel zugleich ein Blick in eine unfassbare komplexe »Zeitmaschine«. Sie sehen, wenn Sie den Sternenhimmel betrachten, das Universum zu Tausenden von verschiedenen Zeiten – und so führt das Bild des Sternenhimmels unsere Vorstellung von Gegenwart eigentlich ad absurdum!

Mein anschauliches Modell stimmt nicht ganz. Es ist nicht maßstabsgetreu. Wie die meisten Modelle, die komplexe Sachverhalte oder gigantische Dimensionen verdeutlichen wollen, ist es vereinfacht. Die Ausmaße des Universums sind einfach zu gewaltig für ein maßstabsgerechtes Modell. Wäre die Sonne sandkorngroß, dann läge der nächste Stern (das nächste Sandkorn im Schwimmbecken), Proxima Centauri, im richtigen Maßstab vier Kilometer entfernt. Der Raum zwischen den Sternen ist zum allergrößten Teil völliges Vakuum.

Hier noch eine interessante Zahl: Man geht heute davon aus, dass die Anzahl von Sternen im Universum die Zahl aller Sandkörner auf der Erde um den Faktor zehn übersteigt. 70 Trillionen Sterne, eine Sieben mit 22 Nullen, das ist die momentan unter Astronomen gehandelte Dimension des Weltalls. Jede auch nur annähernd »realistische« und maßstabsgetreue Analogie führt deshalb unweigerlich zu Dimensionen, die jenseits unseres Vorstellungshorizonts liegen. Allerdings sind diese Zahlen für uns (anders als für Fachwissenschaftler) auch ohne jede praktische Bedeutung, denn weder Sie noch ich werden je nach Proxima Centauri fliegen.

Die Andromeda-Galaxie, ein rotierendes Gebilde von unvorstellbaren Ausmaßen. Was wie ein feiner Nebel aussieht, sind Milliarden von Sternen, zweieinhalb Millionen Lichtjahre entfernt.

Für die Geschichte unseres Mondes können wir uns ausschließlich auf unser Sonnensystem beschränken, *ein* Sandkorn aus unserem galaktischen Schwimmbecken. Da die Geschichte des Mondes untrennbar mit der Geburt unseres Planetensystems verknüpft ist, muss ich aber noch einmal etwas ausholen – allerdings nur ein paar Milliarden Jahre …
Vor etwa 4,6 Milliarden Jahren beginnt in einem der äußeren Bereiche unserer Milchstraße, etwa 26 000 Lichtjahre vom Zentrum der Galaxie entfernt, eine riesige Wolke kosmischen Staubes unter dem Einfluss der Gravitation, der geheimnisvollen Urkraft, der die Mechanik des gesamten Universums zugrunde liegt, zu kollabieren. Die Wolke besteht vor allem aus Wasserstoff und Helium, aber auch aus festen Elementen. Ausgelöst wird der plötzliche Zusammenbruch des zuvor in einem

labilen Gleichgewicht im Raum schwebenden Urnebels, so eine gängige Theorie, durch die Schockwelle eines kurz zuvor in derselben kosmischen Gegend stattfindenden Sternentodes – einer Supernova. Während das gigantische Gebilde, dessen Durchmesser zu Beginn der Ereignisse das Tausendfache unseres heutigen Planetensystems beträgt, kontrahiert, verwandelt sich die Schwerkraft in Bewegungsenergie (und Wärme), und der Urnebel, der bereits im Ausgangszustand leicht rotiert hatte, dreht sich mit zunehmender Verdichtung immer schneller, so wie ein Eistänzer, wenn er bei einer Pirouette die Arme anzieht. Erhaltung des Drehimpulses heißt das in der Physik.
Allmählich beginnt sich das Gebilde unter dem Einfluss der enormen Zentrifugalkraft abzuplatten, und aus dem vorher unförmigen Nebel entsteht eine symmetrische flache Scheibe, in der sich die Materie auf nahezu kreisförmigen elliptischen Bahnen um das Zentrum bewegt. Da der Druck in der Mitte der Scheibe am höchsten ist, herrscht in dem riesigen flachen Rad, aus dem Millionen Jahre später unser Planetensystem entstehen wird, ein großes Temperaturgefälle: Ganz innen, nahe dem Zentrum, ist es heiß, in den äußeren Regionen kühler. Dort, wo es am wärmsten ist, verdampfen alle leichteren Elemente. In fester Form übrig bleiben Eisen, Nickel und Silikate.
Weiter entfernt aber von dem sich verdichtenden Zentrum des Systems, etwa so weit draußen, wie es heute der vierfachen Entfernung von der Erde zur Sonne entspricht, bleiben neben den festen Elementen auch die Gase Wasserstoff und Helium vorhanden. Während die mikrometerkleinen Teilchen die Sonne umrunden, kollidieren sie immer häufiger miteinander und elektrostatische Kräfte sorgen dafür, dass sie aneinander haften bleiben. Stellen Sie sich die weitere Entwicklung wie in einem Zeitraffer über Millionen von Jahren vor: Die ursprünglich nur staubkorngroßen Teilchen ballen sich zu immer größeren Objekten zusammen, und je größer sie werden, umso schneller kommt das System durch ihre permanent anwachsende Anziehungskraft in Fahrt.

Als die Gebilde etwa einen Durchmesser von einem Kilometer haben, sind sie, wie wir heute (also ein paar Milliarden Jahre später) sagen, *Planetesimale.* Innen, nahe dem Zentrum der protoplanetaren Scheibe, besteht diese Planetensaat vor allem aus den schweren, nicht flüchtigen Elementen, in den äußeren Regionen aus einer Mischung von schweren Elementen sowie gasförmigem Wasserstoff und Helium. Die Planetesimale verfügen bereits über beachtliche Gravitationskräfte und wachsen daher über die nächsten Millionen Jahre immer schneller, etwa 15 Zentimeter pro Jahr. Die Planeten nahe dem Zentrum werden feste dichte Kugeln, fernab der Mitte bilden sich riesige, aber weniger dichte Gasplaneten, die durch ihre enorme Gravitation auch die letzten Materiereste des Urnebels in ihrer Nähe aufsammeln. Aus dem verbliebenen Wasserstoff und Helium in ihrer Umgebung bilden diese Gasriesen ihre mächtigen und dichten Atmosphären.

Das Wachstum der Planeten endet erst, als sie beinahe das gesamte Material des Urnebels aufgesammelt und sich zwischen ihnen riesige, annähernd materiefreie Räume gebildet haben. Die extreme Verdichtung der Materie in der Mitte des neuen Planetensystems führt schließlich zum Beginn nuklearer Prozesse, der Kernfusion: die Sonne »zündet«. Jetzt beginnt ein Strom geladener Plasmateilchen aus den äußeren Schichten des neuen Sterns – der Sonnenwind – durch das All zu ziehen. Er ist so stark, dass er die gesamten noch verbliebenen Staubreste des Urnebels weit in die äußeren Regionen des neuen Planetensystems bläst. Planetesimale, die es nie zu echten Planeten geschafft haben, bleiben als letzte Zeugen der Entstehung unseres Planetensystems bis heute übrig. Im Bereich zwischen Mars und Jupiter bilden sie den Asteroidengürtel, weiter draußen, in einer Gegend des Sonnensystems, das Astronomen heute als *Oortsche Wolke* bezeichnen, werden sie zu Kometen. Dass aus den Asteroiden kein Planet wurde, schreiben Physiker der enormen Gezeitenkraft des Jupiter zu – sie hat wohl verhindert, dass die Objekte in dieser Region zu Planeten heranwachsen konnten.

Etwa einhundert Millionen Jahre sind seit dem Einsetzen der Kontraktion des Urnebels vergangen. Unser Sonnensystem besitzt jetzt die noch heute von uns beobachtete Form. Die Planeten kreisen ruhig und beständig auf ihren leicht elliptischen Bahnen um die Sonne. Aber bis zur Geburt des ersten Menschen, also einer zur Erfassung dieser Zusammenhänge befähigten Intelligenz, sind es immer noch knapp viereinhalb Milliarden Jahre.

Seit einigen Jahren wissen wir, dass auch Sterne außerhalb unseres Sonnensystems von Planeten umkreist werden. Angenommen hatten das die Astronomen seit Langem (warum sollte auch ausgerechnet unsere Sonne das einzige solche System haben?), aber der Nachweis war bis vor Kurzem nicht möglich. Bis Juli 2008 wurden bereits 307 Planeten auf Kreisbahnen um Sterne außerhalb unseres Sonnensystems entdeckt, alle in einer Entfernung von bis zu 300 Lichtjahren. 200 davon sind große gasförmige Planeten, einen erdähnlichen Himmelskörper konnten Astronomen bisher nicht identifizieren. Aber auch das dürfte nur noch eine Frage der Zeit sein.

Zurück ins heimische Sonnensystem: Die vier inneren (»terrestrischen«) Planeten sind Merkur, Venus, Erde und Mars. Jupiter, Saturn, Uranus und Neptun, weiter draußen im All, sind schillernde Gasriesen ohne feste Oberfläche. Der schönste davon ist Saturn mit seinem auffälligen Ringsystem aus Eis- und Gesteinsbrocken. Der bis vor wenigen Jahren neunte Planet, der kleine Pluto, wurde mittlerweile aus dem erlauchten Kreis der Wanderer verstoßen und zum Zwergplaneten herabgestuft. Über Zeiträume, die für Menschen nur noch theoretisch von der Unendlichkeit zu unterscheiden sind, bleibt unser Heimatplanet eine von mehreren heißen Kugeln. Nach ihrer Entstehung hat sich die noch kühle Erde durch ein Bombardement von Meteoriten und vulkanische Prozesse wieder erwärmt. In einem – nach kosmischen Maßstäben – eben erst entstandenen Sonnensystem umkreist die Erde das Zentralgestirn.

Und dann, nicht lange nach seiner Geburt, bekommt der Blaue Planet einen Begleiter.

# Der Mond

## Aus den Tiefen des Alls – oder ein Kind der Erde?

*»Alle Wahrheiten sind einfach zu verstehen, sobald sie entdeckt wurden; entscheidend ist, sie zu entdecken.«* Galileo Galilei

**Ort: Das Sonnensystem. Zeit: Vor 4,5 Milliarden Jahren**

Auf den Tag genau werden wir es nie wissen, aber dass der Mond zwischen 4450 und 4500 Millionen Jahre alt ist, konnten Forscher der Eidgenössischen Technischen Hochschule Zürich (ETH) und der Universität Köln im Jahr 2007 mithilfe einer Analyse des Isotops Wolfram-182 herausfinden. In den vergangenen Jahrhunderten, vor allem aber durch die Ergebnisse der Mond-Expeditionen der 60er- und 70er-Jahre und die Analyse des Gesteins, das die Apollo-Astronauten von ihren Missionen zurückbrachten, haben wir viel über den Trabanten der Erde erfahren. Die Kernfrage aber blieb uns lange Zeit ein Rätsel: Woher kommt der Mond, wie ist er entstanden? Ist er ein natürlicher Zwilling der Erde, gleichzeitig mit ihr geboren? Oder war er ein einsamer Wanderer, der von der Gravitation anderer Himmelskörper gesteuert durch das Sonnensystem irrte, bis er eines Tages durch einen seltsamen Zufall der Natur auf die Erde traf und sich an sie band? Oder ist er vielleicht Ergebnis und stummer Zeuge einer kosmischen Katastrophe unvorstellbaren Ausmaßes?

Bereits kurz nach Beginn der Renaissance im 15. Jahrhundert versuchen die damals als Naturphilosophen bezeichneten ersten Forscher, ihre Theorien über die Entstehung des Mondes mit den ihnen zur Verfügung stehenden Beobachtungen in Einklang zu bringen. Die Frage nach der Entstehung des Mondes wird Teil der ersten Erklärungsversuche über das Sonnensystem. Die ersten Theorien jener Zeit basieren auf über 200 Jahre lang gesammelten Daten, die nach gründlicher mathematischer Analyse der Dynamik des Erde-Mond-Systems allmählich ein wesentliches Geheimnis preisgeben: Die beiden Himmelskörper drehen sich immer langsamer infolge der Anziehung, die sie aufeinander ausüben und die auch an den Gezeiten der Meere erkennbar ist. Gleichzeitig entfernt sich der Mond immer weiter von der Erde. Daraus, dass die Entfernung des Mondes von der Erde langsam zunimmt, schließen die Wissenschaftler, dass er sich vor langer Zeit ganz nah an der Erde befunden haben muss. Folgerichtig fragen sie sich bald, ob er dann nicht auch von der Erde selbst stammen könnte.

Während des 17., 18., und 19. Jahrhunderts werden die verschiedensten Theorien zur Entstehung des Mondes entwickelt. Ziel ist es, eine Erklärung zur Geburt des Trabanten zu finden, die sich mit den Beobachtungen, den Zahlen und den mittlerweile gut bekannten Daten seiner Bahn in Einklang bringen lassen. Einer der ersten Versuche, dem Ursprung unseres Begleiters im All auf wissenschaftliche Weise auf die Spur zu kommen, findet sich in Immanuel Kants »*Allgemeiner Naturgeschichte und Theorie des Himmels*« aus dem Jahr 1755, in der der Philosoph versucht, das Wesen der Natur aus deren Historie zu entwickeln.

Kant formuliert in seinem Werk auch die Entstehung des Planetensystems aus einer kosmischen Staubwolke. Sein französischer Kollege, der geniale Mathematiker Pierre-Simon Laplace gelangt um dieselbe Zeit zu ähnlichen Schlussfolgerungen. Gemeinsam gelten diese beiden großen Denker heute als Väter der *Kant-Laplace-Theorie*, deren größte Leistung es ist, erstmals ein rein auf physikalisch-evolutionären Grundlagen basierendes Modell der Geschichte unseres Sonnensystems zu entwickeln. Kant bezeichnet es auch als den »mechanischen Ursprung der Welt« und Gott spielt für ihn bei der Erschaffung der Welt keine Rolle – sein Sonnensystem funktioniert auch ohne eine höhere Macht. 200 Jahre bevor der Astrophysiker Frank Drake seine berühmte Formel zur Schätzung der Anzahl möglicher Zivilisationen in unserer Galaxie präsentiert (*Drake-Gleichung*) stellt Kant bereits ähnliche Überlegungen an. Er ist sicher, dass sogar auf den Planeten unseres

Sonnensystems Lebewesen existieren und nimmt an, dass deren Intelligenz mit zunehmender Entfernung ihrer Heimatplaneten von der Sonne zunimmt.

Für Kant erscheint es logisch, dass der Mond sich zur selben Zeit wie die Erde aus dem kosmischen Urnebel gebildet hat. Eine um die junge Erde schwebende Staubhülle verdichtete sich seiner Meinung nach in gleicher Weise zu einem festen Himmelskörper, wie sich die Planeten in der Umgebung der Sonne bildeten. Als Wissenschaftler zum ersten Mal Zugriff auf Gesteinsproben vom Mond haben, wird klar, dass es so, wie Kant glaubte – und nach ihm Mitte der 40er-Jahre noch Carl-Friedrich von Weizsäcker – nicht gewesen sein kann. Zu niedrig ist der Anteil an metallischem Eisen, aber auch an leichtflüchtigen Elementen im Gestein der Mondkruste. Auch für den ungewöhnlich hohen Drehimpuls des Mondes im Vergleich zur Erde und die gegenüber der Erdbahn geneigte Mondbahnebene gibt die *Co-Accretion-Theorie*, wie sie im angelsächsischen Raum genannt wird, keine plausible Erklärung. Obwohl Kant also mit seiner Naturphilosophie erstaunlich nah an den Tatsachen der Entstehung des Sonnensystems und der Planeten war – mit seinem Modell von der Entstehung des Mondes lag er ebenso falsch wie mit seiner Idee von den uns geistig überlegenen Bewohnern des Jupiter.

Der Sohn des großen Naturforschers Charles Darwin, der Astronom und Mathematiker George Darwin, hat 1878 eine andere Idee, wie der Mond entstanden sein könnte. Seiner Meinung nach rotierte die noch flüssige Protoerde so schnell um ihre Achse, dass sich unter dem Einfluss der enormen Zentrifugalkraft ein Wulst um den Äquator bildete, der sich schließlich als riesiger Tropfen flüssigen Gesteins von ihr abtrennte und den Mond bildete. Die Narbe, die der Mond in der Erdkruste hinterließ, so unterstützt der Geologe Osmond Fisher Darwins These vier Jahre später, sei als das Becken des Pazifischen Ozeans noch heute Zeuge dieser Geschehnisse. Auch diese an sich verlockend plausible Erklärung Darwins und Fishers lässt sich nicht mehr halten, auch wenn sie Laien intuitiv einleuchtend erscheint.

Das Becken des Pazifischen Ozeans, so hat die Wissenschaft der Plattentektonik zweifelsfrei ergeben, ist nur etwa 70 Millionen Jahre alt, und die chemische Zusammensetzung des Mondes unterscheidet sich zu sehr von der Erdkruste. Gänzlich unmöglich ist es, die heutige Rotationsgeschwindigkeit der Erde von 1670 Stundenkilometern (am Äquator) mit der für das Funktionieren dieser Theorie notwendigen zehnfachen Geschwindigkeit in Einklang zu bringen, was einer Taglänge von nur zweieinhalb Stunden entspräche. Eine Begründung dafür, wie die Rotation der Erde sich bis heute derart verlangsamt haben könnte, ließ sich auch mithilfe von Computermodellen nicht finden. Dass der Mond keinen massiven Eisenkern wie die Erde und damit eine wesentlich geringere mittlere Dichte hat, ließe sich hingegen mit der Vorstellung erklären, dass die schweren Elemente Eisen und Nickel in der weitgehend flüssigen Erde zum Kern hinabgesunken sind – noch bevor sich der Mond aus der Erdkruste löste. Den großen Unterschied beim Anteil leicht flüchtiger Elemente vermag das *Abspaltungsmodell* wiederum nicht einleuchtend zu erklären.

1909 formuliert der US-Astronom Thomas J. J. See die dritte der gängigen Thesen zur Herkunft des Mondes. See glaubt, dass der Mond zur Zeit der Planetenentstehung in einer anderen Region des Sonnensystems geboren und sehr viel später vom Gravitationsfeld der Erde eingefangen wurde, als sich seine Bahn mit derjenigen der Erde kreuzte. Die Theorie ist einigermaßen waghalsig und nur wenige von Sees Kollegen konnten sich später für sie erwärmen, auch wenn sie lange Zeit eine der »klassischen drei« Theorien zur Herkunft unseres Trabanten blieb.

Das größte Problem mit der *Capture-Theorie* ist, dass der Eintritt eines Himmelskörpers von der Masse des Mondes in einen Erdorbit himmelsmechanisch einen »Sechser mit Zusatzzahl« weit in den Schatten stellt. Berechnungen haben ergeben, dass die Wahrscheinlichkeit eines solchen Zufalls gegen Null geht – und mancher Astronom hat ihn sogar gänzlich ausgeschlossen. In Simulationen zeigt sich, dass ein

Objekt mit der Masse des Mondes einen viel zu großen Schwung hätte, um in einen stabilen Orbit um die Erde einzutreten.

Der Mond hätte also, kurz bevor er das Stiefkind der Erde wurde, seine Geschwindigkeit rapide abbauen müssen, da er sonst nahezu unbeeinflusst von der irdischen Gravitation an der Erde vorbeigerast und in einer Umlaufbahn um die Sonne geblieben wäre (selbst ein von der Masse im Vergleich mikroskopisch kleines Raumschiff benötigt eine Bremszündung, wenn es nicht am Mond vorbeifliegen, sondern in eine stabile Umlaufbahn eintreten soll). Als »Krücke« erdenken Verfechter der Einfang-Theorie später ein natürliches Bremsmanöver: Der Mond habe durch die Kollision mit Asteroiden seine Geschwindigkeit verringert, wodurch es der Erde möglich geworden sei, ihn »einzufangen«. Das ganze Szenario ist extrem unwahrscheinlich und führt in nahezu keinem erdenklichen Modell zum gewünschten Resultat und der nahezu kreisförmigen Mondbahn. Außerdem ist Sees Theorie nicht in der Lage, die enorm ähnlichen Varianten chemischer Elemente auf Erde und Mond zu erklären. Diese Isotope aber sind eines der stärksten Indizien dafür, dass Erde und Mond einen gemeinsamen Ursprung haben müssen.

Die Frage nach der Entstehung des Mondes bleibt sogar noch nach der letzten Apollo-Mission ungelöst. Die drei Haupttheorien haben treue Gefolgschaften, und es sieht lange nicht so aus, als ob eine davon die Oberhand gewinnen könnte. Als der amerikanische Astronom und Planetenwissenschaftler William K. Hartmann und sein Kollege Donald R. Davis schließlich einen gänzlich neuen Ansatz finden, ist die Wissenschaftsgemeinde zunächst sprachlos. Zum ersten Mal wird Hartmanns und Davis' Idee 1974 auf einer Konferenz über Satelliten vorgestellt, aber erst ab 1984 beginnt sie sich endgültig als plausibelste Erklärung für die Herkunft unseres Trabanten durchzusetzen. In jenem Jahr findet in Kona auf Hawaii eine internationale Konferenz zum Ursprung des Mondes statt. Aus dieser Zusammenkunft führender Planetologen geht die neue Theorie als leuchtender Stern am Astronomenhimmel hervor.

Und sie ist bis heute die logischste und vollständigste Hypothese zur Entstehung unseres grauen Begleiters geblieben.
In Hartmanns spektakulärer *Giant Impact-Hypothese*, im Deutschen meist als *Kollisionstheorie* bezeichnet, stößt die noch junge Erde mit einem vorüberziehenden anderen Protoplaneten zusammen, der mindestens die Größe des Planeten Mars gehabt haben muss. In der gigantischen Kollision trifft der Protoplanet *Theia*, wie ihn Forscher im Jahr 2000 nach der griechischen Titanin und Mutter der Mondgöttin Selene tauften, die Erde nicht frontal, sondern streifend. Dabei wird der Eindringling zerstört, seine Materie vollständig mit der des Erdmantels durchmischt und in den Weltraum geschleudert. Der Eisenkern von Theia hingegen sinkt in die zu diesem Zeitpunkt noch weitgehend flüssige Erde und verbindet sich mit deren Eisenkern.
Die Erde, durch den Aufprall extrem verformt und an manchen Stellen um bis zu 10 000 Grad erhitzt, kehrt durch ihre hohe Gravitation und mithilfe ihrer Rotation relativ schnell zur Kugelgestalt zurück. Die ins All geschleuderten Trümmer sowie eine riesige Wolke verdampfter Materie umkreisen die Erde zunächst in Form einer flachen Scheibe, formieren sich aber bereits über die nächsten 100 Jahre zu einem neuen Himmelskörper, und je größer dieser wird, umso stärker wächst nun auch seine eigene Gravitationskraft, mit deren Hilfe er immer schneller auch die restlichen Trümmer des Einschlags einsammelt. Ganz perfekt wird der Mond nicht, dafür sind die Kräfte, die an ihm zerren, zu hoch. Als er schließlich erstarrt, wird er einen leichten Wulst um seinen Äquator haben, in Richtung Erde etwas lang gezogen sein. Mithilfe aufwendiger Computersimulationen ließ sich mittlerweile eine hohe Wahrscheinlichkeit für die Richtigkeit des Modells bestätigen. Die Simulationen zeigen, dass etwa zwei Prozent der gesamten Masse Theias in den Weltraum geschleudert wurden und gemeinsam mit dem aus der Erdkruste geschlagenen Gestein nur 60 000 Kilometer über der Erde den Mond gebildet haben. Die Simulationen zeigen auch, dass sich die Giant Impact-Theorie mit dem hohen Drehimpuls

Die Giant Impact-Theorie von William K. Hartmann und Donald R. Davis, gemalt von Dr. Hartmann: Ein Protoplanet von der Größe des Mars kollidiert streifend mit der jungen Erde. Aus der in den Erdorbit geschleuderten Materie bildet sich innerhalb von nur 100 Jahren der Mond.

von Erde und Mond in Einklang bringen lässt. Ganz unabhängig davon, wie schnell die Erde vor dem Einschlag rotierte, die Dauer eines Tages auf der Erde muss nach der Kollision etwa fünf Stunden betragen haben. Ein Wert, zu dem es sich relativ leicht zurückrechnen lässt, wenn man die heutige Taglänge und die durchschnittliche Geschwindigkeit zugrunde legt, mit der sich der Mond nach seiner Geburt von der Erde entfernte.

Hartmanns Giant Impact-Theorie aus dem Jahre 1974 ist heute die führende These über die Entstehung des Mondes. Es gibt allerdings auch immer noch andere Szenarien, darunter spekulative Exoten wie die

Öpik-Theorie und die Viele-Monde-Hypothese. Die meisten dieser Alternativen werfen allerdings mehr Fragen auf, als sie beantworten, und so bleibt es (wie so oft in der Wissenschaft) vorläufig bei der Giant Impact-Theorie von Mr. Hartmann und seinem Kollegen. Auch Hartmanns Modell hat einige wenige Schwachstellen. So ist etwa noch nicht geklärt, wie es ein Himmelskörper von der Größe Theias schaffte, die sogenannte Roche-Grenze zu durchbrechen. Der französische Astronom Édouard Roche gab diese Bezeichnung der Entfernung, innerhalb der ein Himmelskörper allein durch die Gravitationskraft des Planeten, dem er sich annähert, zerrissen wird. Für die Erde liegt das Roche-Limit bei etwa 6400 Kilometern. Theoretisch hätte die auf die Erde zustürzende Theia deshalb nach dem Durchschreiten dieser Grenze zerfallen müssen und die Erde nur noch in mehreren Trümmern treffen können. Ein Mond hätte sich in diesem Fall allerdings nicht gebildet. Lösen lässt sich das Dilemma auf relativ einfache Weise: War die Geschwindigkeit des Eindringlings hoch genug, hat er die zerstörerische Grenze unbeschadet durchquert und die Erde getroffen, bevor er zerbrach.

Viereinhalb Milliarden Jahre ist die kosmische Katastrophe nun her, und wir Menschen können froh sein, dass es uns damals noch nicht gab: Der Aufschlag eines so großen Körpers, wie es Theia gewesen sein muss, hätte jegliches Leben auf der Erde für immer vernichtet. Gegen ihn waren die Asteroiden des Nördlinger Ries oder des Barringer-Kraters in Arizona nur harmlose Kieselsteine: Hätte Selenes Mutter ein wenig mehr Umfang gehabt oder hätte sie die junge Erde zentraler getroffen, wäre der Blaue Planet wahrscheinlich zerbrochen, zumindest aber aus seiner stabilen Bahn um die Sonne katapultiert worden. Es ist mehr als fraglich, ob sich dann noch Leben auf der Erde hätte entwickeln können. Wahrscheinlich ist, dass ein etwas heftigerer Einschlag jedes Leben auf der Erde für immer verhindert hätte.

So, wie die kosmische Kollision nach den modernsten heute zur Verfügung stehenden Simulationen ablief, profitierte unser Heimatplanet sogar enorm von dem Crash. Die Achse der Erde wurde durch die Gravitation des Mondes stabilisiert, was unter Umständen sehr zur Entstehung, vor allem aber Entfaltung des Lebens auf der Erde beigetragen hat. Was mit einem Planeten geschieht, dem der stabilisierende Einfluss eines Mondes auf seine Rotationsachse fehlt, simulierte der französische Astronom Jacques Laskar vom Observatoire de Paris. Wäre der Mond nicht entstanden, würde die Erdachse, wie die des Mars, innerhalb kurzer Zeit um bis zu 84 Grad kippen. Das Klima würde dann durch die sich permanent verändernde Sonneneinstrahlung und die damit einhergehenden extremen Temperaturschwankungen sehr viel instabiler. Es gibt eine Reihe von Wissenschaftlern, die sich heute sicher sind, dass Leben – zumindest in der heutigen Form – niemals hätte entstehen können, wäre die Erdachse ähnlich instabil wie die des Mars, von dem wir heute nicht einmal wissen, ob er jemals auch nur niederste Formen von Leben hervorbrachte.

Es gibt aber noch einen weiteren Ansatz, was die Wichtigkeit des Mondes für die Entstehung des ersten Lebens angeht. In den Jahrmillionen, in denen der Mond der Erde sehr viel näher war als heute, waren die Gezeitenkräfte bis zu eintausend Mal so stark wie heute. Wenn das Wasser der Urozeane in einer vielleicht bis zu einem Kilometer hohen Flutwelle auf die Kontinente schwappte, löste es gewaltige Mengen an Mineralien und anderen Chemikalien aus den Urgesteinen und reicherte die aus kondensiertem Wasserdampf entstandenen heißen urzeitlichen Meere immer stärker mit den Stoffen an, die für die Entstehung der ersten Biomoleküle notwendig waren. Auch über die Flüsse gelangten Salze und andere Bausteine des Lebens in die Ozeane, nur hätte die Anreicherung auf diesem Weg allein sehr viel länger gedauert – entsprechend später wären die ersten Lebensformen entstanden.

Da Ebbe und Flut der Erde zu mehr als einem Drittel von der Gravitation der Sonne verursacht werden, hätte auch eine mondlose Erde Gezeiten. Nur würden diese sehr viel schwächer ausfallen und die Rotation der Erde auch sehr viel weniger stark abbremsen. Nur acht Stunden würde ein Tag auf einer Erde ohne Mond wahrscheinlich heute dauern, und das hätte weitere lebensfeindliche Konsequenzen: Je schneller ein Planet rotiert, umso stärker auch die Winde, die über seine Oberfläche fegen. Konstante Winde von 160 Stundenkilometern wären normal auf dieser Variante der Erde und Stürme hätten sogar ein Vielfaches der uns bekannten Energie. Die Anpassung der ersten affenähnlichen Wesen und später der ersten Menschen an solche extremen meteorologischen Verhältnisse hätte schließlich sogar zu einer anderen Entwicklung der Gehirne der ersten Primaten führen können. Diese Theorien sind natürlich teilweise Spekulation, aber auf die Methodik bei der Suche nach außerirdischem intelligenten Leben hatten diese Forschungsergebnisse bereits Auswirkungen: Hat einer der extrasolaren Planeten, die wir nun in immer kürzeren Abständen entdecken, einen Mond, so ist er automatisch ein interessanter Kandidat für die Suche nach »*E.T.*«. Wie das Magnetfeld, die Ozonschicht, die richtige Masse (um eine Atmosphäre durch Gravitation dauerhaft zu binden) und der richtige Abstand zur Sonne hat sich die Existenz eines Mondes in astronomischen Kreisen zu einem wichtigen Kriterium für die Entstehung von Leben entwickelt.

## Mehr als Staub und Steine

Die frühe Selenologie (Geologie des Mondes) ist eine Geschichte ständig wiederkehrender Prozesse des Schmelzens und Erstarrens. Während sich der Protomond über einen Zeitraum von nur etwa 100 Jahren bildet und wie ein riesiger Staubsauger mithilfe seiner Gravitation die meisten der noch im Erdorbit verbliebenen Trümmer der Kollision aufsammelt, erwärmt er sich dabei auch zunehmend. Hat schon die geringe Masse des Mondes große Auswirkungen auf die Erde, deren noch weiche Kontinente sich unter der Anziehungskraft dieses Begleiters ständig heben und senken, so ist die Wirkung der Erde auf den kleinen Mond mit weniger als einem Achtzigstel der Erdmasse enorm.

Der Trabant wird von den Gezeitenkräften regelrecht durchgeknetet und -gewalkt und erhitzt sich dabei schließlich so stark, dass er sich an der Oberfläche, vielleicht aber sogar bis zu einer Tiefe von 500 Kilometern, in einen rot glühenden, brodelnden Ozean aus Magma verwandelt. Keines der noch in der Ursubstanz des Mondes verbliebenen leicht flüchtigen Elemente übersteht diesen Glutofen. Sie entweichen in den Weltraum, und mit ihnen verdampfen auch die letzten Reste von Wasser. Das ist der Grund für die extreme Trockenheit des Mondes, wie wir ihn heute kennen und in dem sich bisher nur minimale Spuren von Wasserstoff, aber kein Molekül Wasser finden ließen.

Die starke Kopplung des Mondes an die Erde durch die Gezeitenkräfte und der Reibungswiderstand des Wassers der irdischen Ozeane auf dem unebenen Meeresboden bremsen den Trabanten über die nächsten Jahrmillionen in seiner Eigenrotation ab, bis er sich schließlich nur mehr einmal pro Erdumlauf um seine Rotationsachse dreht und der Erde fortan ständig seine Vorderseite zeigt. Die hohen Anziehungskräfte haben den Mond in Richtung Erde etwas lang gezogen. Durch sie erhält er, noch bevor er langsam wieder zu erstarren beginnt, einen leichten Wulst um seinen Äquator. Da sich aber der Abstand zwischen Erde und Mond nach und nach erhöht, nehmen die Anziehungskräfte allmählich ab.

So beginnt der Magma-Ozean, der den Mond vollständig bedeckt, abzukühlen. Während die Kristallisation des Magma fortschreitet, sinken die Minerale *Pyroxen* und *Olivin* langsam ab und bilden den Mondmantel, während weniger dichte Feldspat-Minerale sich oben ansammeln und eine Kruste aus kalzium- und aluminiumreichen Silicatgesteinen (*Anorthosit*) bilden, die in ihrer Dichte etwa dem Gestein des Erdmantels entsprechen. Sie werden dem Mond seine charakteristische graue Farbe geben. Dass der Mond uns von der Erde aus silbern oder gar gelb erscheint, liegt am extrem hohen Kontrast zur Schwärze des umgebenden Weltalls – in Wirklichkeit ist seine Rückstrahlkraft *(Albedo)* mit nur sieben Prozent des einfallenden Lichts eher schwach ausgeprägt – die Helligkeit des Mondes beträgt selbst bei Vollmond nur 0,25 Lux (ein Lux entspricht etwa der Helligkeit einer Kerze, die einen Meter vom Betrachter entfernt aufgestellt ist). Zum Vergleich die Helligkeit der Sonne: 100 000 Lux.

Da der Mond nur eine vernachlässigbar dünne Atmosphäre aus Helium, Wasserstoff, Neon und Argon hat (auf irdische Druckverhältnisse und Temperaturen gebracht würde die gesamte Mondatmosphäre in einen Würfel mit 65 Metern Kantenlänge passen) und sich gegenüber der Sonne nur sehr langsam dreht, sind die Temperaturunterschiede auf der Oberfläche gewaltig. Direkt beschienenes Gestein erreicht an der Oberfläche bis zu 123 Grad Celsius, in den langen Mondnächten kühlt es dann wieder bis auf minus 153 Grad ab, was Temperaturunterschiede von bis zu 260 Grad zwischen Tag und Nacht bedeuten kann. In tiefen und niemals von den Strahlen der Sonne erreichten Kratern, wie sie etwa an den Polen des Mondes zu finden sind, kann es sogar bis zu minus 233 Grad kalt werden, einen Meter unterhalb der Oberfläche aber hat der Mond eine konstante Temperatur von etwa minus 35 Grad.

Auch in der Mondkruste enthalten ist gebundener Sauerstoff, bis zu 45 Prozent beträgt sein Anteil. Wie die Erde hat der Mond einen Eisenkern, der wahrscheinlich noch heute teilweise flüssig und in der Relation sehr viel kleiner als der Kern der Erde ist. Das ist auch der Grund für die wesentlich geringere durchschnittliche Dichte des Trabanten gegenüber der Erde. Zwischen Kern und Kruste hat der Mond einen mit dem der Erde vergleichbaren Mantel aus Basaltgesteinen, der aber etwas eisenhaltiger ist als der irdische und vor allem aus Olivin und anderen Mineralen der Pyroxen-Gruppe besteht, die auch für den oberen Mantel der Erde typisch sind. An manchen Stellen enthält der Mantel das titanhaltige und leicht magnetische Mineral *Ilmenit*.

Nach einer ruhigeren Periode von etwa 500 Millionen Jahren kommt es etwa 4,1 Milliarden Jahre vor unserer Zeit zum nächsten Angriff aus den Tiefen des Alls. In einem über 200 Millionen Jahre währenden

Bombardement *(Late Heavy Bombardment)*, das sich vom nektaren bis zum imbrischen Zeitalter des Mondes erstreckt, schlagen Millionen kleinerer Körper, aber auch Asteroiden von bis zu 50 Kilometern Durchmesser auf dem Mond ein. Die größten dieser Brocken erzeugen riesige Einschlagbecken, großflächige Tiefebenen, aus denen einige hundert Millionen Jahre später die dunklen *Maria* (die Betonung liegt auf dem ersten a!) entstehen, die das Gesicht des Mondes so entscheidend prägen und die Menschen immer wieder zu romantischen Gedanken, Spekulationen, wissenschaftlicher Neugier, aber auch absurden Theorien jeglicher Art angeregt haben. Noch im 16. Jahrhundert nimmt der Brite William Gilbert an, dass die dunkleren Stellen des Mondes Meere wie die der Erde sind. Wie viele seiner Zeitgenossen irrt er gründlich: Gegenüber den extrem trockenen Meeren und Hochländern des Mondes, in deren Gestein sich nicht einmal kleinste Spuren von Wasser nachweisen lassen, sind sogar die trockensten Gegenden der Erde wie etwa die Sahara regelrecht subtropische Sümpfe.

Die Namen der lunaren Zeitalter weisen bereits darauf hin, welche der großen Becken zu welcher Zeit entstanden sind: In der nektarischen Periode bildet sich das Mare Nectaris, zu Beginn des imbrischen Zeitalters folgen Mare Imbrium, Crisium, Tranquillitatis, Serenitatis und Fecunditatis. Das größte Meer des Mondes, der Oceanus Procellarum, der seinen Namen »Ozean der Stürme« einst bekam, weil seine Erscheinung während des zweiten Viertels der Mondphase als Vorbote für schlechtes Wetter und Stürme angesehen wurde, bildet sich aus mehreren übereinanderliegenden Einschlagbecken in einer gänzlich unregelmäßigen Form mit vielen Buchten und hat somit nicht die typische, eher kreisrunde Form der anderen Becken. Wegen seiner Größe von vier Millionen Quadratkilometern und seinem Durchmesser von 2500 Kilometern nimmt der Oceanus Procellarum eine Sonderstellung unter den Maria ein.

Durch komplexe Prozesse wie den Zerfall radioaktiver Elemente, aber wahrscheinlich auch angeregt durch die Millionen Jahre währenden

Meteoriteneinschläge, kocht der Mond nun im seinem Inneren. Als nach dem Ende des »Großen Bombardements« die Mondkruste durch Vulkanismus aufbricht oder von Asteroiden durchschlagen wird, beginnt das flüssige Gestein aus dem Inneren des Mondes durch diese Risse auszutreten und die großen Becken auszufüllen.

Die Mond-Lava ist, ganz anders als die irdische, dünnflüssig, beinahe so dünn wie heißes Motoröl. Das liegt an ihrer speziellen Chemie und hat zur Folge, dass sie die großen Flächen der Becken vollständig ausfüllen kann und nicht schon auf dem Weg in die Randgebiete zu erstarren beginnt. Oberes Imbrium heißt diese Epoche der Mondentwicklung, in der sich über einen Zeitraum von etwa 500 Millionen Jahren die Maria bilden. In vielen Fällen verbinden sich die Meere zu weiträumigen dunklen Ozeanen – eben auch dem Oceanus Procellarum. Daneben bilden sich kleine Maria. Eines der kleinsten ist das Mare Anguis, das »Meer der Schlangen«, am nordöstlichen Rand des Mare Crisium, etwas nördlich des Äquators, im Osten der Vorderseite. Anders als die Mondkruste der Hochländer enthält die 500 bis 1500 Meter starke Basaltschicht der erstarrten Mondmeere auch Elemente wie Eisen, Magnesium und Titan.

17 Prozent der Mondoberfläche sind von den Maria bedeckt. Keines der »Meere« hat jemals auch nur die geringste Spur von Wasser enthalten, und ebenso wenig Wasser gibt es deshalb in den »Seen«, »Sümpfen« oder »Buchten« des Mondes – die nichts anderes als kleinere Becken gleichen Ursprungs sind. Sollte es irgendwo auf dem Mond doch Wasser geben – es könnte etwa durch einen Kometen dorthin gebracht worden sein –, so kann es die Zeiten nur in Form von Eis in einem der tiefen und von der Sonne nicht beschienenen Krater an einem der beiden Pole überdauert haben. Es gab bisher immer wieder Indizien für die Existenz dieses Wassers, aber noch ist die Suche ergebnislos geblieben.

Eines der spektakulärsten Merkmale des Mondes ist das »Östliche Meer« (Mare Orientalis). Sein Name erscheint zunächst verwirrend, da die riesige Tiefebene von der Erde aus gesehen nur bei einer günstigen

Stellung des Mondes am *westlichen* Rand hervorlugt. Die Bezeichnung stammt noch aus einer Zeit, in der man die linke Seite der Vollmondscheibe mit Osten bezeichnete – eine Konvention, die erst 1961 durch die Internationale Astronomische Union (IAU) geändert wurde. Auch heute noch arbeiten Astronomen zwar mit spiegelverkehrten Mondkarten (was an der umkehrenden Optik der Teleskope liegt), für die Betrachtung von der Erde aus und die Raumfahrt aber hat sich die irdische Sichtweise mit Westen links und Osten rechts durchgesetzt.

Das Orientalis-Becken ist wahrscheinlich das jüngste der großen Maria. Es entstand vor circa 3,8 Milliarden Jahren durch den Einschlag eines gewaltigen Asteroiden. Interessant ist seine Struktur mit den drei konzentrisch verlaufenden Ringstrukturen, ähnlich Wellen um den Einschlag eines Steines in Wasser. Der äußerste Ring, die nach den irdischen Kordilleren als »Montes Cordillera« bezeichnete Bergkette, erreicht mit 6000 Metern die Höhe des Kilimandscharo. Noch höher ist das Leibniz Beta-Plateau nahe dem Südpol des Mondes, das sich bis zu elf Kilometer über nahe gelegene Täler erhebt. Das ist immer noch viel weniger als der Rekordhalter im Sonnensystem, der über 21 Kilometer hohe Vulkan Olympus, aber doch beeindruckend, wenn man sich die gegenüber der Erde wesentlich kleinere Gestalt des Mondes vor Augen führt.

Seit Langem wird darüber spekuliert, warum der Mond vor allem auf der Vorderseite Maria hat und die Prozesse ihrer Entstehung nicht ebenso oft auf seiner Rückseite stattfanden. Tatsache ist, dass 30 Prozent der Vorderseite, aber nur zwei Prozent der Rückseite von Maria bedeckt sind. Eines der wenigen Mond-»Meere« der Rückseite ist das im Süden gelegene kleine »Meer der Begabung« (Mare Ingenii) mit nur etwas über 300 Kilometern Durchmesser. Bezogen auf den mittleren Radius des Mondes von etwas über 1700 Kilometern liegen die helleren Hochländer im Schnitt drei Kilometer über den dunklen Basaltwüsten. Damit liegt nahezu das gesamte Niveau der Mondrückseite über der mittleren Geländehöhe.

Die eine Zeit lang vertretene These, dass dies mit der Anziehungskraft der Erde zu tun haben könnte, ist nicht haltbar. Tatsächlich gibt es nämlich keinen Netto-Überschuss an Kraft, der an der Vorderseite ziehen und so den Austritt der Lava durch die Mondkruste vor allem in dieser Richtung begünstigt haben könnte. Dieselbe Kraft, die durch die irdische Gravitation auf die Vorderseite des Mondes einwirkt, zerrt als Zentrifugalkraft an der Rückseite des Trabanten, was man unter anderem daran sieht, dass er sich in einer Zeit, als er sich noch verformen ließ, auch auf der Rückseite etwas ausbeulte. Ein anderer Grund für die ungleiche Verteilung der Maria könnte die stark ungleichmäßige Mondkruste sein, die auf der Rückseite mit über 100 Kilometern doppelt so dick ist wie auf der Vorderseite und so den Austritt der Lava massiv erschwert hat. Diese hat sich, so kann man annehmen, einfach den Weg des geringsten Widerstandes gesucht und ist deshalb vor allem vorne ausgetreten. Warum die Kruste auf der Rückseite so viel dicker ist, bleibt vorläufig allerdings eines der ungelösten Rätsel des Mondes.

Die Entstehung der Maria könnte sich jedoch auch ganz anders abgespielt haben, gaben US-Planetenforscher der Universität von Ohio im Jahr 2006 zu bedenken. Und ihre Theorie würde auch eine Erklärung für die ungleiche Verteilung der Maria liefern. Nach Ansicht der Forscher könnte ein gewaltiger Asteroid in die Rückseite des Mondes eingeschlagen sein und eine so energiereiche Schockwelle durch den noch nicht ganz festen Mond ausgelöst haben, dass dessen Kruste vor allem an den wesentlich dünneren Stellen der Vorderseite dem Druck nicht standhalten konnte und zerbrochen ist – woraufhin sich die Lava in die bereits seit langer Zeit bestehenden Tiefebenen ergoss. Auch dieses Modell erklärt zwar nicht, warum der Mond auf einer Seite so viel dickwandiger gebaut ist – dennoch ist es ein weitgehend einleuchtendes und logisches Modell und steht auch in Einklang mit den Gesetzen der Physik.

Trotzdem: So *könnte* es gewesen sein, aber es gibt keinen Beweis dafür. Es kann leicht passieren, dass mit der Zeit noch weitere Erklärungsversuche auftauchen, aber in den Lehrbüchern bleibt es einstweilen erst einmal beim streng vulkanischen Traditionsmodell, da auch für dieses einige Fakten sprechen und es in großen Teilen durch die Auswertung der Gesteine von Apollo und Luna belegt ist: Der Druck im Inneren des Mondes ist durch die vulkanischen Prozesse sukzessiv gestiegen, und als die dünne Schale an manchen Stellen der dünneren Kruste der Mondvorderseite Risse bekam oder einbrach, quoll die Lava heraus.

Das geologische Merkmal aber, das beinahe alle Menschen sofort mit dem Mond in Zusammenhang bringen, sind die Krater. Das ist im Grunde erstaunlich, denn mit bloßem Auge kann man keinen der Krater von der Erde aus wirklich erkennen, selbst die größten und markantesten unter ihnen wie Langrenus oder Copernicus erscheinen nur als kleine Punkte. Sie sind daher erst bekannt, seit wir den Mond vergrößert durch Teleskope betrachten können. Geschätzte drei Trillionen Einschlagskrater hat der Mond, wenn man auch die ganz kleinen mitzählt (natürlich wurden sie nicht gezählt, sondern ihre Anzahl wurde aus der Zahl pro kleiner Flächeneinheit extrapoliert). Die meisten von ihnen entstanden durch Einschläge von Meteoriten, und es kommen immer neue hinzu. Auch heute noch treffen Meteoriten den Mond, auch wenn die Phase, in der der Mond den größten Teil seines pockennarbigen Gesichts bekam, seit beinahe vier Milliarden Jahren vorbei ist.

Allein die Vorderseite ist von über 30 000 Kratern mit mehr als einem Kilometer Durchmesser gezeichnet. Die meisten der Steine, die den Mond treffen, stammen aus dem Asteroidengürtel, manche sind Bruchstücke von Kometen. Während die Steine aus dem All in der Erdatmosphäre zumeist verglühen, treffen sie den schutzlosen Mond mit voller Wucht. Einschläge großer Asteroiden sind seit Langem nicht mehr beobachtet worden, dennoch wird der Erdtrabant auch in unserer Zeit noch ständig von kosmischer Materie getroffen.

Mikrometeoriten, per Definition kleiner als ein Millimeter, prasseln ständig auf die Mondoberfläche. Sie sind es, die für eine im Verhältnis zur Erde eher in Zeitlupe ablaufende, aber dennoch stetige und konsequente Pulverisierung des Mondgesteins sorgen. Der *Regolith* genannte Mondstaub liegt mittlerweile mehrere Meter hoch auf den Landschaften des Mondes. Durch den Millionen Jahre dauernden Einschlagsregen wird das Gestein zu Sand zermahlen und wie in einem Mörser immer feiner zertrümmert, bis es tatsächlich so fein wie Staub oder Mehl ist. In den älteren Hochländern des Mondes kann der Regolith bis zu 20 Meter hoch liegen, in den Maria ist die Schicht aber zumeist nur drei bis fünf Meter dick. Da die Einschläge nie aufhören, wird die mit Regolith bedeckte Oberfläche des Mondes ständig umgepflügt und das Material permanent mit Partikeln von der Sonne beschossen, wobei sich Elemente wie das Isotop Helium-3 in dem Gestein ablagern. Helium-3, auf der Erde sehr selten, könnte in der Zukunft als idealer Brennstoff für Fusionsreaktoren auf der Erde begehrt sein, und es gibt bereits Konzepte, das rare Isotop auf dem Mond für die irdische Energieversorgung zu gewinnen.

Da der Regolith aus dem zertrümmerten Gestein der Oberfläche besteht, entspricht seine Zusammensetzung meist dem für die Gegend typischen Gestein, er kann aber auch Beimengungen aus anderem Gestein enthalten, das etwa durch einen Einschlag an eine andere Stelle transportiert wurde. Unter der feinen Sand- und Staubschicht findet sich eine Schicht, die Geologen Megaregolith nennen und die aus größeren Trümmern der unteren Felsschicht besteht.

Wenn ein Meteorit auf der Mondoberfläche ankommt, hat er eine Geschwindigkeit von mindestens zehn Kilometern pro Sekunde, 36 000 Kilometer pro Stunde. Viele der Körper erreichen aber auch 250 000 Kilometer, mehr als die 200-fache Schallgeschwindigkeit – auch wenn die Geschwindigkeit des Schalls auf dem atmosphärelosen Mond natürlich ohne Relevanz ist. Größere Steine erzeugen beim Aufprall bereits Krater wie mehrere Hundert Kilogramm Sprengstoff. Tatsächlich ist ein Meteoriteneinschlag auf dem Mond eine regelrechte Explosion. Der Aufprall verdichtet Mondgestein und -staub im winzigen Bruchteil einer Sekunde so stark, dass das Material schmilzt und deshalb als heller Blitz aufleuchtet.

Bereits ein nur kieselsteingroßer Meteorit kann, je nach Aufprallgeschwindigkeit, einen Krater von ein, zwei Metern Durchmesser in den Mond schlagen. Ein Meteorit mit fünf Kilogramm Masse hebt eine neun Meter tiefe Grube aus und schleudert 75 Tonnen Gestein in ballistische Bahnen. Von der Erde aus können wir manche dieser Ereignisse auf dem Mond beobachten, da die hoch energetischen unter ihnen zu regelrechten Lichtblitzen führen. Die NASA hat in einem automatisierten Beobachtungsprogramm der Mondoberfläche seit dem Jahr 2005 über 100 solcher Ereignisse beobachten können und teilweise aufgezeichnet, wobei sie raffinierte Methoden entwickelte, um diese Lichtblitze der Kraterentstehung von Reflexen durch Satelliten, atmosphärischen Störungen oder Meteoren in der Erdatmosphäre zu unterscheiden. Mit dem bloßen Auge nicht sichtbar, werden diese Leuchterscheinungen bereits mit schwächeren Teleskopen eindeutig identifizierbar. Zu manchen Zeiten, etwa wenn das Erde-Mond-System gerade einen Meteoritenschauer durchquert, kann ein solcher Einschlag pro Stunde beobachtet werden.

Auf den Einschlag eines Asteroiden führte man lange Zeit auch eine Beobachtung zurück, die fünf Mönche im englischen Canterbury 1178 kurz nach Sonnenuntergang machten und überlieferten: »*Plötzlich teilte sich die obere Hälfte des Mondes, und aus der Mitte des Spaltes sprang eine Flamme wie eine Fackel empor und spie Feuer, heiße Kohle und Funken …* .« Der Geologe Jack Hartung postulierte 1976, dass die fünf Männer im Mittelalter die Entstehung eines der großen Mondkrater beobachtet hätten. Und den passenden Krater lieferte Hartung in seinem Artikel in einer Fachzeitschrift gleich mit: es handle sich um den 22 Kilometer messenden Krater Giordano Bruno, der knapp hinter dem sichtbaren Teil der Mondoberfläche auf der Rückseite des Mondes liegt.

Einer wissenschaftlichen Analyse hat die schöne Geschichte leider nicht standgehalten. Heute erscheint es wahrscheinlich, dass die Mönche einen Meteor beobachtet haben – die helle explosionsartige Lichterscheinung, die ein größerer Meteoroid beim Eintritt in die Lufthülle der Erde verursacht. Die meisten Astronomen sind sich einig, dass ein so gewaltiges Einschlagsereignis wie die Geburt des Kraters Giordano Bruno auf der Erde einen regelrechten Meteorschauer zur Folge hatte, da der Aufschlag des bis zu drei Kilometer großen Asteroiden, der den Krater einst formte, mindestens zehn Millionen Tonnen Gestein ins All geschleudert haben muss. Als diese die Erde erreichten, müssen sie einen gewaltigen Strom von Sternschnuppen von mindestens 50 000 Meteoren pro Stunde ausgelöst haben. Keiner der vielen aufmerksamen Himmelsbeobachter jener Zeit hat aber von so einem spektakulären Ereignis berichtet. Heute wird das Alter des Kraters Giordano Bruno – der zu bestimmten Zeiten am nordöstlichen Rand des Mondes im Profil auftaucht – auf etwas weniger als 350 Millionen Jahre geschätzt.

Impakt-Krater (zu unterscheiden von den – wenigen – Kratern vulkanischen Ursprungs) haben im Allgemeinen den zehn- bis zwanzigfachen Durchmesser des einschlagenden Meteoriten. Als die NASA am 2. Mai 2006 aufzeichnet, wie ein Meteorit im Mare Nubium einschlägt, kann sie anschließend aus der Helligkeit des Lichtblitzes darauf schließen, dass der Brocken aus dem All nur einen Durchmesser von 25 Zentimetern hatte – aber mit 137 000 Stundenkilometern und einer kinetischen Energie von 17 Milliarden Joule einschlug. Der kleine Brocken riss einen Krater von etwa 14 Meter Durchmesser und drei Meter Tiefe in die Oberfläche des »Meeres der Wolken«.

Forscher schätzen, dass der Mond auch heute noch jährlich von etwa 260 Meteoriten mit mehr als einem Kilogramm Masse getroffen wird – es könnten aber auch bis zu zweimal mehr sein; präziser lässt sich das derzeit noch nicht berechnen. Die Meteoriten sind deshalb so interessant für die Raumfahrtbehörde, weil sich zukünftige Missionen auf diese Ereignisse einstellen müssen. Waren die Apollo-Astronauten

Der Vollmond, fotografiert am Abend des 10. Januar 2009. Der auffällige Krater Tycho im Süden hat einen Durchmesser von 85 Kilometern und über 4800 Meter hohe Kraterwände.

nur maximal drei Tage lang auf dem Mond, so werden die Expeditionen ab 2020 mindestens Monate dort verweilen und etwa 2024 die erste Basis beziehen. Die Gefahr, dass ein Meteorit eine Struktur oder eine Landefähre direkt trifft, ist verschwindend gering. Mehr Sorgen machen der NASA die Querschläger naher Einschläge. Die in alle Richtungen davonfliegenden Splitter haben eine enorme Reichweite und decken so eine große Fläche ab. Darüber hinaus sind sie mit mehrfacher Schallgeschwindigkeit unterwegs und können die Außenwände von Schiffen oder Raumanzüge leicht durchschlagen. Um das

Risiko besser einschätzen zu können, sollen in den nächsten Jahren präzise Untersuchungen zu diesem Thema angestellt werden.
Wenn ein Meteorit den Mond trifft, so dringt er im Extremfall bis zu 100 Meter in das Gestein des Mondbodens ein, was innerhalb weniger Tausendstel Sekunden geschieht. In diesem winzigen Bruchteil einer Sekunde wird die gesamte kinetische Energie in Wärme umgewandelt, das Resultat ist eine Explosion. Die Gesteine um die Einschlagstelle werden kegelförmig weggesprengt; um das entstandene Loch in der Oberfläche bildet sich ein Wall. Überschreitet der Meteorit eine bestimmte Größe oder schlägt er mit extrem hoher Geschwindigkeit ein, federt die Mondoberfläche zurück (ähnlich wie es in der Mitte des Einschlags eines Wassertropfens in eine Pfütze geschieht) und in der Mitte des Kraters bildet sich ein sogenannter Zentralberg.
Der mächtige Krater Copernicus etwa, gelegen im östlichen Teil des Oceanus Procellarum, mit einem Durchmesser von über 90 Kilometern, weist mehrere solche zentralen Berge auf. Das aus der Einschlagstelle geschleuderte Gestein hat in vielen Fällen Sekundärkrater in der Nähe des Hauptkraters erzeugt. Meist sind sie nur ein Zwanzigstel so groß wie der Hauptkrater und oft sind sie radial zum Hauptkrater in Reihen *(Catena)* angeordnet. Bei Copernicus sind diese Formationen von Nebeneinschlägen besonders schön zu sehen. In anderen Fällen liegen die Sekundärkrater so dicht nebeneinander, dass sie regelrechte Rillen bilden.
Krater oberhalb eines bestimmten Durchmessers werden von Astronomen als Ringgebirge bezeichnet, und *Wallebenen* heißen die besonders breiten dieser Strukturen mit Durchmessern bis zu 300 Kilometern. Clavius, nahe dem Südpol gelegen, ist eine typische Wallebene und mit 225 Kilometern Durchmesser der drittgrößte Krater der sichtbaren Seite des Mondes. Mit vier Milliarden Jahren ist er auch einer der ältesten. Im Krater Clavius liegt, zum größten Teil unterirdisch, in Stanley Kubricks Spielfilm *»2001: Odyssee im Weltraum«* die amerikanische Mondbasis *»Clavius Base«*.

Clavius kann schon ohne optische Hilfen ausgemacht werden, besonders gut sieht man ihn, wenn die Tag- und Nachtgrenze über ihn verläuft, ein bis zwei Tage, nachdem der Mond sein erstes Viertel erreicht hat. Die Ebene in seinem Inneren ist von einer interessanten bogenförmigen Kette kleiner werdender Krater bedeckt, ein markantes Detail, das Clavius bei Amateurastronomen beliebt macht, die mit seiner Hilfe die Auflösung ihrer Teleskope testen.

Etwas weiter nördlich befindet sich ein anderer herausragender Krater der Mondvorderseite – der perfekt erhaltene Tycho, benannt nach dem berühmtesten Astronomen des 16. Jahrhunderts, Tycho Brahe. Tycho ist ein unverkennbares Merkmal des Mondes, vor allem wegen seines Strahlensystems, dessen helle Speichen bis zu 1800 Kilometer in alle Richtungen reichen. Ausläufer der Strahlen finden sich sogar an der Landestelle von Apollo 17 im nordwestlichen Taurus Littrow-Tal, was es den Astronauten ermöglichte, Material seiner Entstehung zu bergen, womit später auf der Erde sein Alter relativ präzise auf 108 Millionen Jahre festgelegt wurde. Die Strahlen selbst bestehen aus besonders feinem Auswurfmaterial, das durch seine andere chemische Zusammensetzung – unter anderem eine Folge der Schmelzprozesse beim Einschlag des Asteroiden – ein höheres Rückstrahlvermögen als die umgebende Landschaft hat. Aber auch der Anteil von Eisenoxiden ist für die Helligkeit dieses Materials verantwortlich, so dass nur eine chemische Analyse präzise Auskünfte über sein Alter und damit das des Kraters geben konnte. Tycho hat durch seine außergewöhnliche Erscheinung schon immer die Phantasie der Menschen angeregt. In Kubricks »*2001*« wird hier der unheimliche schwarze Monolith entdeckt, und in einer Folge von »*Star Trek*« (»*Raumschiff Enterprise*«) liegt »*Tycho City*« mitten in dem Krater, eine Stadt mit eigener Atmosphäre und künstlicher Gravitation – ab 2373 so groß, dass man sie »*mit bloßem Auge von der Erde aus sehen kann*«. Andere Mondkrater mit Strahlensystem (das Phänomen ist auch vom Planeten Merkur bekannt) sind Aristarchus, Copernicus und Kepler auf der Vorderseite, oder der

Krater Ohm auf der Rückseite des Mondes. Ein echtes Traumexemplar von Krater ist der von der Erde nur durch ein Fernrohr zu beobachtende, nahezu perfekt kreisrunde Krater Moltke, der ziemlich genau 50 Kilometer südwestlich der Landestelle von Apollo 11 im »Meer der Ruhe« liegt. Im Fernglas oder durch ein Teleobjektiv erscheint Moltke wegen seines Ringes aus hellerem Material deutlich als Punkt.

Anhand der Zahl der Krater lässt sich das geologische Alter eines Gebietes auf dem Mond relativ einfach bestimmen: Je mehr Krater das Gelände aufweist, desto älter ist es. Ist die Oberfläche nach lunaren Maßstäben noch jung, können nicht allzu viele Einschläge stattgefunden haben. Dass die Maria lange nach den Hochländern entstanden sind, wird deutlich, wenn man die Häufigkeit der Impakt-Krater in den beiden Landschaftsformen vergleicht. Riesige Gebiete wie das »Meer der Ruhe«, das mit einem Durchmesser von über 850 Kilometern größer ist als Deutschland, haben nur wenige große Krater, während die wesentlich älteren Hochländer etwa der südlichen Hemisphäre oder der Rückseite von Abertausenden großer Einschlagsspuren übersät sind, die sich oft sogar mehrfach überlagern.

Wie lange es dauert, bis ein Gebiet mehrfach getroffen wird, lässt sich mit statistischen Methoden bestimmen, und aus diesen Zahlen konnten Wissenschaftler in den vergangenen Jahrzehnten gut das relative Alter der Maria und der Hochländer ableiten. Das absolute Alter der Krater lässt sich an ihrem Zustand ablesen. Auch wenn es auf dem Mond keine Witterungseinflüsse wie auf der Erde gibt und es Millionen von Jahren dauert, bis sich eine Landschaft sichtbar verändert – nach einer bestimmten Zeit werden die Einflüsse dennoch erkennbar. Milliarden von winzigen Mikrometeoriten schleifen das Gestein, zentimetergroße neue Meteoriten schlagen Kerben und kleinere Krater in die vorhandenen Strukturen.

Bis der Effekt dieser Prozesse deutlich wird, können Hunderttausende, gar Millionen von Jahren vergehen, aber dann sind die scharfen Kraterränder endgültig zu weichen, rundlichen Formen gebrochen;

besonders alte Krater können dann bereits beinahe verschwunden sein. In einer Million Jahren kann die Oberfläche eines Felsens auf dem Mond so um etwa einen Millimeter abgetragen werden. Relativ junge Krater hingegen sind in der Regel noch perfekt erhalten. Wenn sich große und kleine Krater teilweise überlagern, sind logischerweise die oberen Krater, die die Ränder der darunterliegenden brechen, jünger als diese. Aus der Tatsache, dass es wenig Fälle gibt, in denen größere Einschläge kleine Krater überlagern, kann man wie in einem Geschichtsbuch der Selenologie lesen, dass die Größe der einschlagenden Körper gegen Ende des Beschusses stetig abgenommen hat, die großen Asteroideneinschläge also fast ausnahmslos älter sind als die kleinen Strukturen, die ihre Ränder durchbrochen haben.

Auch die Erde wurde in ihrer Frühzeit mindestens 20 000-mal von Asteroiden getroffen, aber ihre Narben verheilten über Hunderte von Millionen von Jahren durch die massiven Veränderungen der Erdoberfläche, die Plattentektonik und die Milliarden von Jahren währende Verwitterung in der Atmosphäre. Die Erde trägt deshalb heute keine Narben aus dieser Zeit mehr. Die wenigen echten Krater wie das (kaum noch als solcher erkennbare) vor 14 Millionen Jahren entstandene Nördlinger Ries in Deutschland, der 3,6 Millionen Jahre alte Krater des Elgygytgyn-Sees im sibirischen Anadyrgebirge oder der sogar nur 50 000 Jahre alte und deshalb vollständig erhaltene Barringer-Krater in der Wüste Arizonas lassen sich nicht mit dem LHB (Late Heavy Bombardment) in Zusammenhang bringen, das dem Mond sein markantes Aussehen verlieh.

Selbst der südafrikanische Vredefort-Krater, die größte Impakt-Struktur der Erde, verursacht durch einen mindestens zehn Kilometer großen Asteroiden, ist mit etwa zwei Milliarden Jahren zu jung, um als Zeuge des Late Heavy Bombardment zu taugen. Nur mithilfe von Indizien können heute auf der Erde Asteroideneinschläge aus dieser stürmischen Zeit des Sonnensystems noch nachgewiesen werden. So haben Geologen in Schichtgesteinen aus Grönland und dem kanadischen

Labrador, die aus der in Frage kommenden Zeit stammen, ein seltenes Isotop des Elements Wolfram in einer für die Erde untypischen Menge gefunden – was darauf hinweist, dass es wahrscheinlich außerirdischen Ursprungs ist. Wie eine Art »Gesteins-DNA« zeugt der seltene Stoff noch heute von Ereignissen, seit denen etwa vier Milliarden Jahre vergangen sind – auch wenn die Funde noch kein endgültiger Beweis sind. (Zur Erinnerung: Isotope sind Varianten der Elemente mit unterschiedlicher Massezahl, aber identischen chemischen Eigenschaften).

Aber es gibt Wissenschaftler, die eine ganz andere Idee unterstützen: Wenn sogar auf der Erde immer wieder Meteoriten vom Mars gefunden werden, dann muss ihrer Meinung nach auch eine große Menge irdischen Materials, das bei den Einschlägen der Asteroiden in den Weltraum geschleudert wurde, auf dem Mond gelandet sein. Präzise Analysen, sogar mithilfe der Finite-Elemente-Software, einem numerischen Verfahren zur Lösung komplexer Differentialgleichungen, haben ergeben, dass der größte Teil der von der Erde stammenden Gesteine den Aufprall auf dem Mond (der höchstens mit einer Geschwindigkeit von 2,5 Kilometern pro Sekunde erfolgt sein kann) überlebt haben könnte – ohne durch die Aufprallenergie zu schmelzen. Selbst bei fünf Kilometern pro Sekunde (18 000 Stundenkilometer), einer Geschwindigkeit, die kaum vorgekommen sein dürfte, schmolzen die »Meteoriten« in den Labors nur teilweise. Dies aber ist die Grundvoraussetzung dafür, in dem Gestein Nachweise für frühe Lebensformen der Erde zu finden. Gelänge es, solches Gestein vom Mond zu bergen, so könnte nachgewiesen werden, dass es bereits vor vier Milliarden Jahren auf der Erde die ersten primitiven Ansätze des Lebens in Form von Biomolekülen gab, und nicht erst einige Hundert Millionen Jahre später, wie es die ursprüngliche Auffassung war. Schätzungen zufolge könnten es Zehntausende von Tonnen Gestein auf diese Weise auf den Mond geschafft haben. Sie zu finden (der größte Teil ist sicherlich nur sandkorn- bis kieselsteingroß) wird dennoch nicht einfach werden. Identifizieren könnte man die seltenen Steine

über eingeschlossene Minerale, bei deren Bildung einst Wasser zugegen war – das es auf dem Mond niemals gab.
Anders als auf der Erde hat der massive Angriff der Asteroiden vor vier Milliarden Jahren auf anderen Himmelskörpern unseres Sonnensystems deutliche Spuren hinterlassen. Sowohl der größte Einschlagskrater des Mars, der 2100 Kilometer messende Hellas Planitia, als auch der 1300 Kilometer große Caloris Planitia auf der noch nicht vollständig kartographierten Oberfläche des Roten Planeten lassen sich mit großer Sicherheit auf das Ereignis zurückführen. Der Mond und seine Gesteine sind für die Wissenschaftler auf der Erde die wichtigsten Zeugen dieser lange zurückliegenden Perioden kurz nach der Bildung unseres Planeten. Seine Oberfläche, und vor allem die Zusammensetzung und Struktur seiner Steine, können Selenologen »lesen« wie ein Geologiebuch. Da auf dem Erdtrabanten nicht die tektonischen Abläufe und (bis auf den Einfluss des Sonnenwindes und die Mikrometeroiten) seit über einer Milliarde Jahre keine grundlegenden Veränderungen mehr eintraten, ist die spannende Zeit seiner Entstehung und weiteren Formung beinahe wie für alle Zeiten eingefroren. Der Mond sieht heute bis auf ein paar neue Krater (auch entstanden durch den Einschlag einiger Raumsonden und der Aufstiegsstufen von fünf Mondlandefähren) genauso aus wie vor über einer Milliarde Jahren.
Während sich in den Ozeanen der Erde das Leben langsam entwickelte und schließlich auch an Land kam, hing der Mond leblos und kalt über ihr, wie ein stummer Beobachter aus einer fernen Ära. Auch Tiere im urzeitlichen Meer könnten bei Vollmond von dem fahlen Licht, das der Erdtrabant zurückwirft, profitiert haben, zumindest aber könnte es einen Einfluss auf ihre Entwicklung gehabt haben. Später, an Land, wussten die ersten Säugetiere die besseren Lichtverhältnisse klarer Vollmondnächte mit Sicherheit zu nutzen.
Wenn wir etwas über den Mond erfahren wollen, dann brauchen wir vor allem eines: Steine. Mit ihrer Hilfe haben wir erfahren, dass der Mond ein Kind der Erde ist. Bis zum 24. Juli 1969 gab es keinerlei

Mondgestein auf der Erde, das Geologen oder Chemiker hätten untersuchen können. Zumindest glaubten sie das. Als die drei Männer im Pazifik aus ihrer Kapsel gezogen wurden, waren ihr größter Schatz zwei kleine Aluminiumkisten mit 22 Kilogramm Mondgestein, darunter Spuren des neuen Minerals *Tranquillityit* (nach der Landestelle im »Meer der Ruhe«) sowie der mittlerweile auch auf der Erde nachgewiesenen Minerale Armalcolit (nach den drei Astronauten von Apollo 11, ARMstrong, ALdrin, COLlins, benannt) und Pyroxferroit.
Später kamen noch 360 Kilogramm von den anderen Apollo-Missionen hinzu. Besonders ausgiebig und interessant waren die 111 Kilogramm Ausbeute bei Apollo 17: zum ersten Mal war ein Geologe an Bord gewesen. Für dieses Material aus einer fremden Welt baute die NASA im Houstoner *Johnson Space Center* ein eigenes Gebäude (*Lunar Sample Building*), und bis heute werden die ersten Gesteinsproben vom Mond dort als nationaler Schatz der USA beinahe ebenso gut bewacht wie die Goldreserven des Landes in Fort Knox. In reinem Stickstoff gelagert werden die Felsen und der Mondstaub dort vor Feuchtigkeit geschützt und allenfalls winzige Proben ausschließlich an renommierte Wissenschaftler versandt.
Ab 1970 brachten die drei unbemannten sowjetischen Sonden Luna 16, 20 und 24 weitere 326 Gramm des wertvollen Stoffs zur Erde zurück. Niemandem auf der Erde war noch zu Anfang der 70er-Jahre bewusst, dass man auch ohne Flug zum Mond zu *Moon Rocks* kommen konnte – niemand fasste die Möglichkeit offenbar auch nur ins Auge. Auf natürlichem Weg gelangt nämlich immer wieder lunares Gestein, also sogenannte Mond-Meteoriten, zur Erde. Sie sind Material, das beim Einschlag von Meteoriten auf dem Mond mit solcher Wucht ins All geschleudert wird, dass die Gesteinsbrocken die relativ geringe Fluchtgeschwindigkeit des Mondes von 2,4 Kilometern pro Sekunde überschreiten und sein Gravitationsfeld überwinden können.
Je nachdem, in welchem Winkel und mit welcher Geschwindigkeit ein solches Fragment die Oberfläche des Mondes verlassen hat, umkreist

es entweder für »immer« (ein gefährliches Wort in der Astronomie!) die Sonne oder fällt nach Hunderten, Tausenden oder gar Hunderttausenden von Jahren auf die Erde. Es kann auch sein, dass ein solcher Stein als Meteoroid zunächst die Sonne umkreist, seine Bahn später aber wieder diejenige der Erde kreuzt und er von dieser eingefangen wird. Aus dem Meteoroiden (so heißt er, solange er um die Sonne kreist) wird beim Eintritt in die Erdatmosphäre ein Meteor (die Bezeichnung für die am Himmel sichtbare Lichterscheinung), bis schließlich seine Reste irgendwo auf der Erde als Meteorit einschlagen.

Während die meisten der auf der Erde gefundenen Meteoriten aus dem Asteroidengürtel stammen – einer Ansammlung von Gesteinsbrocken bis hin zu Zwergplaneten zwischen den Bahnen von Mars und Jupiter –, ist etwa jeder Tausendste der neu entdeckten Steine aus dem All lunarer Herkunft, also ein Stein vom Mond. Gefunden werden diese Meteoriten vom Mond zumeist von professionellen Meteoritenjägern in den Wüsten der nordafrikanischen Länder, aber sie sind extrem selten und jeder Fund ist eine Sensation, die sich augenblicklich in der Fachwelt herumspricht, natürlich auch, weil man Mond-Meteoriten zu hohen Preisen an Sammler verkaufen kann. Schließlich ist gegen ein Stück des Mondes sogar Gold echte Massenware. Je nach Seltenheit kosten Mond-Meteoriten 1200 bis 2500 Euro pro Gramm, damit liegt der Preis derzeit etwa beim 12- bis 25-Fachen des gelben Edelmetalls.

Mit Satellitennavigation ausgestattet, »scannen« die professionellen Meteoritenjäger auf der Suche nach dem raren Material in ihren Geländewagen systematisch streifenförmig die uniforme Landschaft der Sandwüsten ab. Mancher Meteorit wechselt seinen Besitzer aber auch in einem afrikanischen Hinterhof oder in einer Privatwohnung, denn mittlerweile haben auch die Einheimischen dort begriffen, worauf die Meteoritenjäger aus sind. Wird ein Stein entdeckt, so wird er in den meisten Fällen wissenschaftlich analysiert, katalogisiert und dann zumindest teilweise kommerziell verwertet. Für Privatleute sind diese

Bruchstücke nordafrikanischer Mond-Meteoriten heute die einzige Möglichkeit, an echtes Mondgestein zu kommen. Die meisten der momentan im Internet angebotenen Splitter stammen von dem 208 Gramm schweren Meteoriten »NWA 4483«, den ein Meteoritenhändler im Sommer 2006 im marokkanischen Erfoud erwarb. Bei »NWA 4483«, der nach den chemischen Analysen nicht von der staubigen Oberfläche des Trabanten, sondern aus einer tieferen Gesteinsschicht eines der lunaren Hochländer stammt, handelt es sich mit großer Wahrscheinlichkeit um einen nahen Verwandten oder sogar ein Bruchstück des berühmten »NWA 3163«, eines 1,6 Kilogramm schweren Mond-Meteoriten, der bereits 2005 im marokkanischen Ouarzazate aufgetaucht ist.

Die seltenen Steine vom Mond fallen allerdings nicht nur über der Sahara und den Eiswüsten der Pole vom Himmel. Nichts spricht dagegen, dass auch in unseren Breiten oder an jeder anderen Stelle des Planeten gelegentlich ein Teil unseres Trabanten niedergeht. Das Problem ist, diese Teile zu finden. Abseits homogener Flächen wie Wüsten und Eisfelder, wo sie optisch aus einer gleichförmigen Umgebung als Fremdkörper herausragen, ist die Entdeckung eines Mond-Meteoriten extrem unwahrscheinlich. Weder in Europa noch im gesamten Amerika, sondern nur in Australien wurde 1991 ein Stein vom Mond entdeckt. Berücksichtigt man, dass etwa ein Drittel der seltenen Funde Bruchstücke desselben Steins sind, so waren bis Juni 2008 lediglich 126 Fundstücke mit einer Gesamtmasse von nur 33 Kilogramm bekannt, die wahrscheinlich von 56 verschiedenen Meteoriten stammen. Der Star ist zweifellos ein 13,5 Kilogramm schwerer Brocken, auf den ein anonymer Finder 1999 an einer Düne der Kalahari-Wüste in Botswana stieß. In der Antarktis hingegen, wo sich selbst ein winziges Objekt optisch vom grellweißen Schnee abhebt, können sogar Mond-Meteoriten von nur wenigen Gramm Masse entdeckt werden.

Der allererste Stein vom Mond, der nicht von einer der Apollo- oder Luna-Missionen stammt, ist der im Januar 1982 entdeckte »Alan Hills

81005«. Ein Wissenschaftler, der mit dem von der US-Regierung unterstützten Programm ANSMET (ANtarctic Search for METeorites) in der Antarktis unterwegs ist, sammelte den Stein ein und ließ ihn später in Washington von einem Geochemiker der Smithsonian Institution untersuchen. Diesem fiel sofort die Ähnlichkeit des Steins mit den in der Wissenschaftswelt gut bekannten Proben aus dem Apollo-Programm auf. Jahre später wurde bekannt, dass japanische Forscher bereits am 20. November 1979 einen Mondstein in der Südpolregion gefunden hatten – allerdings wurde »Yamato 791197« über Jahre nicht als solcher erkannt.

Die beiden Funde lösten einen regelrechten Boom bei der Jagd nach den extrem seltenen Gesteinen aus. Wer selbst ein Stück vom Mond besitzen möchte, kann sich diesen Traum dennoch zu moderaten Preisen erfüllen: Zwischen 20 und 50 Euro kosten wenige Milligramm schwere, zwei bis drei Millimeter lange, aber eindeutig zertifizierte Splitter bei seriösen Fossilien- und Meteoritenhändlern im Internet (zwei gute Bezugsquellen finden Sie im Anhang dieses Buches).

Wer allerdings Mondgestein besitzen will, das nicht nur mit der Hilfe Newtons, sondern per Raumschiff zur Erde gelangte, der muss einen Teil der hohen Transportkosten übernehmen: 442 500 Dollar bezahlte ein privater Sammler im Jahr 1993 für drei winzige Splitter, die 1970 mit Luna 16 zur Erde kamen. Material aus dem Apollo-Programm gelangte bis heute nicht in den freien Handel – und so, wie es aussieht, wird das auch nie geschehen. Etwa 200 winzige Proben haben amerikanische Präsidenten seit dem Ende der Apollo-Missionen zu besonderen Anlässen ausländischen Staatsoberhäuptern übergeben, und einige wenige größere Steine sind in verschiedenen naturwissenschaftlichen Museen auf der ganzen Welt ausgestellt, etwa im Washingtoner *National Air and Space Museum* oder im *Kennedy Space Center* in Florida.

In Deutschland gibt es Apollo-Steine vom Mond im Deutschen Technik Museum in Berlin, im Haus der Geschichte in Bonn, im Nördlinger Rieskrater-Museum, im Naturmuseum Senckenberg in Frankfurt sowie im Münchner Deutschen Museum zu sehen. Bis auf die Präsente an Kanzler und Könige sind alle Steine nur Leihgaben der NASA. Die Astronauten selbst, die damals die Steine auf dem Mond einsammelten, gingen übrigens leer aus. Erst im Jahr 2006 wurde Neil Armstrong – als Dauerleihgabe der NASA, die er anschließend sofort an ein Museum weitergab – ein zwei Gramm schwerer Splitter von einem der Steine überreicht, die er selbst im Juli 1969 im »Meer der Ruhe« einsammelte. Dort, wo heute, etwa 50 Kilometer von der historischen Landestelle »Tranquility Base«, ein Krater nach ihm benannt ist.

## An die Erde gekettet

169 Monde wurden (bis Juni 2007) in unserem Sonnensystem entdeckt, doch nur wenige davon können es mit unserem Trabanten aufnehmen. Dieser ist nicht nur im Verhältnis wesentlich größer als die meisten anderen Satelliten, sondern übertrifft sie auch in seiner absoluten Größe. Neben dem Saturntrabanten Titan spielen nur die Jupitermonde Ganymed, Callisto, Europa und Io in derselben Liga wie Luna. Von ähnlicher Größe sind Io (3660 Kilometer Durchmesser) und Europa (3121 Kilometer Durchmesser), in der Relation zu ihren Planeten aber sind auch diese beiden, anders als der Erdmond, Zwerge. 3476 Kilometer beträgt der Durchmesser des Mondes, damit hat er als geometrischer Körper immerhin ein Viertel der Größe der Erde, der Durchmesser der Vollmondscheibe entspricht der Entfernung von Reykjavik nach Neapel. Mit 37,9 Millionen Quadratkilometern hat der Mond etwas weniger Fläche als Nord- und Südamerika zusammen (42 Millionen Quadratkilometer). Das sind acht Prozent der Erdoberfläche. Die Zahlen machen deutlich, was den Astronauten auf dem Mond so stark auffiel: der nahe Horizont und dessen deutlich sichtbare Krümmung.

Nicht alle Astronomen betrachten den Mond als lupenreinen Satelliten der Erde. Wegen seiner relativen Größe und der Tatsache, dass beide Körper einen gemeinsamen Schwerpunkt umrunden, der nicht mit der Mitte der Erde zusammenfällt, halten manche Wissenschaftler das System Erde-Mond für einen Doppelplaneten. Allerdings wird für Doppelplaneten üblicherweise vorausgesetzt, dass sich der gemeinsame Schwerpunkt außerhalb der beiden Körper befindet. Das Schwerezentrum *(Baryzentrum)* von Erde und Mond liegt aber 1700 Kilometer unter der Erdoberfläche, und so ist der Erdtrabant zwar ungewöhnlich groß, aber physikalisch korrekt betrachtet dennoch ein Mond.

Der Mond umkreist die Erde auf einer elliptischen Bahn, die einem perfekten Kreis jedoch sehr ähnlich ist. Das Maß der Abweichung, als *Exzentrizität* bezeichnet, beträgt lediglich 0,055. Der größte *(Apogäum)* und der kleinste *(Perigäum)* Abstand zwischen Mond- und Erdmittelpunkt unterscheiden sich deshalb im Mittel um etwa 42 200 Kilometer (363 300 und 405 500 Kilometer).

Diese erste gemeinsame Aufnahme von Erde und Mond übermittelte am 18. September 1977 die amerikanische Sonde Voyager I aus beinahe zwölf Millionen Kilometern Entfernung. Der Mond befindet sich auf dieser Aufnahme hinter der Erde.

In diesem sensiblen Mobile, in dem jeder Körper einen Einfluss auf jede andere Masse des Systems hat, ergeben sich durch die Gravitation der Sonne bei bestimmten der unzähligen geometrischen Konstellationen jeweils etwas andere Werte. So kann der Mond manchmal nur 356 400 oder sogar 406 700 Kilometer von der Erde entfernt sein, in den meisten Astronomiebüchern werden als mittlere Entfernung 384 400 Kilometer angegeben. Merken kann man sich auch den etwa 30-fachen Erddurchmesser für die mittlere Distanz. Die maximalen Werte sind durch die vielen kleinen Störungen schwer zu ermitteln und liegen für den Zeitraum von 1750 bis ins Jahr 2125 bei 356 375 Kilometern (Perigäum am 4. Januar 1912) und 406 720 Kilometern (Apogäum am 3. Februar 2125).

Die elliptische Bahn des Mondes unterliegt den Gesetzmäßigkeiten der Planetenbahnen, die Johannes Kepler als Erster mathematisch exakt beschrieb und die später durch den genialen Isaac Newton eine Basis in Form der Gesetze zur Gravitation bekamen. Dass seine Entdeckungen etwas mit der Schwerkraft zu tun haben, wusste Kepler noch nicht, aber Tatsache ist: Kommt der Mond der Erde näher, so bewegt er sich wegen der zunehmenden Gravitation etwas schneller als auf der anderen, weiter entfernten Seite der Ellipse. Im Durchschnitt beträgt die Geschwindigkeit des Mondes auf seiner Bahn etwas mehr als einen Kilometer pro Sekunde, – wobei man allerdings bedenken sollte, dass sich das System Erde-Mond gemeinsam mit beinahe 30 Kilometern pro Sekunde um die Sonne bewegt. Dasselbe trifft für die Bahnen aller Himmelskörper und sogar der Galaxien zu (auch sie bewegen sich auf elliptischen Bahnen) und drückt sich im Zweiten Keplerschen Gesetz so aus: Die Verbindungslinie zwischen den Schwerezentren zweier Himmelskörper überstreicht in der gleichen Zeit die gleiche Fläche.

Betrachtet man isoliert den Weg des Mondes um die Sonne aus einem großen Abstand, so offenbart sich etwas ganz Erstaunliches: Der Mond »zeichnet« auf seinem Weg um die Sonne keine Schleifen um die Erde, sondern beschreibt in Relation zur Sonne einen an allen Stellen seines Weges konkaven Kreis, wobei er sich mal auf der einen Seite der Erde, mal auf der anderen befindet. Eine solche Form ist zunächst schwer vorstellbar – aber es geht: Stellen Sie sich einen Kreis vor, der von einem Zwölfeck in der Weise umrahmt ist, dass die Eckpunkte außerhalb des Kreises liegen und die geraden Strecken den Kreis schneiden. Wenn Sie nun die Eckpunkte etwas abrunden und die geraden Teile der »Bahn« etwas nach außen wölben, erhalten Sie ein Modell, das der Realität schon recht nahe kommt. Was manchmal sogar Astronomen nicht einleuchtet und auf einem komplexen geometrischen Problem basiert, hängt damit zusammen, dass die Erde sich 30-mal schneller um die Sonne bewegt als der Mond um die Erde und hat außerdem mit dem Abstand der Erde von der Sonne und dem Verhältnis der Umlaufzeiten der beiden Körper in Bezug auf Sonne und Erde zu tun.

Da der Mond die Erde in einer »gebundenen« Rotation umkreist, zeigt immer dieselbe Seite seines Körpers zur Erde. Es wird gerne bezweifelt, dass diese Art Bewegung überhaupt eine richtige Rotation ist. Wieder hilft der Blick auf das System von außen: Wenn der Mond während einer kompletten Umrundung der Erde dieser ständig seine vordere Seite zuwendet, so dreht er sich gleichzeitig auch einmal um seine eigene Achse – genauso wie ein Mensch, der sich mit Blickrichtung zur Mitte auf den Rand eines Kinderkarussells stellt und sich mit ihm dreht. Für einen Betrachter in der Mitte des Karussells ist die Rotation des Mitfahrers nicht zu erkennen, im Verhältnis zum umgebenden Festplatz jedoch dreht er sich während jeder Umdrehung des Karussells einmal um sich selbst. Die gebundene Rotation führt in Verbindung mit der leicht schwankenden Geschwindigkeit des Mondes auf seiner elliptischen Bahn zu einem Taumeln, das als *Libration* bekannt ist. Dabei schwankt der Mond nicht nur leicht um die Achse, die durch seine Pole geht (Libration in Länge), sondern auch nach oben und unten (Libration in Breite), was dazu führt, dass wir von der Erde

aus nicht genau die halbe Fläche des Mondes zu sehen bekommen, sondern durch das Teleskop etwas mehr, nämlich 59 Prozent seiner Landschaften betrachten können.
Die Geometrie von Erd- und Mondbahn sorgt für die optischen Effekte, die wir als Mondphasen kennen. Steht der Mond während seines Umlaufs zwischen Sonne und Erde (Konjunktion nennen das die Astronomen), haben wir Neumond; der Mond steht in diesem Fall etwas über oder unter der scheinbaren Sonnenbahn am Himmel – verdeckt sie also nicht. Das liegt an den 5,1 Grad Neigung der Mondbahn gegenüber der Ekliptik, wie die Ebene heißt, auf der sich die Erde um die Sonne bewegt und die uns auf der Erde als Weg der Sonne über den Himmel erscheint. Diese Neigung der Mondbahnebene ist der Grund dafür, dass der Weg des Mondes von der Erde aus gesehen oberhalb oder unterhalb der Sonnenbahn verläuft. An der Neumondposition könnte man den Winkel zwischen Mondbahn und Ekliptik gut erkennen, wenn der Neumond tagsüber nicht völlig von der Sonne überstrahlt würde und deshalb für uns unsichtbar bliebe.
Einen halben Monat nach dem Neumond stehen die drei Himmelskörper wieder in einer Linie, jetzt aber nimmt die Erde die Position zwischen Sonne und Mond ein – sie stehen in Opposition. Die uns zugekehrte Seite des Trabanten ist nun vollständig beleuchtet: Vollmond. Da der Mond zwar direkt hinter der Erde, aber etwas oberhalb der Ekliptik steht, fällt der etwa 1,3 Millionen Kilometer lange Kernschatten der Erde bei Vollmond oberhalb oder unter dem Mond hindurch ins leere All. Die beiden Zwischenstellungen, wenn Sonne, Mond und Erde ein Dreieck bilden, nennen wir auf- bzw. abnehmenden Halbmond – in diesem Fall sehen wir von der Erde aus die Hälfte der beleuchteten und die Hälfte seiner unbeleuchteten Seite. Die Stellungen zwischen den Halbmonden werden üblicherweise als erstes bis letztes Viertel bezeichnet.
Da die Ebene des Mondorbits leicht geneigt ist, gibt es zwei Stellen, an denen sich die beiden Ebenen schneiden. Diese auf- oder absteigenden

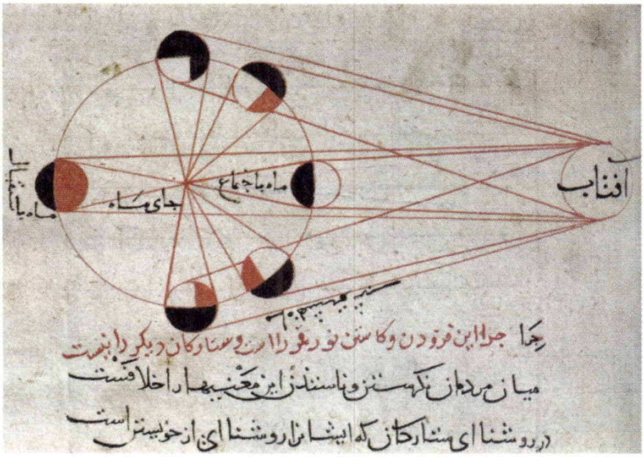

Im ersten Jahrtausend nach Christus entstand diese Grafik der Mondphasen. Angefertigt wurde sie vom legendären persischen Astronomen und Universalgelehrten Al-Biruni (973–1048).

Knoten der Mondbahn mit der Ekliptik werden auch als »Drachenpunkte« bezeichnet – nach einer alten Vorstellung, dass ein Drache an diesen Punkten die Sonne (Sonnenfinsternis) oder während der Mondfinsternis den Mond verschluckt. Der Zusatz »auf« bzw. »ab« sagt lediglich, ob es sich um den Punkt handelt, an dem der Mond die Ekliptik von Süd nach Nord durchwandert oder umgekehrt. Die Drachenknoten selbst wandern mit gleichmäßiger Geschwindigkeit gegen die Umlaufrichtung des Mondes. Der Zyklus, in dem sich die Himmelskonstellationen so wiederholen, dass mit hoher Genauigkeit dieselben Finsternisse stattfinden, wird als Saros-Periode bezeichnet und dauert exakt 18 Jahre, elf Tage und acht Stunden – oder 6585,32 Tage. Die acht Stunden sind der Grund dafür, dass jede Sonnenfinsternis einer Saros-Periode acht Stunden später und damit auf der Erdoberfläche 120 Grad weiter westlich stattfindet als die vorangegangene. (Acht Stunden entsprechen einem drittel Tag, ebenso wie 120 Grad ein Drittel des Erdumfangs sind.)

An den wenigen Tagen des Jahres, an denen der Mond sowohl in einer Linie mit Erde und Sonne steht als auch gleichzeitig die Bahnebene der Erde um die Sonne durchschneidet – oder aber sich zumindest in unmittelbarer Nähe dieser Punkte befindet –, kommt es zu

Finsternissen: Der Mond (der durch einen eigenartigen Zufall der Natur am Himmel etwa gleich groß wie die Sonne erscheint) verdunkelt die Sonnenscheibe (Sonnenfinsternis) oder er tritt hinter der Erde in ihren Schatten ein (Mondfinsternis). Wie oft dies geschieht, lässt sich exakt berechnen: Im Durchschnitt können wir von der Erde aus jährlich 1,5 Mondfinsternisse und 2,3 Sonnenfinsternisse beobachten.

Wenn die Bedeckung nicht vollständig ist, der Mond die Sonne also nur teilweise verdeckt, oder aber der Kernschatten der Erde den Mond nur streift, spricht man von partiellen Finsternissen. Dann gibt es noch Halbschattenfinsternisse und sogar partielle Halbschattenfinsternisse und eine ganze Reihe von Sonderfällen, die allesamt auf bestimmten geometrischen Sonderfällen der elliptischen Umlaufbahnen der Erde um die Sonne und des Mondes um die Erde beruhen, wie etwa die ringförmige Sonnenfinsternis, die dann entsteht, wenn der Mond gerade so weit von der Erde weg ist, dass er nicht in der Lage ist, die gesamte Sonnenscheibe zu bedecken.

Da die Sonne so viel weiter von der Erde entfernt ist als der Mond, sind Mondfinsternisse von einem sehr viel größeren geographischen Raum aus zu beobachten als Sonnenfinsternisse, deren Kernschatten zwar exakt berechenbar über den Globus läuft, die aber für einen bestimmten Ort selten sind. Die letzte totale Sonnenfinsternis, die wir in Süddeutschland beobachten konnten, war am 11. August 1999, und die nächste werden hier an der Isar noch einige der damals Anwesenden erleben: sie fällt auf den 3. September 2081. Viel früher kommt die nächste Mondfinsternis, nämlich am 21. Dezember 2010, allerdings wird in Mitteleuropa der Mond bereits untergegangen sein, bevor er komplett im Kernschatten der Erde verschwunden ist. Sind Sie aber irgendwo in den USA, können Sie an diesem Tag die komplette Mondfinsternis beobachten.

Auch wenn 12 Umläufe des Mondes um die Erde nicht genau ein Jahr ergeben, war der Zyklus des Mondes immer auch ein Maß für den Monat. Unter den verschiedenen Definitionen dieser Zeiteinheit, von denen jede bestimmte Aspekte der Mondbahn berücksichtigt, ist der synodische Monat am einfachsten vorstellbar. Die synodische Periode, die ihm zugrunde liegt, definiert den präzisen Abstand zwischen zwei gleichen Mondphasen, wenn der Mond also von der Erde aus betrachtet die gleiche Position gegenüber der Sonne einnimmt. Oder anders ausgedrückt: Von einem Neumond zum nächsten dauert es 29 Tage, 12 Stunden, 44 Minuten und drei Sekunden. Die bereits verstrichene Zeit der synodischen Periode nennen wir Mondalter oder Lunation.

Während eines siderischen Monats (27,32 Tage) umrundet der Mond die Erde in Bezug auf den Fixsternhimmel. Das bedeutet, dass er – nach Ablauf dieser Periode vom selben Punkt der Erde aus betrachtet – exakt vor denselben Sternen steht. Da die Erde ihrerseits – je nach Jahreszeit – auf ihrem Sonnenumlauf in dieser Zeit um 26–28 Grad weitergewandert ist, ist der siderische Monat etwas kürzer als ein vollständiger Umlauf um die Erde, der Kreis also nicht ganz geschlossen.

Es gibt noch einige andere Definitionen eines Mondumlaufs, wie etwa den drakonitischen Monat (27,21 Tage), die Zeit, die der Mond benötigt, um wieder durch denselben Knotenpunkt mit der Ekliptik zu laufen. Da die Knotenlinie (die Verbindung zwischen den beiden Knotenpunkten) sich mit 20 Grad pro Jahr entgegen der Umlaufrichtung des Mondes bewegt, ist der drakonitische Monat kürzer als der synodische. Eine weitere Definition ist der anomalistische Monat mit 27,56 Tagen Dauer, er beschreibt die Zeitspanne zwischen den größten Annäherungen des Mondes an die Erde.

Mit etwa 75,5 Trillionen Tonnen Masse ist der Mond ein gewaltiger Himmelskörper, auch wenn seine durchschnittliche Dichte mit 3,3 Gramm pro Kubikzentimeter sehr viel kleiner ist als die der Erde (5,5 Gramm pro Kubikzentimeter). Der Mond hat eine beträchtliche Gravitation, die einem Sechstel der irdischen (9,81 $m/s^2$) entspricht und unseren Planeten daher stark beeinflusst. Allerdings weist die

Gravitation des Mondes eine interessante Anomalie auf: An vielen Stellen der Mondoberfläche herrscht eine Gravitation, die weit über dem Durchschnitt von 1,62 $m/s^2$ liegt. Zum ersten Mal beobachtet wurde dieses Phänomen während der amerikanischen Lunar Orbiter-Missionen, deren Sonden im Mondumlauf mit den Schwankungen der Anziehungskraft zu kämpfen hatten und ständig Daten einer seltsam deformierten Umlaufbahn zur Erde funkten.

Eine genaue Auswertung der Daten im *Jet Propulsion Laboratory* der NASA entlarvte schließlich Massekonzentrationen *(Mass Concentrations, Mascons)* als Grund für die krummen Ellipsen der Satelliten. Diese Schwerkraftzentren liegen alle unter großen Einschlagkratern und Maria, und Forscher sind davon überzeugt, dass dies kein Zufall ist. Eines der beiden bevorzugten Erklärungsmodelle geht von großen Mengen sehr dichten Basaltgesteins in großen Kratern und unterhalb der »Meere« aus bzw. von stärker eisenhaltiger Materie, die nach den Einschlägen aus den tieferen Schichten des Mondmantels in die obere Kruste hochgestiegen ist.

Das andere Modell vermutet die Überreste von Eisenkernen prähistorischer Asteroiden an diesen Orten als Grund für die Fluktuationen in der Schwerkraft – die man übrigens auf der Erde nie in dieser Form beobachtet hat, die aber auf dem Mars ebenfalls nachgewiesen wurden. Die Abweichung von der durchschnittlichen Schwerkraft ist bei den typischen Mascons des Mare Imbrium oder des Mare Crisium so ausgeprägt, dass Satelliten nicht in der Lage sind, einen stabilen Mondorbit einzuhalten, sondern innerhalb von Monaten oder etwa eines Jahres auf den Mond abstürzen. Das Gewicht eines Astronauten im Raumanzug (Masse: 130 Kilogramm) würde an diesen Stellen um etwa 120 Gramm schwanken. Daher hat die NASA Umlaufbahnen berechnet, auf denen die Satelliten von den Mascons unbeeinflusst bleiben: präzise West-Ost-Bahnen entlang des Äquators etwa oder eine Umlaufbahn mit der Neigung von 86 Grad, die nahezu direkt über die Pole führt. Auf anderen Orbits sind immer wieder Kurskorrekturen notwendig – wenn allerdings der Treibstoff dafür zur Neige geht, ist der Satellit dem Tode geweiht.

Die für uns offensichtlichste Folge der Masse des Mondes ist die Gezeitenkraft, die an den irdischen Küsten Ebbe und Flut bewirkt und sogar die Landmassen der Erde bewegt. Von den Gezeitenkräften von Sonne und Mond (in Kombination mit anderen Kräften wie der Gravitation der Erde selbst und ihrer Rotation) beschleunigt, heben und senken sich unsere Ozeane und Meere in einem immerwährenden Takt, dessen Ausprägungen allerdings je nach den lokalen Gegebenheiten sehr unterschiedlich sind. Die präzise Physik der Gezeiten ist eine komplexe Angelegenheit, in der viele Kräfte eine Rolle spielen, aber für ein erstes Verständnis genügt folgendes Bild: Vom Mond angezogen heben sich die Meere der ihm zugewandten Erdseite, und da die Erde gleichzeitig rotiert, bildet sich auf ihrer Rückseite ein beinahe ebenso hoher Flutberg; wegen der geringeren Mondgravitation ist er allerdings um ein paar Prozent niedriger.

Der feste Körper der Erde dreht sich unter diesen beiden Flutbergen hindurch, so dass der höchste Wasserstand der Meere im Verlauf eines Tages zweimal täglich als Flut die Küsten der Erde erreicht. 12 Stunden und 25 Minuten beträgt die Periode zwischen zwei Hochwasserständen, was daran liegt, dass der Mond sich auf seiner Bahn ein Stück weiter bewegt, während der Flutberg die Erde umläuft – der Flutberg sich also etwas weiter als einmal um den ganzen Globus bewegen muss, bevor er wieder an der Stelle der höchsten Gravitation ankommt. Wäre die Erde vollständig mit Wasser bedeckt, ergäben sich rein rechnerisch Flutberge mit einer Höhe von etwa 50 Zentimetern. Auf die Bahn des Mondes wirken sich die Gezeiten dahingehend aus, dass durch die Reibung des über den unebenen Meeresboden strömenden Wassers die Rotation der Erde allmählich abgebremst wird, beinahe so, wie Bremsbacken ein Rad verzögern. Um 16 Mikrosekunden verlängert sich ein Erdentag durch diesen Effekt jedes Jahr, vor einer halben Milliarde Jahren war ein Tag allein aus diesem Grund lediglich

21 Stunden lang. Durch die Abbremsung der Erde infolge der Gezeiten wird aber auch ein Teil des Drehimpulses der Erde auf den Mond übertragen. Aus diesem Grund vergrößert sich der Abstand zwischen den beiden Himmelskörpern jedes Jahr um beinahe vier Zentimeter. Besonders stark sind die Gezeiten auf der Erde, wenn Sonne und Mond auf einer Linie stehen (also bei Neumond und Vollmond) – da sie dann mit der kombinierten Kraft ihrer Gravitation an der Erde zerren. Obwohl die Sonne sehr viel weiter entfernt ist, bringt sie wegen ihrer enormen Masse immerhin 40 Prozent der Gravitationswirkung des Mondes auf. »Springtide« heißt die bei einer solchen Konstellation besonders stark ausgeprägte Flut.

Die höchste Springtide gibt es, wenn Neumond oder Vollmond auch noch mit der geringsten Entfernung des Mondes von der Erde zusammenfallen, was (nach dem synodischen Zyklus) etwa alle 7,5 Monate geschieht. Zu einer Sturmflut wiederum kann es kommen, wenn eine solche lineare Konstellation von Erde, Mond und Sonne mit starken Winden an einer Küste zusammenfällt, eine große Gefahr vor allem für die deutsche Nordseeküste. Die verheerende »Hollandsturmflut« von 1953, die schwerste Naturkatastrophe im Bereich der Nordsee, ist auf ein solches unglückseliges Zusammentreffen von Springtide und starkem Sturm zurückzuführen. Im Gegensatz dazu sind die Gezeiten während der Halbmondstellungen, wenn sich die Kräfte der Sonne und des Mondes teilweise neutralisieren, schwächer und der Unterschied zwischen höchstem und niedrigstem Wasserstand am geringsten. Diese »Nipptide« tritt in der Deutschen Bucht alle 14 Tage, immer ein paar Tage nach Halbmond auf.

Bei jedem Küstenort ist es so, dass die täglich zweimal im Abstand von 12,5 Stunden wiederkehrende Flut mit zunehmendem Mond jeden Tag etwas ansteigt, bis sie am Tag des Vollmondes ihren Höchststand erreicht. Dann werden die Wasserstände wieder niedriger und erreichen bei abnehmendem Halbmond ihr Minimum. Anschließend steigt die Flut wieder so lange, bis sie bei Neumond ihren nächsten Höchststand erreicht. Isaac Newton hat in seinen »*Mathematischen Prinzipien*« als Erster auch die Physik von Ebbe und Flut korrekt beschrieben, allerdings war schon Aristoteles im alten Griechenland auf der richtigen Spur: er erklärte die Gezeiten mit der »Anziehung des Wassers durch den Mond«.

So hell uns der Mond am nächtlichen Himmel auch vorkommen mag – in absoluten, physikalischen Maßen ausgedrückt, ist sein Rückstrahlungsvermögen *(Albedo)* erstaunlich schwach ausgeprägt. Nur etwa sieben Prozent des einfallenden Lichtes werden von der Mondoberfläche reflektiert, an einigen wenigen, besonders hellen Stellen wie dem Krater Aristarchus sind es 20 Prozent, während die Kraterebene Grimaldi ganz im Westen besonders dunkel erscheint. Dass wir ihn dennoch als strahlend hellen Körper sehen, liegt am hohen Kontrast des Vollmondes zum tiefschwarzen All, das ihn umgibt. Absolut gesehen ist der Mond im Sonnensystem sogar der Körper mit der geringsten Rückstrahlkraft. Eine seltsame optische Erscheinung sind auch die als transiente Mondphänomene *(Transient Lunar Phenomena, TLP)* bezeichneten Lichterscheinungen in verschiedenen Farben, die seit über 1000 Jahren erwähnt werden. Die meisten Wissenschaftler halten die TLPs heute für Ausgasungen des Mondes, die auf einen gewissen Restvulkanismus unter manchen Kratern schließen lassen. Vor allem der extrem helle Aristarchus hat sich in diesem Zusammenhang einen Namen gemacht.

Und noch eine weitere optische Täuschung müssen wir uns gefallen lassen: Dass der Vollmond nach seinem Aufgang um so viel größer – oder näher – erscheint, als wenn er direkt über uns am Himmel steht, hat seine Ursache in einem seit Urzeiten bekannten Phänomen, das heute der Wahrnehmungspsychologie zugeordnet und als »Mondtäuschung« bezeichnet wird. Sowohl die Babylonier im ersten Jahrtausend vor Christus als auch Leonardo da Vinci im 15. Jahrhundert beschäftigten sich mit der eindrucksvollen Illusion und versuchten zu enträtseln, warum der Mond (aber auch die Sonne und manche

Sterne) nahe dem Horizont so viel größer erscheinen. Tatsächlich ist der Vollmond sogar kleiner, wenn er abends knapp über dem Horizont steht – da er dann einen Erdradius weiter vom Beobachter entfernt ist als um Mitternacht, wenn er sich direkt über uns befindet. So erstaunlich es scheint: Bis heute gibt es keine allgemein akzeptierte Erklärung für die Mondtäuschung. Mancher ihrer Aspekte ist bis heute ungeklärt, unter anderem die merkwürdige Tatsache, dass es Menschen gibt, die der Mondtäuschung nicht unterliegen und denen der Mond in jeder Position am Himmel gleich groß erscheint.

Der Mond wird auch in den nächsten Milliarden von Jahren auf seiner Bahn um die Erde bleiben, sich aber im Zeitlupentempo weiter von ihr entfernen. Erst wenn in etwa 7,6 Milliarden Jahren die Fusion des Wasserstoffs zu Helium in der Sonne wegen Brennstoffmangels zu Ende geht, wird die Sonne zu einem gigantischen Roten Riesen heranwachsen. Wahrscheinlich wird dann die Erde in den Einflussbereich des neu entstandenen Roten Riesen geraten. Zuerst werden ihre Ozeane verdampfen und das Leben verschwinden, so die düstere Prognose der Wissenschaft. Schließlich wird aus der einstmals blauen Oase des Sonnensystems ein unbewohnbarer, glühend heißer Wüstenplanet. In der letzten Phase, so haben Simulationen mit hoher Präzision bestätigt, werden Erde und Mond von den äußeren Schichten der gigantischen Sonne eingefangen und gemeinsam in ihr verglühen. Die Sonne selbst wird ihren Lebenszyklus als extrem dichter Weißer Zwerg beenden und einige Milliarden Jahre später, wenn sie sich ein weiteres Mal gewandelt hat, diesmal zu einem Schwarzen Zwerg ohne Wärme- oder Lichtabstrahlung, aus dem sichtbaren Universum verschwinden. In Anbetracht eines maximalen Alters von 13,7 Milliarden Jahren ist das Universum allerdings noch zu jung, um je einen solchen Schwarzen Zwerg hervorgebracht zu haben; für die Zeit nach dem Stadium Weißer Zwerg bleibt diese weitere Entwicklung der Sonne daher eine reine Hypothese.

## Immer unter Beobachtung

Die längste Zeit seiner Existenz *gab* es niemanden, der den Mond hätte beobachten können – jedenfalls nicht von der Erde aus. Irgendwann nach über vier Milliarden Jahren aber bemerkt ihn zum ersten Mal ein Wirbeltier, etwa eines der Amphibien, die in der Karbonzeit das Leben aus dem Meer an Land bringen, nachdem in den Hunderten von Millionen Jahren vor dieser Zeit bereits Pflanzen große Teile der Kontinente besiedelt haben.

Wir wissen nicht, was der erste moderne Mensch dachte, als er vor etwa 200 000 Jahren auf dem afrikanischen Kontinent das helle Objekt am Nachthimmel sah. Dass die aufgehende Sonne das Tageslicht und nach der Kälte der Nacht auch die Wärme bringt, versteht er wohl bald, das Wesen der Sonne kann er intuitiv erfassen. Hell ist warm, dunkel bedeutet kalt, und wenn die Sonne genau im Zenit steht, ist es am wärmsten. Aber der Mond? Er ist einfach nur jede Nacht da, oft aber auch am Tag zu sehen, und nachdem er über den Himmel gewandert ist, verschwindet er wieder. Ständig ändert er seine Gestalt, manchmal auch seine Farbe, dann wieder ist er gänzlich unsichtbar.

Die frühen Menschen hielten sich auch nachts im Freien auf, und zumeist in warmen Gebieten der Erde. In den vielen klaren Nächten dieser Regionen beobachteten sie die für sie gänzlich unverständlichen Phänomene des Himmels, rätselten und interpretierten sie schließlich im Rahmen ihrer Möglichkeiten. An welcher Stelle des Horizonts steigt der Mond zu den verschiedenen Jahreszeiten in den Nachthimmel? Wie verläuft seine Bahn, wo geht er hin, wenn er verschwindet? Warum verändert er ständig seine Form – und was will er den Menschen damit *sagen*? Ist es denn überhaupt immer *dasselbe* Gebilde, das auf der einen Seite des Horizonts aufgeht und auf der anderen verschwindet?

Es liegt nahe, dass frühe Kulturen den Mond, wie die Sonne, als übernatürliche Wesen betrachteten. Das trifft natürlich auch auf die Sterne zu, doch sind diese noch viel abstrakter, unfassbarer. Der Mond hat eine strukturierte Oberfläche, fast greifbar hängt er am Himmel. Wer gut sieht, kann mit bloßem Auge markante Details ausmachen – und sich darunter alles Mögliche vorstellen: ein Gesicht, einen springenden Hasen. Aber zunächst musste die Menschheit lernen, sich überhaupt mit dem Wesen der Natur auseinanderzusetzen – ein Bewusstsein zu entwickeln, das es möglich macht, relevante Fragen überhaupt zu stellen. Erst dann bestanden die intellektuellen Voraussetzungen und folgte der Wunsch, dem Wesen der Dinge auf den Grund zu gehen und das, was eben noch in den Bereich des Glaubens fiel, infrage zu stellen, erforschen zu wollen.

*Ein* Zusammenhang allerdings drängt sich den Menschen schon früh auf: Die Beobachtung des Mondes, wie der Sonne, gibt Aufschluss über den Ablauf der Zeit. Wenn die Sonne im Zenit steht, dann ist der halbe Tag vorbei, und wenn der Vollmond genau über ihnen leuchtet, die halbe Nacht. Bald erweist sich der Ablauf der Mondphasen als gutes Maß für das Voranschreiten der Zeit: Von einem Vollmond zum nächsten dauert es immer gleich lang.

Über die prähistorische Astronomie wissen wir heute nur wenig, allerdings haben einige steinerne Zeugen Millennien überdauert. Der berühmteste ist der aus der späten Jungsteinzeit stammende und damit in seinen ältesten Teilen seit über 5000 Jahren existierende Steinring von Stonehenge in der englischen Grafschaft Wiltshire, errichtet von einer Kultur ohne geschriebene Sprache. Über 2000 Jahre lang wurde die Anlage, so haben Untersuchungen ergeben, immer wieder umgebaut und erweitert – aber wozu sie genau diente, ist nicht bekannt. Eine der am weitesten verbreiteten Interpretationen besagt, dass es sich um die Kombination einer rituellen Begräbnisstätte und eines Observatoriums handelt, mit dessen Hilfe sich zum Beispiel das Datum der Sommer- oder Wintersonnenwende vorhersagen, aber auch andere astronomische Berechnungen anstellen ließen. Die astronomische Bedeutung von Stonehenge könnte trotz dieser Tatsache lange Zeit etwas überschätzt worden sein, auf jeden Fall scheint es sich um eine Stätte mit wichtiger politischer, sozialer und ritueller Funktion gehandelt zu haben. Inwiefern man Stonehenge mit der Beobachtung des Mondes in Zusammenhang bringen kann, bleibt spekulativ. Der amerikanische Astronom Gerald Hawkins veröffentlicht bereits 1963 einen Artikel im Magazin »*Nature*«, in dem er Stonehenge als einen »vorzeitlichen Computer zur Vorhersage von Mondfinsternissen« beschreibt. Und auch Fred Hoyle, der berühmte Astronom aus Cambridge vertritt die Ansicht, dass mithilfe der Anlage Finsternisse vorhergesagt werden konnten – seiner Ansicht nach sogar auf den Tag genau.

Eine andere berühmte Formation aus Menhiren, also »Hinkelsteinen«, findet sich in Calanais auf der Isle of Lewis, einer Insel der Äußeren Hebriden. Ihre Hauptformation (»Callanish 1«) lässt sich sogar noch leichter als Stonehenge mit den Bewegungen des Mondes in Zusammenhang bringen. Die Bewohner dieser Gegend müssen sich mit den Phasen des Mondes beschäftigt haben, denn im Rhythmus von 18,6 Jahren geht der Vollmond am nördlichsten Punkt über den Hügeln der umgebenden Landschaft auf und folgt bis zu seinem Untergang scheinbar deren Silhouette. Dieses wiederkehrende Ereignis, aber auch andere signifikante Mondphasen lassen sich mithilfe der Steinformation präzise vorhersagen.

So interessant diese Interpretation der geheimnisvoll schönen Anlagen (es gibt mindestens 50 ähnliche in Europa) auch klingt – man muss sie mit einer Dosis Skepsis genießen: Es gibt Forscher, die die Zusammenhänge für gänzlich konstruiert und zufällig halten. Da kaum anzunehmen ist, dass die seltsamen Steine ihr Geheimnis jemals vollständig preisgeben, bleibt ein Beweis für ihre astronomische Bedeutung unwahrscheinlich.

Auch in Deutschland gibt es übrigens solche Orte, etwa die fast 7000 Jahre alte, perfekt über zwei Brennpunkte entworfene »Ellipse von Meisterntal« in Bayern, ein Bauwerk, das als frühzeitlicher Kalender gedient haben könnte. Das spektakulärste Zeugnis einer frühen Astronomie aber ist die 1999 in Sachsen-Anhalt gemeinsam mit einem Bronzeschatz gefundene »Himmelsscheibe von Nebra«, die lange Zeit für eine Fälschung gehalten wurde, mittlerweile jedoch als älteste konkrete Darstellung des Sternenhimmels samt Mond gilt. 3600 Jahre ist die tellergroße, blaugrün patinierte Platte aus Bronze und Goldblech alt und sie scheint zu beweisen, dass ihre bronzezeitlichen Schöpfer über das Verhältnis von Mond- zu Sonnenjahr genau Bescheid wussten. Außerdem ermöglichte die Scheibe eine Bestimmung der Sonnwendtage am 21. Juni und 21. Dezember, mehr als 1000 Jahre vor den Babyloniern, die diese astronomischen Zusammenhänge erstmals beschrieben.

Nachdem erste astronomische Erkenntnisse gewonnen sind, beginnen die Menschen allmählich, die Natur des Weltalls in seinen Grundzügen zu begreifen und sich mit der Beobachtung des Mondes zu beschäftigen. Das dauert allerdings Jahrtausende. In der Zwischenzeit ist der Mond ein Gott oder – ebenso oft – eine Göttin. In beinahe jeder heute bekannten Kultur haben Sonne und Mond unterschiedliche Geschlechter.

Das Wort »Mond« ist aus einem indogermanischen Begriff für »schreiten« oder »Wanderer« entstanden, tatsächlich aber ist der Mond Bestandteil beinahe aller Mythologien und Religionen. In der Antike ist bei den indogermanischen Thrakern der Mond die Jagdgöttin »Bendis«, in der ägyptischen Mythologie gibt es mit Chons, Jah oder Thot Mondgötter. Bei den Griechen ist Selene seit jeher die Mondgöttin, es gibt aber auch andere griechische Göttinnen, die mit dem Erdtrabanten in Zusammenhang gebracht werden, etwa Artemis oder die mysteriöse Hekate, von der in griechischen Sagen erzählt wird, dass sie Verstorbene aus ihren Gräbern holt.

In der japanischen Shintō-Religion (»Weg der Götter«) spielt der Mond als Tsukiyomi (Bruder der Sonnengöttin Amaterasu) eine Rolle, bei den Azteken ist Tecciztecatl der »alte Gott des Mondes«: Nachdem er zu Beginn der Welt, so die Geschichte, davor zurückschreckt, bei dem notwendigen Ritual in ein Feuer zu springen, um anschließend als Sonne die neu erschaffene Welt zu beleuchten, bereut er sein Zögern später und will, wie sein Konkurrent Nanahuatzin, doch noch Sonne werden. Doch es ist zu spät: Die Götter fürchten, dass zwei Sonnen die Welt verbrennen könnten, und werfen Tecciztecatl ein »Kaninchen ins Gesicht«, um so seine Leuchtkraft abzuschwächen.

In der nordischen Mythologie heißt der Gott des Mondes Mani. Als Sohn des Riesen Mundilfari und der Sonnengöttin Sol zieht er jede Nacht über den Himmel, wobei er von dem hasserfüllten Wolf Hati verfolgt wird. In einer der verschiedenen Überlieferungen dieser Geschichte wird Hati den Mond am Tag des Weltunterganges einholen und ihn verschlingen. Ein zweiter Wolf – Skalli – verfolgt derweil zu demselben unguten Zweck die Sonne. Montag, Monday und das dänische Mandag haben ihren Ursprung in der nordischen Mythologie.

Jede der alten Kulturen, auf allen fünf Kontinenten, hat ihre Bezüge zum Mond.

5000 Jahre vor Christus gibt es in Ägypten den ersten funktionierenden Kalender. Er basiert auf den Zyklen des Mondes, was sich auch in einer halbmondförmigen Hieroglyphe für »Monat« ausdrückt, ist aber bald zu ungenau für eine präzise Vorhersage der Jahreszeiten. Deshalb gewinnt ab dem vierten Jahrtausend ein neuer Kalender an Bedeutung, der sich am Aufgang des Sterns Sirius orientiert (gemeint ist der heute als »Sirius A« bekannte Stern des Doppelsternsystems). Wenn dieser neben Sonne und Mond hellste Körper am Himmel nach einer Unsichtbarkeitsperiode am morgendlichen Himmel auftaucht, kündigt er die für die Bauern so wichtige nun einsetzende Zeit der Nilüberschwemmungen an. Später entdeckt man, dass sich dieses zu Beginn des Frühlings stattfindende Ereignis verschiebt und erst nach 1461 Jahren (sothische Periode) wieder am selben Tag des Jahres stattfindet, woraus sich die korrekte Jahreslänge von 365,25 Tagen ermitteln lässt. In den ersten Dynastien des alten Reiches, etwa 2700 bis 2200 vor Christus, bildet der Mond gemeinsam mit der Sonne das Augenpaar des in der ägyptischen Mythologie wichtigen Horus-Falken, und es ranken sich zahlreiche Geschichten um den Mond, für jede seiner Phasen gibt es eine Personifizierung. Astronomie spielt im alten Ägypten eine wichtige Rolle bei der Festlegung religiöser Feiertage. Die Bewegungen von Sternen, Planeten, Sonne und Mond werden daher erfasst und in Büchern niedergeschrieben, die man in Tempeln aufbewahrt.

Die Anfänge der wissenschaftlichen Beschäftigung mit dem Mond, also der Selenologie, liegen einige Hundert Jahre vor Christi Geburt. Zu dieser Zeit haben Astronomen in Babylon, aber auch in China, bereits eine so große Menge an Beobachtungsdaten gesammelt, dass es ihnen möglich ist, auch ohne physikalisch korrekte Kenntnisse des Sonnensystems und der Bahnen seiner Körper, Finsternisse vorherzusagen. Einige griechische Philosophen sind der Meinung, dass der Mond bewohnt ist, allerdings stützen sich ihre Behauptungen noch nicht auf Beobachtungen nach wissenschaftlichen Grundsätzen.

Um die Mitte des dritten Jahrtausends vor Christus ist in China der Legende nach der chinesische Kalender von dem legendären Kaiser Huang Di erfunden worden. Der Kalender des »gelben Kaisers«, wie Huang Di auch genannt wird, ist die am längsten ununterbrochen gebräuchliche Zeitmessung und basiert sowohl auf den Mondphasen als auch auf dem Zyklus der Sonne, weshalb er als *lunisolarer* Kalender bezeichnet wird. Erst 1912 wird in China der heute weltweit gebräuchliche »gregorianische« Kalender eingeführt, der traditionelle Kalender spielt aber weiterhin eine Rolle bei der Berechnung von Festen.

1000 Jahre später gibt es in Babylon den ersten auf dem Mondlauf basierenden Kalender. Die Chaldäer (nach einer semitischen Volksgruppe), die in Babylon vor allem für die Angelegenheiten des Himmels zuständig sind und seit Jahrhunderten astronomische Daten sammeln, deuten die sich zu manchen Zeiten scheinbar rückwärts am Himmel bewegenden Planeten als Zeichen verschiedener Gottheiten. Sonnen- und Mondfinsternisse werden als böse, gegen den König gerichtete Omen verstanden. Eine wichtige Aufgabe der Chaldäer ist es deshalb, die Daten von Mond- und Sonnenfinsternissen präzise zu bestimmen. Kurz vor dem Eintreten des fürchterlichen Himmelsereignisses wird dann schnell noch ein armer Teufel zum Ersatzkönig bestimmt und den Göttern geopfert, der Herrscher selbst kommt durch diese List unbeschadet davon.

Unter den babylonischen Himmelsbeobachtern gibt es eine von den Astronomen nicht anerkannte Gruppe, die nach der Stellung von Sternen und Planeten Horoskope erstellt, der bis heute verwendete Tierkreis allerdings wird auch von den ersten »Wissenschaftlern« verwendet. Die Chaldäer hinterlassen niedergeschriebene Beobachtungen der Venus aus dem 17. Jahrhundert vor Christus und aus dem 8. Jahrhundert existiert ein umfassender Sternenkatalog.

Wegen ihrer umfassenden und gründlichen Aufzeichnungen kennen die Chaldäer bereits die präzise Länge des synodischen Monats zwischen zwei identischen Mondphasen und auch die genaue Länge des Sonnenjahrs. Die babylonischen Astronomen finden heraus, dass 235 Mond-Monate (nach den Phasen) exakt 19 Sonnenjahre ausmachen (die Ungenauigkeit beträgt nur etwa zwei Stunden). Sie entwickeln daraufhin einen der ersten auf dem Mondlauf basierenden Kalender, der 12 Mondmonate mit insgesamt 354 Tagen hat. Das Problem, wie sich diese Zeitrechnung mit dem Sonnenjahr von 365 Tagen in Einklang bringen lässt, lösen sie, indem sie Schaltmonate in den Kalender einfügen – während unser heutiger Kalender von den Mondphasen unabhängig ist. Die Schaltmonate werden vom König bestimmt und später, 539 vor Christus, nach der Eroberung Babylons durch die Perser, von Priestern angeordnet.

Sogar über die regelmäßig sich ändernde Geschwindigkeit des auf einer elliptischen Bahn kreisenden Mondes machen sich babylonische (und später griechische und römische) Astronomen ab dem Ende des 5. Jahrhunderts vor Christus Gedanken. Eine Erklärung für diese Beobachtung kann noch keinem von ihnen gelingen, aber bereits die

Beobachtung dieser Zusammenhänge ohne jegliches technisches Hilfsmittel ist aus heutiger Sicht eine nahezu unbegreifliche Leistung. Erst 2000 Jahre später wird ein gewisser Johannes Kepler diesen Fragen auf den Grund gehen und darlegen, dass der Mond beschleunigt, wenn er der Erde auf seiner Bahn näher kommt. Kidinnu ist der bekannteste babylonische Astronom, dem diese Beobachtungen vor allem zugeschrieben werden, nach ihm ist auf der Rückseite des Mondes ein Krater mit 55 Kilometern Durchmesser benannt.

450 Jahre vor Christus spekuliert der griechische Philosoph Anaxagoras darüber, dass der Mond der Erde ähnlich sein könnte. Die Zeichnung seiner Oberfläche sieht Anaxagoras als Berge und Täler und er folgert schließlich, dass der Mond ebenso bewohnt sein muss wie die Erde. Für Aristoteles (384–322 v.Chr.) und seine Anhänger ist der Mond hingegen ein Reich der Vollkommenheit. Er hält ihn für einen perfekten runden Spiegel, die dunklen Flecken erklärt er mit Dämpfen, die sein Licht teilweise verdunkeln, aber auch damit, dass der spiegelnde Mond die Unregelmäßigkeiten und Merkmale der Erde reflektiere.

Etwa 270 vor Christus bestimmt der griechische Astronom und Mathematiker Aristarch von Samos, der wegen seiner revolutionären Idee eines heliozentrischen Planetensystems (also mit der Sonne in der Mitte) als »griechischer Kopernikus« bezeichnet wird (und mit dieser Auffassung über Jahrhunderte allein bleibt), zum ersten Mal die Entfernung zum Mond. Aus der Dauer einer Mondfinsternis berechnet Aristarch die Zeit, die der Mond benötigt, um den Erdschatten zu durchqueren, und kommt so auf eine Entfernung des Mondes von 60 Erdradien. Wie groß die Erde ist, weiß Aristarch nicht, aber immerhin hat er das Verhältnis von Größe zu Entfernung als Erster korrekt beschrieben. Auch dem Durchmesser des Mondes kommt er in seinen Berechnungen (0,45 bis 0,32 des Erddurchmessers) erstaunlich nahe: 0,27 ist der richtige Wert. Etwa 30 Jahre später wird Eratosthenes die notwendigen Zahlen liefern. Er bestimmt aus der unterschiedlichen Länge des Schattens zweier senkrecht an Orten unterschiedlicher geo-

graphischer Breite aufgestellter Stäbe den Radius und damit die Größe der Erdkugel. So werden aus den geometrischen Überlegungen von Aristarch absolute Zahlen.
Methodisch in seinen astronomischen Beobachtungen geht auch der griechische Astronom und Mathematiker Hipparch von Nicäa vor. Aus der Tatsache, dass der während einer Mondfinsternis auf den Mond fallende Schatten der Erde rund ist, schließt er, dass auch die Erde rund sein muss. Hipparch findet aber noch mehr heraus. In seinem enorm produktiven Leben, den meisten Quellen nach stirbt er 70-jährig circa 120 vor Christus, wird er zum bedeutendsten Astronomen der Antike und erstellt präzise Modelle der Bewegungen von Sonne und Mond. Dabei stützt er sich auf überlieferte astronomische Daten der babylonischen Chaldäer, deren Erkentnisse, etwa zur Monatslänge, er studiert und validiert. Sogar mit der Anomalie des Mondes, also dem Schwanken seiner Umlaufgeschwindigkeit, das sich im *anomalistischen* Monatsbegriff ausdrückt, beschäftigt sich Hipparch erfolgreich. Außerdem erstellt er einen der ersten Sternenkataloge mit 1080 Objekten – ohne jedes optische Hilfsmittel. Wie Aristarch beschäftigt sich auch Hipparch mit der Entfernung des Mondes und erfindet eine neue trigonometrische Methode, diese zu bestimmen.
Ein gutes Beispiel für die Unsicherheit, mit der alle gängigen Thesen über die wissenschaftlichen Kenntnisse und die technischen Fertigkeiten der alten Griechen behaftet sind, ist ein zunächst beinahe unscheinbarer Fund, den Taucher bereits im Jahr 1900 zwischen den griechischen Inseln Kreta und Kythera machten, dessen Bedeutung sich aber erst in den vergangenen Jahren erschloss. Der »Computer von Antikythera« ist eine Apparatur aus Zahnrädern, die zur exakten Bestimmung des Sonnen- und Mondstandes – und damit von Finsternissen – und vielleicht sogar der damals fünf bekannten Planeten geeignet ist. Darüber hinaus verfügte der mysteriöse Apparat, so ein neues Forschungsprojekt, wahrscheinlich über eine Anzeige der Mondphasen. Das Räderwerk, entstanden etwa 100 Jahre vor Christus, ist sogar kom-

plexer als jedes bekannte mechanische Gerät der nächsten 1000 Jahre und vielleicht geeignet, die Wissenschaftsgeschichte auf dem Gebiet der Astronomie infrage zu stellen. Ein Forscher hat ihm die mechanische Präzision eines Uhrwerks aus dem 18. Jahrhundert bescheinigt.

Auch die Pythagoreer, Anhänger der philosophischen Schule des Pythagoras von Samos, die noch Jahrzehnte nach seinem Tod fortbestand, glauben in Anlehnung an Aristoteles, dass die dunklen Flecken des Mondes nichts anderes sind als Reflexionen der Erde auf einer ansonsten makellos glänzenden Oberfläche. Der Schriftsteller und Historiker Plutarch greift während des 2. Jahrhunderts in einer seiner Schriften die Idee des Mondes als Spiegel der Erde auf – hält sie aber für falsch. Für ihn ist der Mond eher ein Körper wie die Erde, voller Berge und Täler. Trotzdem hält sich die Idee des Spiegels lange Zeit, auch in anderen Kulturen, und ein arabischer Kartograph soll sogar versucht haben, die Umrisse Afrikas direkt vom Mond abzuzeichnen.

Das Mittelalter ist für die Astronomie ein dunkles Zeitalter, und auch die Erkenntnisse über den Mond kommen lange Zeit nicht substanziell voran, auch wenn das empirische Wissen und die Sammlung präziser Daten über die Mondphasen immer weiter verfeinert werden. Nur langsam entstehen neue Thesen und Ideen darüber, was der Mond *sein* könnte. Die meisten Darstellungen aus dem Mittelalter zeigen ihn noch immer makellos – die dunklen Flecken aber, die man nicht versteht, stören die ideale Vorstellung von seiner Schönheit nach wie vor.

In den Skizzenbüchern des Universalgenies Leonardo da Vinci aus dem 15. Jahrhundert finden sich Bilder des Mondes, aber auch kritische Anmerkungen zur immer noch beliebten These, der Mond sei lediglich ein Spiegel, der die Landschaften und Meere der Erde reflektiert. Der geübte Denker hält dagegen: »*Wenn der Mond im Osten steht, würden sich in ihm andere Teile der Erde spiegeln, als wenn er über uns oder im Westen steht – aber die Strukturen des Mondes ändern sich während seiner Bewegung nie.*«

Trotzdem wird sogar noch 1610 Kaiser Rudolf II. seinen Hofastronomen Johannes Kepler fragen, ob dieser nicht auch der Meinung sei, dass man im rechten Teil der Mondscheibe ganz Italien erkennen könne. Und in Teilen Persiens könnte sich die Idee, dass wir uns im Mond selbst sehen, sogar bis in das 19. Jahrhundert gehalten haben. Leonardo ist auch der Erste, der sich mit dem Thema des Erdscheins beschäftigt – und begreift, dass die leichte Aufhellung der dunklen Seite eines »jungen« Mondes durch Reflexion des Sonnenlichts von der Erde zustande kommt. Leonardo vermutet noch, dass es vor allem die Meere der Erde sind, die das Licht zurückwerfen – tatsächlich sind aber vor allem die Wolken dafür verantwortlich.

1509 leitet Nikolaus Kopernikus endlich den für die weitere Entwicklung der Astronomie entscheidenden Fortschritt ein. Auf Basis der Ansätze seiner antiken Vorgänger Aristarch von Samos und Archimedes schafft Kopernikus die Theorie vom heliozentrischen Weltsystem mit der Sonne als Zentralgestirn und den sie umkreisenden Planeten. Er räumt endgültig mit der bis dahin immer noch zementierten Vorstellung des Ptolemäus (und der katholischen Kirche) auf, die Erde sei der feste und unverrückbare Mittelpunkt des Universums, um den sowohl der Mond als auch alle anderen Himmelskörper kreisen. Eine Zeit lang noch kann sich dieses überkommene Weltbild der nun bereits mit wissenschaftlichen Methoden vorgetragenen Angriffe erwehren – vor allem, weil es noch bis zu Keplers Entdeckung der elliptischen Bahnen in seinen Bahnberechnungen präziser bleibt.

Der Engländer William Gilbert, zeitweise Leibarzt der englischen Königin Elizabeth I., erstellt um 1600 Zeichnungen des Mondes, die auf seinen Beobachtungen mit bloßem Auge basieren. Auch Gilbert identifiziert die dunklen Gebiete des Mondes als Kontinente und die hellen als Meere, was er darauf zurückführt, dass Wasser das Licht besser reflektiere als Land. Gilberts Mondzeichnungen werden erst 1651, lange nach seinem Tod, zum ersten Mal veröffentlicht. Zu dieser Zeit ist bereits das Teleskop erfunden und eine neue Zeit der Mondbeobachtung bricht an.

Bereits 1608 sind die ersten Linsenfernrohre vom holländischen Optiker Hans Lipperhey gebaut worden, und als im Mai des darauffolgenden Jahres in Italien ein gewisser Galileo Galilei von dieser Erfindung hört, beginnt auch er, sich mit Fernrohren zu beschäftigen. Bald darauf konstruiert er eine verbesserte, zwanzigfach vergrößernde Version und beginnt, wahrscheinlich am 30. November 1609, den Mond damit zu beobachten. In den darauffolgenden Wochen widmet er sich der Beobachtung des Trabanten intensiv und fertigt beeindruckende Zeichnungen an, die 1610 in seinem Werk *»Sidereus Nuncius« (»Sternenbote«)* erstmals veröffentlicht werden. Es gehört zu den Klassikern der Astronomie.

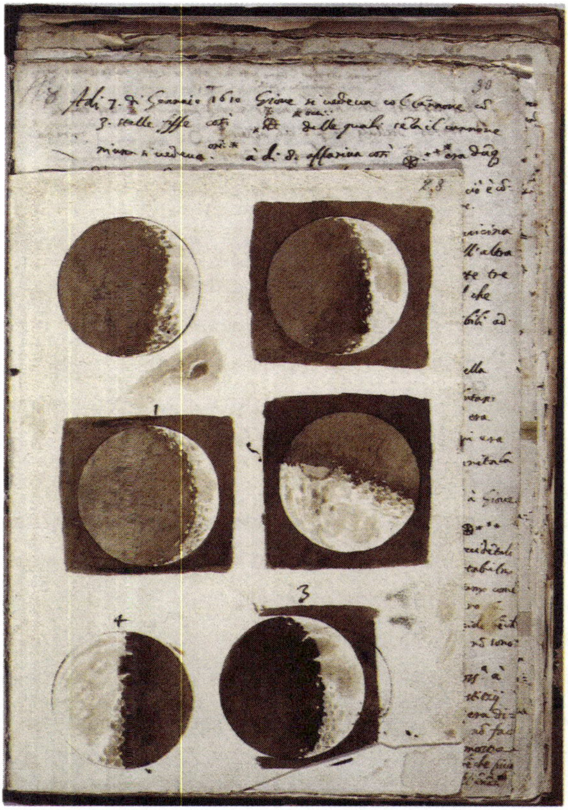

Galileo Galileis Malereien des Mondes von 1609 und das Manuskript des »Sternenboten« (Sidereus Nuncius). Nach diesen Aquarellen wurden später Kupferstiche für die gedruckte Ausgabe des Werks angefertigt.

Nur 550 Exemplare des Buches werden hergestellt, die meisten davon mit Kupferstichen, von denen man immer angenommen hatte, sie basierten auf Galileis erhaltenen Zeichnungen. 2007 taucht in New York zum ersten Mal eines der etwa 30 Exemplare des »*Sternenboten*« auf, die Galilei selbst von Hand mit Aquarellen illustriert hat. *Spiegel Online* berichtet in Deutschland über diese wissenschaftliche Sensation, die beweist, dass Galileis *Malereien* die Vorlage für die bekannten Kupferstiche waren. Das Originalmanuskript des »*Sternenboten*« wird seit jeher gemeinsam mit den Skizzen und Galileis übrigem Nachlass in der Zentralbibliothek von Florenz aufbewahrt.

Obwohl Galileis Linsen (die er selbst herstellt) von schlechter Qualität sind und das Bild unscharf, erlangt er durch das Fernrohr neues Wissen über den Mond. Bereits einige Monate vor ihm hat in London ein Kartograph namens Thomas Harriot damit begonnen, mithilfe seines sechsfach vergrößernden Teleskops Federzeichnungen des Mondes anzufertigen. Galilei wird davon nie erfahren, da die Zeichnungen des Engländers unveröffentlicht bleiben.

Der Blick durch das Fernrohr ermöglicht es Galilei, ein für allemal mit den Thesen vom »Spiegel« Mond aufzuräumen. Anstelle dunkler Flecken sind nun auch kleinere Strukturen zu sehen, und je länger er den Mond beobachtet, umso besser versteht er, dass dieser alles andere als glatt ist und dass die wechselnden Merkmale seiner Oberfläche Schatten reliefartiger Strukturen und Objekte sind. Mitnichten, so begreift das florentinische Genie, ist der Mond ein perfekter, glatter Körper. Galilei wird mit Fernrohren noch zu vielen wegweisenden Erkenntnisse gelangen – beispielsweise entdeckt er die vier größten Monde des Jupiters. Überprüfen kann zunächst niemand die meisten dieser Entdeckungen – Galileis Teleskop ist einige Zeit lang einzigartig.

Als Anhänger des kopernikanischen Systems, das die Sonne in das Zentrum des Planetensystems stellt und nun beginnt, das überlieferte geozentrische System des Ptolemäus zu verdrängen, wird Galilei sich noch jede Menge Ärger mit der Kirche einhandeln. 1632 wird sein

*»Dialogo«* zu diesem Thema, er arbeitet seit 1624 daran, ihn vor ein Inquisitionsgericht der katholischen Kirche bringen. Der Prozess endet mit einem Urteil zu lebenslänglicher Kerkerhaft, die 1633 in einen nicht minder tragischen Hausarrest umgewandelt wird. Nach einer Bedenkzeit von 350 Jahren wird die Kirche ihren Fehler in dieser Sache schließlich zugeben. Was den Mond betrifft, ist der tiefgläubige Galilei trotz der unnachgiebigen Härte der Kirche dennoch nicht am Ende: Noch bevor er 1638 erblindet und schließlich 1642 stirbt, entdeckt er die *Libration* des Mondes.

Auch Johannes Kepler, der vor der Entdeckung des Teleskops noch davon überzeugt war, dass die dunklen Stellen des Mondes Meere sind, liest Galileis Texte und sieht wohl seine Bilder – und konvertiert sofort zum Anhänger des Italieners. Obwohl Galilei als strenger Kopernikaner immer noch kreisförmige Planetenbahnen bevorzugt und an Keplers Ellipsen nicht glauben mag, unterstützt der deutsche Astronom Galilei sogar öffentlich und hilft ihm damit sehr. Von Meeren auf dem Mond will Kepler nichts mehr wissen.

In seinem Roman *»Somnium« (»Der Traum«)*, den er zwischen 1620 und 1630 verfasst und der erst vier Jahre nach seinem Tod erstmals veröffentlicht wird, beschreibt der Entdecker der Planetengesetze als Erster romanhaft eine Reise zum Mond. Er deutet die Schwerkraft an und auch, wie diese für eine Reise zum Mond überwunden werden muss – noch bevor ihm Isaac Newton das physikalische Fundament für die Gravitation und die elliptischen Planetenbahnen liefert.

Die erste *echte* Karte des Mondes stellt 1645 der Belgier Michael Florent van Langren her. Zwei Jahre später gibt der Astronom Johannes Hevelius seine *»Selenographia«* heraus, ein Werk, das sich ausschließlich und umfassend mit dem Mond befasst. Der reiche Erbe, Brauer und Ratsherr von Danzig hat 1640 ein privates Observatorium erbaut, das wegweisend ist und um das ihn sogar die Könige Europas beneiden. Herzstück ist ein gewaltiges, beinahe 65 Meter langes Teleskop – das vor allem deshalb so lang ist, weil Hevelius glaubt, auf diese Weise

die optischen Schwächen zu stark gekrümmter Linsen vermeiden zu können. Wegen seiner Länge und Instabilität ist das Riesenteleskop leider nur bei absoluter Windstille zu gebrauchen, selbst sein ambitionierter Erbauer wird es nur gelegentlich einsetzen. In der »*Selenographia*«, die er im Eigenverlag herausbringt, zeigt Hevelius 40 selbst gefertigte Kupferstiche und eine bis heute bekannte Karte des Vollmondes.
Wie viele kirchliche Gelehrte seiner Zeit versucht auch Giovanni Riccioli, seit 1614 Jesuit, im 17. Jahrhundert Beweise gegen das Weltbild von Kopernikus, Kepler und Galilei zu finden. Das geozentrische System aber kommt immer mehr aus der Mode und so ist Riccioli vor allem für seine schöne Mondkarte bekannt, die auf gemeinsamen Beobachtungen mit Francesco Grimaldi basiert. Ein weiterhin gültiges Resultat der Arbeit dieser beiden Jesuiten ist die Bezeichnung von Merkmalen des Mondes mit den Namen berühmter Astronomen, Forscher und anderer Geistesgrößen. Viele Landschaften des Mondes heißen noch heute so, wie Riccioli sie taufte, und auch die Bezeichnungen »Terrae« für die Hochländer und »Maria« für die dunklen Becken des Mondes stammen von Riccioli und Grimaldi. Allerdings sprach bereits Hevelius in seiner »*Selenographia*« von »Meeren« und »Ozeanen« auf dem Mond.
Eine noch präzisere Mondkarte wird beinahe 30 Jahre später der Leiter des Pariser Observatoriums, Giovanni Cassini, anfertigen, einer der bedeutendsten Astronomen der Zeit. Cassinis Mondkarte, auf Basis vieler Zeichnungen in Zusammenarbeit mit einem Künstler erstellt, überzeugt vor allem durch ihre besondere Ästhetik, nicht nur durch Präzision. Cassini begnügt sich allerdings nicht mit der Beobachtung des Mondes, sondern wird mit seinen *Cassinischen Gesetzen* auch Grundlagen hinterlassen, in denen er präzise die Gesetze zur Rotation des Erdtrabanten formuliert.
Von Mitte des 18. bis ins späte 19. Jahrhundert werden Deutsche die Mondforschung dominieren. Einer der heute noch bekanntesten unter ihnen ist Johann Hieronymus Schroeter aus der Nähe von Bremen. Ursprünglich Rechtswissenschaftler und hoher Beamter ist er auch ein

begnadeter Astronom und Techniker und baut eigenhändig große Spiegelteleskope. 1794 ist sein größtes bis dahin entworfenes Fernrohr mit einer Öffnung von über 50 Zentimetern fertig, mit dem er unzählige Nächte lang die unbeschienenen Partien des Mondes, aber auch Sternhaufen und -nebel beobachten wird. Dieses größte Teleskop Europas macht Schroeter zu einem berühmten und von viel Prominenz aufgesuchten Mann, der im Laufe seiner Zweitkarriere als Astronom für seine präzisen und mit feinsten Details versehenen Zeichnungen des Mondes bekannt wird. Diese veröffentlicht er in seinem zweibändigen Werk »*Selenotopographische Elemente*« 1791 und 1802. Trotz aller wissenschaftlichen Erfolge reicht Schroeters Beamtengehalt nicht für den Unterhalt seiner aufwendigen Gerätschaften, er muss die Teleskope an König Georg III. verkaufen und wird von diesem als »Sternwarten-Inspektor« eingesetzt.

Immer noch sind die Karten des Mondes romantisch verklärt. Bis zum Beginn des 19. Jahrhunderts neigen viele der Männer an den Teleskopen, darunter zahlreiche Romantiker, dazu, ihre Zeichnungen und Grafiken des Mondes mit Vulkanen, Feldern und manchmal sogar mit großen Städten auszuschmücken.

In München beobachtet Franz von Paula Gruithuisen den Mond durch eines der Teleskope des Joseph von Fraunhofer, deren hervorragende Qualität damals wesentlich zur Vorherrschaft deutscher Forscher in der Mondbeobachtung beiträgt. Gruithuisen ist ein äußerst begabter Zeichner, seine lebhafte Phantasie verhindert allerdings jede wissenschaftliche Herangehensweise. 1824 erregt er mit einem Aufsatz über angeblich von der Erde aus sichtbare Spuren und Gebäude der Mondbewohner großes Aufsehen.

In Sachsen gibt es zu Beginn des neuen Jahrhunderts einen Mann, der überhaupt nicht anfällig für Übertreibungen und Phantastereien ist. Wilhelm Gotthelf Lohrmann, Meteorologe, Astronom und einer der ersten Mondforscher, die sich beim Zeichnen ihrer Mondkarten streng an dem orientieren, was sie durch ihre Teleskope wirklich sehen – und nicht an dem, was sie gerne sehen würden. Glücklicherweise ist Lohrmann auch ausgebildeter Kartograph und so stellen seine Karten des Mondes die seiner Vorgänger weit in den Schatten.

Auf einer Dienstreise erwirbt Lohrmann 1820 ein erstes Refraktor-Teleskop des Optikers Joseph von Fraunhofer, und als er es wenig später vom Dachboden seines Hauses in Pirna bei Dresden zum ersten Mal auf den Erdtrabanten richtet, steht sein Entschluss, den Mond zu kartographieren, augenblicklich fest. Einige Zeit später investiert Lohrmann in ein noch besseres Teleskop von 122 Millimeter Öffnung und beginnt mit der Arbeit. Vom reinen Amateur wird er schnell zum weltweit angesehenen Astronomen. 1836 beschließt er die Arbeit an seiner Mondkarte, die erst 1878, 38 Jahre nach seinem Tod vollständig als *Mondkarte in 25 Sektionen* veröffentlicht wird.

Der Mond ist also ein beliebtes Thema jener Zeit, da mit immer besseren Teleskopen immer kleinere Details sichtbar werden. Die Allgemeinheit muss sich allerdings weiterhin aufs Hörensagen verlassen, denn reproduzierbar sind die Bilder aus dem Fernrohr nicht. 1835 nutzt diesen Umstand die New Yorker Boulevardzeitung »*Sun*« für einen Coup, der nicht nur die Millionenstadt elektrisiert, sondern um die Welt geht. Das Blatt behauptet, der berühmte Astronom Sir John Herschel habe mithilfe eines neuen, am Kap der Guten Hoffnung aufgestellten Teleskops, das nach einer »völlig neuartigen Methode« funktioniere, Leben auf dem Mond entdeckt. In der später mit »*The Great Moon Hoax*« (»*Der große Mondschwindel*«) bezeichneten sechsteiligen Serie, die die Auflage in schwindelerregende Höhen treibt, fabuliert die Zeitung von wunderbaren Landschaften, bärtigen Ziegen mit Hörnern und wundersamen Fledermausmenschen (»das gelbe Gesicht ist gegenüber dem des großen Orang-Utan eine leichte Verbesserung, offener und intelligenter im Ausdruck, mit einer weiter hervorstehenden Stirn«).

Ein großer Teil der Leserschaft nimmt die skurrilen Berichte für bare Münze. Tagelang spricht ganz New York von nichts anderem. Dann klärt die Zeitung den Schwindel auf und der Spuk ist schlagartig vorüber. Der berühmte Astronom reagiert gelassen: So spannend seien seine echten Observationen nie gewesen, meint Herschel trocken. Später reagiert er zunehmend genervt, als in vielen Sprachen Zuschriften mit Fragen zu seinen »*Beobachtungen*« kommen.

Johann von Mädler und sein Mäzen Wilhelm Beer, die seit 1830 an einer großen Mondkarte arbeiten und auch die vier bereits 1824 veröffentlichten Sektionen von Lohrmanns Karte kennen, werden dessen Arbeit, die sie für wegweisend halten, noch einmal auf ein höheres Niveau heben. Das gelingt ihnen, weil sie einen enormen Aufwand treiben und Mädler sich im Gegensatz zu Lohrmann, der einen anstrengenden Hauptberuf ausübt, durch glückliche Umstände ganz der Aufgabe widmen kann. Einige Jahre zuvor hat er, der in Berlin als Dozent tätig ist, durch Vermittlung des großen Naturforschers Alexander von Humboldt den astronomiebegeisterten jungen Bankier Beer kennengelernt und unterrichtet diesen seitdem privat.

Es dauert nicht lange und der vermögende Beer lässt sich eine private Sternwarte im Berliner Tiergarten bauen. Mithilfe des dort installierten, hoch qualitativen Fraunhofer-Teleskops analysiert Mädler ab 1830 in über 600 Nächten den Mond und fertigt eine große Karte des Trabanten an, die lange Zeit der Maßstab unter den Mondkarten bleiben wird. Beer bleibt bescheiden im Hintergrund und wird nie den Anspruch erheben, selbst zu diesem Erfolg beigetragen zu haben – allerdings wäre Mädlers Ausdauer bei der Beobachtung ohne seinen Finanzier nicht möglich gewesen. 1837 veröffentlichen Mädler und Beer unter dem Titel »*Der Mond*« eine »*Allgemeine und vergleichende Selenographie*« in zwei Bänden. Auch der große Alexander von Humboldt wird das Werk als einen »Klassiker« bezeichnen, der Franzose Jules Verne die beiden Autoren sogar kurz in seinem Roman »*Von der Erde zum Mond*« erwähnen.

Erst 1874 präsentiert Johann Friedrich Julius Schmidt, ein nach Griechenland ausgewanderter Deutscher, als Direktor des Athener Observatoriums eine noch genauere Mondkarte. Der von der Teleskopbeobachtung des Himmels geradezu besessene Schmidt ist es auch, der 1878 endlich Wilhelm Lohrmanns gesamte 25-teilige Mondkarte publiziert. Schmidt wird durch seine Arbeit so prominent, dass das griechische Königspaar seinem Trauergottesdienst beiwohnt, als er 1884 in Athen stirbt.

Drei Jahre, nachdem Mädler und Beer 1837 ihren »*Mond*« veröffentlicht haben, ereignet sich in Amerika der entscheidende Fortschritt hin zu modernen, ja mit heutigen Methoden vergleichbaren Verfahren der Mondforschung. Bis zum Jahr 1840 haben alle Messungen und Erkenntnisse über den Mond auf direkten und oft sehr mühsamen Beobachtungen am Teleskop basiert – mühsam auch deshalb, weil dies nur nachts möglich war. *Zeigen* konnte man das Beobachtete immer nur direkt am Okular.

Die erste Fotografie des Mondes war diese Daguerrotypie, die dem Amerikaner John W. Draper 1840 gelang. Er musste sein 12-Zentimeter-Teleskop für die Aufnahme etwa 20 Minuten lang nachführen – ein Grund für die noch geringe Detailgenauigkeit.

Dann erzeugt der New Yorker Astronom John William Draper im März 1840 mit seinem 305-Millimeter-Reflektor die erste Daguerrotypie des Mondes. Es ist das erste Foto des Trabanten, wenn auch von geringer Qualität. Nur zehn Jahre später wird der Harvard-Astronom William Cranch Bond gemeinsam mit dem Fotografie-Pionier John Adams Whipple über das Teleskop der Universität ein fotografisches Bild des Mondes erzeugen, auf dem alle wesentlichen Merkmale unseres Begleiters identifizierbar sind. Seitdem ist es an jedem Ort der Welt möglich, die Oberfläche des Mondes in streng wirklichkeitsgetreuer Darstellung am heimischen Tisch zu studieren.

# Der weite Weg zum Mond

## »Space Race« – UdSSR gegen USA

*»Wenn wir in diesem Tempo weitermachen, werden wir den russischen Zoll passieren müssen, wenn wir auf dem Mond landen.«* Wernher von Braun

**1957–1961: Moskau und Washington D.C.**

Am 4. Oktober 1957 steht Amerika unter Schock: Sputnik 1, der erste künstliche Satellit, umkreist die Erde. Die technologisch erfolgsverwöhnten Amerikaner können es kaum fassen: Mit den Brüdern Wright sind sie es, die 1903 das erste Motorflugzeug in die Luft bringen, und 1927 schreibt mit Charles Lindbergh ein weiterer Amerikaner Luftfahrtgeschichte, als er als erster Pilot allein über den Atlantik fliegt. Zwanzig Jahre danach durchbricht in der kalifornischen Mojave-Wüste Testpilot Chuck Yeager mit dem Raketenflugzeug X-1 als Erster die Schallmauer. Und jetzt sollen sie sich diesen russischen Satelliten am Himmel über Amerika gefallen lassen? Dabei ist es nicht die polierte Aluminiumkugel mit vier Antennen und einem Durchmesser von etwas mehr als einem halben Meter, die Amerika und die gesamte westliche Welt ängstigt. Es ist vielmehr die Tatsache, dass die Sowjets offenbar in der Lage sind, einen Körper in die Erdumlaufbahn zu bringen – und das wiederum bedeutet, dass sie mit ihren Raketen jeden Punkt der Erde erreichen können, auch das Herz Amerikas. Inmitten des Kalten Krieges ist dieser Gedanke für die Amerikaner beinahe unerträglich, denn sie selbst haben noch keine derartige Rakete vom Boden gebracht.

Für die Sowjetunion ist Sputnik ein Triumph der russischen Technik über die des arroganten Erzfeindes. Sputnik, dessen provozierendes Funksignal bei jedem Überflug des amerikanischen Kontinents sogar von Funkamateuren abgehört werden kann, ist ein echtes Trauma für

die durch Politik und Medien ohnehin bereits Kommunismus-paranoiden Amerikaner.
Das Rennen in den Weltraum hat seinen Ursprung somit in der technologischen Überlegenheit der USA nach dem Ende des Zweiten Weltkrieges. Mit den Atombomben von Hiroshima und Nagasaki haben die USA die Russen herausgefordert, aber es dauert nur bis 1949, dann haben auch die Russen die Bombe: »Joe One« (wie die Amerikaner die erste russische Atombombe nach Dikator Josef Stalin nennen) ist zwar nicht mehr als eine Kopie der US-Technik, steht aber dennoch am Anfang eines unerbittlichen Rüstungswettlaufs. Atombomben mit Flugzeugen ans Ziel zu bringen, ist technisch und militärisch wenig sinnvoll, denn Bomber können, vor allem mit den nun gebräuchlichen Düsenjägern, leicht abgefangen werden, bevor sie ihr Zielgebiet erreichen.
Mit Raketen aber, die Atombomben zwanzigmal so schnell und in unerreichbar großer Höhe um den halben Erdball transportieren, ist das Bedrohungsszenario komplett. Aus dieser Motivation heraus entstehen die ersten interkontinentalen Raketen; allein für die Raumfahrt hätte zu jener Zeit keine der beiden Supermächte die Raketenforschung so schnell vorangetrieben. Die Politiker haben zu jener Zeit nur wenig Verständnis für die Wünsche von Weltraumforschern und Raketentechnikern, die ins All fliegen wollen. Die ballistische Interkontinentalrakete R-7 des genialen Konstrukteurs Sergei Koroljow, wichtigster Protagonist des russischen Raumfahrtprogramms, ist die erste interkontinentale Rakete, die einen nuklearen Sprengkopf in das Herz Amerikas zu tragen vermag. In leicht modifizierter Form bringt sie den weltersten Satelliten Sputnik 1 ins All. Ursprünglich als Waffe mit einer Reichweite von 8000 Kilometern entwickelt, wird sie zu diesem Zweck mit einer dritten Stufe ausgestattet und begründet so eine überaus erfolgreiche Familie von Weltraumraketen, deren Abkömmlinge bis heute im Einsatz sind.
Es ist immer noch 1957, als die Russen mit Sputnik 2 einen weiteren Sensationserfolg melden – niemand soll glauben, dass ihr erster Flug nur ein Glückstreffer war! Sie wollen die Vorherrschaft im All und las-

sen es die Amerikaner unmissverständlich wissen. Und Sputnik 2 ist nicht nur eine Wiederholung des ersten Fluges. Diesmal hat der künstliche Satellit sogar ein Lebewesen an Bord, die Hündin Laika. Laika stirbt zwar bereits nach wenigen Stunden im All (was verheimlicht wird), dem Propandacoup aber tut das keinen Abbruch. Am 31. Januar 1958 gelingt auch den USA mit Explorer 1 der erste Start in den Erdorbit. Der nur handballgroße und knapp 14 Kilogramm schwere Satellit ist winzig, aber zumindest haben die USA jetzt de facto nachgezogen, nachdem wenige Wochen zuvor ihre Vanguard-Rakete in einem gewaltigen Feuerball auf der Startrampe explodiert und der herausgeschleuderte Satellit TV-3 vor den Augen der Fernsehzuschauer auf dem Startgelände aufgeschlagen war und noch schwer verbeult piepende Funksignale von sich gegeben hatte.

Am 1. Oktober 1958 wird die amerikanische Weltraumbehörde NASA gegründet, die schon eine Woche nach ihrer Schaffung das Projekt Mercury ankündigt, das den ersten Amerikaner ins All bringen soll. Mit der Sonde Pioneer 3 nimmt die NASA außerdem bereits die Vorbereitung von Mondflügen in Angriff, was allerdings misslingt: Obwohl Pioneer 3 sich beinahe 108 000 Kilometer von der Erde entfernt, stürzt der Satellit wegen zu geringer Geschwindigkeit wieder zurück zur Erde. Dennoch wird die Mission später als Erfolg gewertet, denn Pioneer 3 bestätigt die Existenz des bereits vom Wissenschaftler James Van Allen prognostizierten Strahlengürtels um die Erde, der später seinen Namen tragen wird.

Nur kurze Zeit später legen die Russen die Latte ein paar Hunderttausend Kilometer höher: Mit Luna 1 verlassen sie im Januar 1959 das Schwerefeld der Erde und erreichen die Umgebung des Mondes. Ein gängiger Witz aus jener Zeit verdeutlicht Amerikas vom Kalten Krieg geprägte Angst, wieder nur Zweiter zu werden: Die Russen erreichen den Mond als Erste und streichen ihn zum Beweis ihrer Leistung rot an. Kurz darauf aber kommen die Amerikaner und machen das Beste aus der Niederlage: sie fügen einen weißen Coca-Cola-Schriftzug hinzu.

Im März 1959 ziehen die Amerikaner nach: Pioneer 4 ist die erste ihrer Sonden, die aus der Gravitation der Erde ausbricht und den Mond passiert, bevor sie schließlich in eine Bahn um die Sonne eintritt. Am 9. April 1959 stellt die NASA der Öffentlichkeit ihre ersten sieben Astronauten vor. Bereits in den beiden Jahren zuvor hatte die US-Luftwaffe im Rahmen des Projekts *Man in Space Soonest* (etwa: »schnellstmöglich einen Menschen ins All bringen«) neun Testpiloten ausgesucht, darunter Neil Armstrong. Diese »The Mercury Seven« genannte Truppe wurde aus einer Gruppe von 110 Testpiloten ausgesucht. Jeder der heute legendären Sieben, die Autor Tom Wolfe später in seinem Buch »*The Right Stuff*« realistisch porträtiert, muss einen College-Abschluss haben und ein erfahrener Pilot sein, so hat es Präsident Eisenhower selbst verfügt, und darf das Gardemaß von einem Meter achtzig nicht überschreiten, um in der kleinen Mercury-Kapsel Platz zu finden.
Luna 2 erreicht, was bereits für Luna 1 geplant war, aber nicht funktionierte, und schlägt am 14. September 1959 auf dem Mond auf. An Bord: ein Wimpel mit Hammer und Sichel. Nun haben die Russen den Claim schon einmal abgesteckt: Der Mond soll ihnen gehören. Dann liefert im Oktober 1959 Luna 3 die ersten Bilder der erdabgewandten Seite des Mondes. Es ist eine echte Sensation, nie zuvor haben Men-

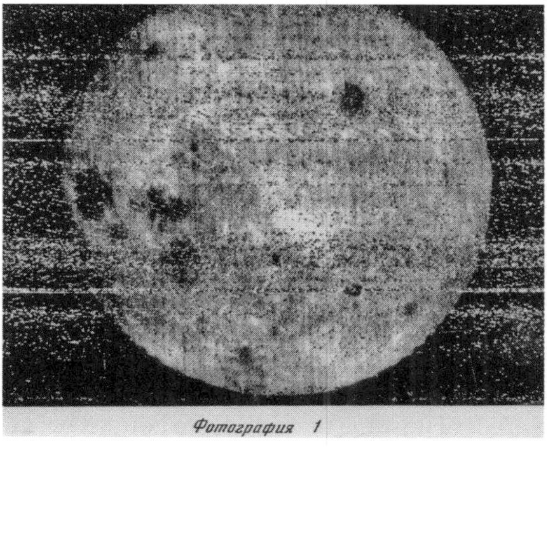


Am 7. Oktober 1959 macht die sowjetische Sonde Luna 3 diese erste Aufnahme von der Rückseite des Mondes aus einer Entfernung von 63 500 Kilometern. Die Bilder wurden an Bord der Sonde chemisch entwickelt, mithilfe einer Abtastvorrichtung erfasst und per Funk analog – wie ein Fax – zur Erde übertragen.

schen die Rückseite des Erdtrabanten zu Gesicht bekommen. Die grobkörnigen Fotos werden an Bord des Satelliten von einem Automaten entwickelt, getrocknet und von einem primitiven Scanner erfasst, zwölf davon anschließend erfolgreich per Funk zur Erde übertragen. Auch wenn die Aufnahmen alles andere als scharf sind, werden mit ihrer Hilfe die ersten Karten der Mondrückseite erstellt.

Die Amerikaner aber müssen mit der fehlgeschlagenen Mission Pioneer X einen weiteren Rückschlag hinnehmen – die Rakete zerbricht schon bald nach dem Start. Während in den USA die Sorge darüber, ob die Russen den Amerikanern in der Raketentechnologie tatsächlich so weit überlegen sind, die Medien beherrscht, feiert die russische Raumfahrt weiter Triumphe: Im August 1960 umrunden die beiden Hunde Belka und Strelka gemeinsam mit einem grauen Kaninchen, 42 Mäusen, zwei Ratten, Fliegen sowie Pflanzen und Pilzen an Bord von Sputnik 5 an einem Tag 18-mal die Erde – und kehren sicher zurück. Der Flug ist ein wichtiger Schritt auf dem Weg zur Entwicklung einer sicheren Landetechnik. Einer der Nachkommen von Belka wird später Präsident Kennedys kleiner Tochter Caroline als Geschenk überbracht.

Am 31. Januar 1961 startet der vierjährige Schimpanse Ham in der Mercury-Kapsel MR-2 mit einer Mercury-Redstone-Rakete zu einem suborbitalen Flug in den Weltraum, der 17 Minuten dauert. Die NASA will sicher sein, dass Menschen einen Raumflug überstehen können und im All handlungsfähig bleiben. Ham, die erste »freie Kreatur im Weltraum« (wie er genannt wird, weil die Amerikaner zu diesem Zeitpunkt auch auf dem Gebiet der tierischen Astronauten gegenüber den Sowjets hinten liegen), überlebt einen kritischen Druckabfall in der Kabine und auch, dass die Rakete anstelle der geplanten 7000 beinahe 9500 Kilometer pro Stunde erreicht. Auf optische Signale hin betätigt Ham etwa 50-mal einen Hebel in der Kapsel – vor allem, weil er dafür jeweils mit einem Kügelchen mit Bananengeschmack belohnt wird. Tut er es nicht, was aber nur zweimal vorkommt, wird er mit einem leichten Stromstoß an der Fußsohle bestraft. Ham kommt bei gu-

ter Gesundheit zur Erde zurück und wird an Bord des Bergungsschiffes vom Kommandanten mit einem Handschlag begrüßt – ein Bild, das in die Raumfahrthistorie eingehen wird.
Seit dem Start von Sputnik 1 haben die Russen die Amerikaner regelmäßig abgehängt, aber am 12. April 1961 machen sie die Demütigung perfekt und schießen mit Juri Gagarin zum ersten Mal einen Menschen in die Erdumlaufbahn. 108 Minuten dauert Gagarins einmalige Erdumrundung, mit der er das Zeitalter der bemannten Raumfahrt eröffnet. Jetzt zieht die sowjetische Propagandamaschine alle Register. Unter anderem wird Gagarin, obwohl dessen Flug komplett ferngesteuert wurde, als »Eroberer des Universums« bezeichnet. Nach dem ersten amerikanischen Affen startet schließlich am 5. Mai 1961, 23 Tage nach Gagarin, der erste Amerikaner ins All. Alan B. Shepard erreicht in seiner winzigen »Freedom 7« genannten Mercury-Kapsel zwar nur 187 Kilometer Höhe und landet nach 15 Minuten weniger als 500 Kilometer vom Abschussort entfernt, aber zumindest einen Anfang haben die Amerikaner nun gemacht. Für diesen ersten bemannten Flug der USA muss sich Shepard noch mit einer Redstone-Rakete begnügen. Diese ist ein direkter Nachfahre der deutschen V-2 aus dem Zweiten Weltkrieg, mit der 1944 bis 1945 London beschossen wurde. Auf die Frage, woran er vor dem Start gedacht habe, soll Shepard, der auch später nie ein Blatt vor den Mund nahm, geantwortet haben: »*Daran, dass jedes Teil dieses Schiffs vom günstigsten Anbieter geliefert wurde.*«
Dass Präsident John F. Kennedy am 25. Mai 1961 – nur zwanzig Tage, nachdem Alan Shepard mit seinem 15-Minuten-Flug gerade einmal am Rande des Weltraums gekratzt hat – die amerikanische Nation in einer berühmt gewordenen Rede vor dem Kongress auf eine Mondlandung bis zum Ende des Jahrzehnts einschwört, halten nicht wenige Fachleute daher für blanken Größenwahn. Auf dem Mond landen? Weniger als acht Jahre nach diesem ersten winzigen Ausflug knapp über den Rand der Atmosphäre? Es ist, als hätten die Brüder Wright 1903 nach ihrem ersten zehnsekündigen Motorflug in einer Sanddüne verkündet, als

25. Mai 1961: In seiner berühmten Rede vor dem amerikanischen Kongress setzt Präsident John F. Kennedy Amerika das Ziel einer bemannten Mondlandung bis zum Ende des Jahrzehnts.

Nächstes den Atlantik überqueren zu wollen. Kennedy aber braucht dringend einen Erfolg, und noch wichtiger ist, dass er das Land nach der Demütigung durch den 27-jährigen Fliegerleutnant Gagarin mit einem besonders öffentlichkeitswirksamen Ziel einen und begeistern will. Die Idee einer Mondlandung scheint genau das Richtige zu sein, um die extreme Linke und die Rechten im Land in Schach zu halten. Ein gigantisches Mondprojekt bietet vielen der für die nächste Wahl wichtigen Schlüsselstaaten konkrete Aussicht auf wirtschaftlichen Aufschwung und neue Arbeitsplätze. Und außerdem könnte so der »Missile Gap«, der Rückstand in der für das gegenseitige In-Schach-Halten der beiden Supermächte so wichtigen Raketentechnologie, durch den zu erwartenden technologischen Schub von Apollo geschlossen werden. Im Gespräch mit NASA-Chef James Webb formuliert Kennedy es so: »*… das Einzige, was diese Kosten rechtfertigt, ist die Hoffnung, dass wir die Sowjetunion schlagen und zeigen können, wir haben sie überholt, anstatt wie bisher ein paar Jahre hinterherzuhinken.*« Erst am 20. Februar 1962 ziehen die USA mit den Russen wieder gleich und schießen John Glenn mithilfe einer Atlas-Rakete – auch sie die Weiterentwicklung einer Interkontinentalrakete – in die Erdumlaufbahn. Glenn bleibt fast fünf Stunden im All und umkreist die Erde immerhin dreimal.

Konstrukteur Sergei Koroljow, kongenialer russischer Gegenspieler des von den Amerikanern in die USA gebrachten deutschen Raketengenies Wernher von Braun, ist für die Russen so wichtig, dass seine Existenz geheim gehalten wird. Die Russen fürchten sogar eine Entführung Koroljows durch einen westlichen Geheimdienst. Im Westen weiß niemand, dass es ihn überhaupt gibt, sein Leben ist ein Staatsgeheimnis. Koroljow wird erst nach seinem Tod die verdiente öffentliche Anerkennung bekommen. Die sowjetische Führung, für die Raketen in erster Linie, weit mehr noch als für die amerikanischen Politiker, Waffen sind, will von der Eroberung des Weltraums zunächst nichts hören. Erst als der weltraumbesessene Koroljow Parteichef Nikita Chruschtschow eines Tages listig erklärt, dass Satelliten im Weltraum »perfekte Spione« wären, beginnt man in Moskau umzudenken. Dennoch bewilligt Chruschtschow die Vorbereitungen zu Sputnik 1 nur zögernd. Auch was die Eroberung des Mondes angeht, zeigt die russische Führung von Anfang an eine größere Ambivalenz, was schließlich auch nicht wenig zu ihrer Niederlage beim Rennen um den Mond beitragen wird.

Natürlich will Chruschtschow den Amerikanern nicht unterliegen. Andererseits aber scheut er auch die gewaltige Anstrengung und die enormen Investitionen, die den Russen sehr viel schwerer fallen als den USA. Noch im Oktober 1963 spricht er davon, dass die UdSSR »momentan keinen bemannten Flug auf den Mond plane«; aber dies könnte auch der von Beginn an geplanten Verschleierungstaktik entspringen, die wohl auf der berechtigten Furcht basiert, die Amerikaner könnten ein ernsthafter Konkurrent sein, was den Mond betrifft. Ein Rennen, an dem man angeblich gar nicht teilnimmt, kann man auch nicht verlieren, scheint die Devise zu sein. Andererseits lassen die Sowjets immer gerade so viel an Informationen über ihr eigenes Mondprogramm durchsickern, dass die Amerikaner sie als Konkurrenten weiterhin ernst nehmen.

Von September 1959 bis Dezember 1965 stürzen immer wieder unbemannte Sonden auf den Mond, russische und amerikanische. Insgesamt sind es neun fehlgeschlagene unbemannte Landeversuche der Supermächte. Während das Apollo-Programm bereits in vollem Gange ist, seine bemannten Raumschiffe und die Mondfähre bereits als Prototypen existieren, kämpfen die beiden Nationen weiter um die erste weiche Landung einer Sonde. Die automatischen Gefährte zerschellen unkontrolliert auf der Mondoberfläche – oder aber sie treffen den Trabanten gar nicht.

1963 ist die ehemalige Textilarbeiterin Walentina Tereschkowa die erste Frau im Weltall. Der Druck auf sie ist enorm, als sie am 16. Juni mit Wostok 6 ins All fliegt. Chruschtschow macht aus dem Flug ein gigantisches PR-Spektakel, aus dem Tereschkowa schließlich als Nationalheldin hervorgeht. Erst später wird bekannt, dass die erste Kosmonautin während des Fluges nichts gegessen hat, weil ihr ununterbrochen schlecht war.

Bis heute gibt es widersprüchliche Ansichten dazu, inwiefern sich Kennedy wirklich für die Erforschung des Weltraums interessierte oder ob er das Apollo-Programm lediglich als Propagandawaffe des Kalten Krieges nutzte. Neueste Recherchen zeigen, dass das Mondprogramm vielleicht sogar gestoppt worden wäre, hätte der junge Präsident länger gelebt. Historiker haben Unterlagen entdeckt, die ihrer Ansicht nach belegen, dass »JFK« das Mondprogramm ab einem bestimmten Zeitpunkt angesichts der explodierenden Kosten nur noch mit den Sowjets gemeinsam fortführen wollte.

Vielleicht ist Kennedys Vermächtnis, »bis zum Ende der Dekade einen Menschen auf den Mond und sicher wieder zurückzubringen«, schließlich sogar gegen den Willen des kurz vor seinem Tod allmählich umdenkenden Präsidenten durchgezogen worden. Das Indiz: Zwei Monate vor den tödlichen Schüssen von Dallas sprach Kennedy bei den Vereinten Nationen von der Möglichkeit einer »gemeinsamen Expedition zum Mond«. Am selben Tag aber wiegelte der Vizechef der NASA in Houston ab: Es sei wahr, dass viele Gebiete für eine Zusammenarbeit existierten, so Robert Seamans Jr., »aber kein russischer Kosmonaut wird in einem Apollo-Raumschiff fliegen.« Eine gemeinsame Forschungsanstrengung, so wie in der Antarktis, sei denkbar, so Seamans' Vertreter George Mueller, »aber in zwei verschiedenen Raumschiffen«. Auch der sowjetische Parteichef lehnt, soweit man das weiß, die Idee Kennedys empört ab. Er vermutet einen heimtückischen Trick und ist sich sicher, dass die UdSSR das technologische Rennen anführt, die verhassten Amerikaner nur russische Technologie stehlen wollen.

In dem politischen Klima der frühen 60er-Jahre hat die Idee von der friedlichen Kooperation auch etwas sehr Naives: Der Koreakrieg von 1950, der Bau der Mauer in Berlin 1961, aber vor allem das für beide Seiten schließlich peinliche Debakel der Kuba-Krise von 1962, bei der die UdSSR erstmals Atomwaffen außerhalb des Gebiets der Warschauer-Pakt-Staaten – ausgerechnet auf Kuba, wenige Meilen vor der Küste Floridas! – aufstellen will, haben eine immer stärker vergiftete Atmosphäre geschaffen. Ein gemeinsames Raumfahrtprogramm wird erst nach dem Ende der Apollo-Flüge möglich werden, als es kein Rennen mehr zu gewinnen gibt und sich auch das außenpolitische Klima zwischen den beiden Supermächten beruhigt hat.

1965 schwebt der sowjetische Kosmonaut Alexei Leonow, nur mit einer Schnur verbunden, für 12 Minuten außerhalb des Raumschiffes und absolviert damit den ersten Aufenthalt eines Menschen im freien Weltraum. Wieder haben die Russen neue Maßstäbe in der Raumfahrttechnik gesetzt, auch wenn Leonow durch allerlei Komplikationen mit seinem Raumanzug nur haarscharf dem Tod entgeht.

Drei Monate später verlässt der Amerikaner Edward White ebenfalls sein Gemini-Raumschiff für einen 20-minütigen Weltraumspaziergang. Das mittlerweile in den USA angelaufene Gemini-Programm der NASA soll die Zeit nach dem Mercury-Programm bis zu den ersten Flügen des Apollo-Programms überbrücken, aber auch die für die Mondflüge wesentlichen Fortschritte bei Manöver-, Rendezvous- und Koppeltechniken bringen. Anzüge, Computer und Lebenserhaltungssystem müssen entwickelt und erprobt, Verfahren geübt und verfeinert werden. 1965 und 1966 werden zehn Gemini-Raumschiffe starten, alle 20 beteiligten Astronauten sind auch für Apollo-Missionen vorgesehen. Gemini stellt einige bemerkenswerte Rekorde auf, so etwa den zweiwöchigen Flug von Frank Borman und Jim Lovell in Gemini 7 und die insgesamt fünfeinhalbstündigen Außenbordeinsätze von Edwin Aldrin während des letzten Fluges des Programms, Gemini 12, im November 1966.

Der nächste wegweisende Erfolg kommt am 31. Januar 1966: Es gelingt den Russen, ihr unbemanntes Raumschiff Luna 9 weich am nordöstlichen Rand des Ozeans der Stürme aufsetzen zu lassen. Kurz darauf sendet der Automat Panoramabilder der Oberfläche zur Erde, die aber nicht von den Russen selbst, sondern von der englischen Boulevardzeitung »*Daily Express*« zuerst veröffentlicht werden: Die Wissenschaftler des Jodrell Bank-Observatoriums in England bemerken, als sie den Flug verfolgen, dass die Russen die Bilder vom Mond nicht verschlüsseln, sondern einen international üblichen Standard für die Funkübertragung verwenden. Eilig lässt die Zeitung einen passenden Empfänger in das Observatorium schaffen – und so gelingt der Coup. Noch vor der russischen »*Prawda*« bringt die Zeitung die spektakulären Bilder von der Mondoberfläche und löst einen längeren Wechsel besonders scharf formulierter diplomatischer Noten zwischen Russland und England aus.

Erst vier Monate später gelingt auch den Amerikanern mit Surveyor 1 ein weiches Aufsetzen auf dem Mond. Mit 270 Kilogramm hat ihr dreibeiniger »Lander« (Landefahrzeug), der mit Solarzellen zur Stromerzeugung ausgestattet ist, die dreifache Masse von Luna 9. Im Verlauf der nächsten sieben Tage sendet Surveyor 1 über 11 000 Bilder zur Erde. Dann geht an der Landestelle die Sonne unter – und Surveyor 1 der Strom aus.

Das »Space Race« nähert sich nun seiner heißen Phase. Im Grunde kann es jetzt nur noch um eines gehen: Wer bringt als Erster einen *Menschen* auf den Mond? Russen und Amerikaner haben alles gegeben, alle Ressourcen eingesetzt, aber nun, nachdem sie das Rennen anfangs souverän angeführt haben, fallen die Russen mehr und mehr zurück. Erst wenn ein Mensch den Mondboden betreten hat, wird die Materialschlacht, die wegen ihres zu hohen Tempos und der Ungeduld vieler Verantwortlicher schließlich auch zahlreiche Opfer an Menschenleben fordert, zu Ende sein.

Die erste Aufnahme eines Erdaufgangs hinter dem Mond, aufgenommen von der Sonde Lunar Orbiter 1 am 23. August 1966. Die fünf Sonden des Lunar Orbiter-Programms kartierten einen großen Teil der Mondoberfläche zur Auswahl der Landestellen für das Apollo-Programm.

Sergei Koroljow, der mit der Wostok Sputnik ins All brachte, hat mittlerweile das Sojus-Raumschiff erdacht und arbeitet an der gewaltigen N-1-Rakete, die auf dem Papier die Fähigkeit hat, Kosmonauten zum Mond zu bringen. Chruschtschow beauftragt Koroljow daraufhin, die bereits existierende Wostok-Technologie weiter zu perfektionieren, um neue Rekorde aufzustellen. Parallel dazu aber soll ein zweites Team, das dem Koroljow-Widersacher Wladimir Tschelomej unterstellt ist, die Proton-Trägerrakete (auch sie zuerst eine Waffe) zur Mondrakete entwickeln und das Raumschiff Zond bauen, das bereits 1966 einen bemannten Flug um den Mond unternehmen soll. Als 1964 eine neue russische Regierung mit Leonid Breschnew an der Spitze die

Macht übernimmt, schafft Koroljow den Sprung zurück in die führende Position des Mondprogramms. Man überträgt ihm die Verantwortung für sämtliche bemannten Weltraumflüge. Dann aber stirbt Koroljow 1966 während einer Krebsoperation auf dem Operationstisch. Keiner seiner Nachfolger ist in der Lage, die vielen Fäden so geschickt in der Hand zu halten wie der legendäre Chefingenieur. Koroljow wird an der Kreml-Mauer bestattet, erst jetzt wird seine Existenz im Westen, aber auch in der russischen Öffentlichkeit bekannt. Mit ihm ist der größte Visionär des russischen Mondprogramms gestorben, Wernher von Brauns charismatischster Gegenspieler.
Und jetzt bleibt auch der Erfolg aus: Drei unbemannte Flüge des neuen Sojus-Raumschiffs zwischen 1966 und 1967 gehen schief, und dann stirbt auch noch der für die Mondlandung vorgesehene Kosmonaut

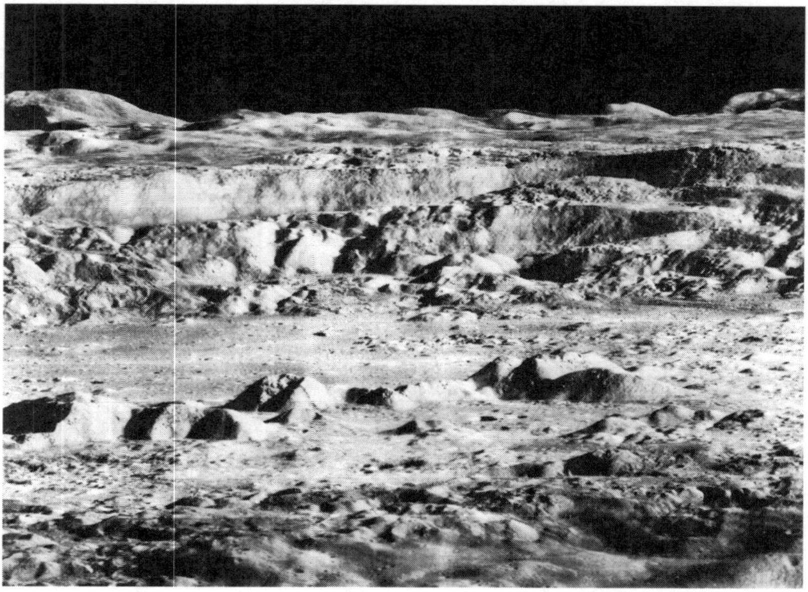

Diese spektakuläre Schrägsicht in den 100 Kilometer großen Krater Copernicus fotografierte Lunar Orbiter 2 am 24. November 1966. Die Berge in der Mitte des Kraters sind 400 Meter hoch und erstrecken sich über 15 Kilometer. Zur Zeit der Veröffentlichung war diese Aufnahme auch als »Bild des Jahrhunderts« bekannt.

Wladimir Komarow bei der Landung von Sojus 1, als sich der Fallschirm der Kapsel nicht öffnet. Schließlich kommt 1969 Komarows Ersatzmann, der legendäre Juri Gagarin, beim Absturz einer MiG-15 ums Leben. Während in den USA das Apollo-Programm bereits voll im Gang ist, bersten mehrere der gigantischen N-1-Raketen bei hektischen und übereilten Startversuchen in Feuerbällen, die man wohl vom Mond aus gesehen hätte. Kurz darauf sehen die Russen ein, dass sie den Abstand nicht mehr aufholen können und verleugnen fortan jegliche Beteiligung an einem »Wettlauf zum Mond«. Diesen habe es von ihrer Seite aus nie gegeben. Erst Gorbatschows Perestroika wird in den 80er-Jahren die Details des russischen Mondprogramms ans Licht bringen.
Das Rennen zum Mond endet für die Sowjets in einem Desaster, ihre Mondraketen schaffen es nicht einziges Mal unbemannt in den Weltraum. In der Steppe von Baikonur finden sich noch Überreste der letzten, nicht mehr erprobten gewaltigen N-1-Raketen als Dächer von Schuppen. Eine Kopie des dazugehörigen einsitzigen »LK«-Mondlanders – Koroljow hätte es wohl als die ultimative Demütigung empfunden – steht ausgerechnet in der Pariser Filiale von Disneyland. Einige andere Prototypen sind in russischen Museen zu besichtigen.
Ein zeitgenössischer russischer Witz zu einem Autorennen zwischen den USA und Russland spricht davon, dass die Russen »immerhin Zweiter werden – und die Amerikaner nur Vorletzter«, aber nicht einmal diese Pointe wird schließlich auf das Rennen zum Mond passen: Bis heute hat kein russischer Kosmonaut den Erdorbit verlassen. Mit Luna 17 und Luna 21 bringen die Sowjets 1970 und 1973 zwei ferngesteuerte Mondautos (»Lunokhod«) auf die Oberfläche; aber dieser Erfolg spielt vor dem Hintergrund von Apollo 11 und den übrigen US-Mondlandungen in der Öffentlichkeit kaum mehr eine Rolle. Nachdem die Russen den Wettlauf zum Mond verloren haben, konzentrieren sie sich ab den 70er-Jahren auf andere Bereiche der bemannten Raumfahrt, wie den Bau und den Betrieb von Raumstationen. Auf diesen Gebieten feiern sie große Erfolge.

## Wer darf zum Mond fliegen?

*»Die Jungs, die als Erste zum Mond fliegen werden, befinden sich in diesem Raum.«*
Deke Slayton (am 5. April 1967)

### USA, 1961–1967

Von den ersten sieben amerikanischen Astronauten, den legendären »Mercury Seven«, schaffen es nur drei über die Zwischenstufe Gemini bis zum Mondlandeprojekt Apollo. Shepard und Slayton haben gesundheitliche Probleme (beide werden später noch ins All fliegen), Glenn – der erste Amerikaner im Weltraum – wird Politiker, Carpenter lieber Tiefseeforscher bei der US-Marine. Übrig bleiben Virgil »Gus« Grissom, Walter Schirra und Gordon Cooper, und so sieht sich die NASA gezwungen, für Apollo weitere Crews zu suchen und auszubilden.
Nur erfahrene Militärpiloten aus Air Force und Navy kommen als Besatzung der Raumschiffe infrage. Um überhaupt eine Chance auf

Die »Mercury Seven« – von der NASA im April 1959 für das erste Raumflug-Programm der USA ausgewählt. Vordere Reihe von links nach rechts: Walter Schirra, Donald »Deke« Slayton, John Glenn, Scott Carpenter. Hinten (v.l.n.r): Alan Shepard, Virgil »Gus« Grissom und L. Gordon Cooper.

den heiß begehrten Job zu haben, müssen die Kandidaten zwischen 25 und 35 Jahre alt sein und dürfen nicht größer als 1 Meter 80 und nicht schwerer als 82 Kilogramm sein. Aber auch ein Universitätsabschluss als Ingenieur oder Physiker ist Pflicht. Außerdem gehören ein Minimum von 2000 Flugstunden auf Hochleistungs-Jets und Erfahrung als Testpilot zum Anforderungsprofil. Trotz dieser sehr hohen Hürde bewerben sich jede Menge Kandidaten für den Job, der einen Eintrag in die Geschichtsbücher verspricht.

Die besten Bewerber werden in einem gnadenlosen Auswahl- und Testverfahren herausdestilliert, gegen das die Einstellungsprüfungen für Piloten geradezu banal wirken. Nach den Torturen in Unterdruckkammern und Zentrifugen sowie unzähligen medizinischen Tests bleibt eine Handvoll Überflieger übrig, die sich zu Recht als Elite der amerikanischen Luftfahrt fühlen dürfen. Allerdings wird der gnadenlose Auswahlprozess von vielen auch als extrem elitär und übertrieben beurteilt. Chuck Yeager beispielsweise, der 1947 als erster Mensch die Schallmauer durchbrach und in der Szene als außerordentlich qualifizierter und mutiger Testpilot bekannt ist, hat keine Chance, in das Astronautencorps aufgenommen zu werden: er besitzt keinen Hochschulabschluss.

Im September 1962 wird eine neue Gruppe von Astronauten der Öffentlichkeit präsentiert, die als »Gemini-Astronauten« bekannt werden, später aber durch das Apollo-Programm weltweite Berühmtheit erlangen. Neil Armstrong, Frank Borman, Charles Conrad, Jim Lovell, James McDivitt, Elliot See, Tom Stafford, Edward White und John Young. Ein Jahr später kommen weitere 14 neue Namen dazu: Edwin »Buzz« Aldrin, Bill Anders, Charles Bassett, Alan Bean, Eugene Cernan, Roger Chaffee, Michael Collins, Walter Cunningham, Donn Eisele, Theodore Freeman, Richard Gordon, Russell Schweickart, David Scott und Clifton Williams. Obwohl sich bereits vor den ersten Flügen abzuzeichnen beginnt, dass das Budget für die Mondflüge gekürzt wird, wählt die NASA später noch einmal sechs Männer für das Mondprogramm aus, darunter zum ersten Mal auch einen Wissenschaftler.

Harrison »Jack« Schmitt, ein ausgebildeter Geologe, stößt 1965 zu dem elitären Kreis. Obwohl es bei Apollo nicht nur darum gehen kann, die Russen zu besiegen, sondern auch darum, den Mond zu erforschen, ist er vorerst der einzige echte Wissenschaftler. Für das zum Zeitpunkt seiner Rekrutierung noch vage Ziel, eines Tages den Mond zu betreten, lernt Schmitt, Überschalljets zu fliegen. Ein ganzes Jahr verbringt er dazu auf einer Basis der Air Force in Arizona, dann erst darf er mit der Ausbildung zum Astronauten beginnen. Dennoch ist seine Chance, jemals den Mond zu betreten, geringer als die jedes der Berufspiloten unter seinen Kollegen.

Der Wettbewerb unter den Astronauten ist trotz des stark ausgeprägten Corps-Geistes hart, denn jeder von ihnen weiß, dass die Zahl der Plätze zum Mond begrenzt ist: Zwei Mann pro Mission werden die Mondoberfläche erreichen, ein weiterer wird den Erdtrabanten während der Landung umkreisen und einige werden die vorbereitenden Missionen und Testflüge in Erdnähe übernehmen. Nur zwanzig von ihnen werden, wenn alles gut geht, während der vorgesehenen zehn Missionen Apollo 11 bis 20 auf dem Mond landen. Von der Streichung der drei letzten Flüge, als die Kosten für das gigantische Programm aus dem Ruder laufen, ahnen die Astronauten zu diesem Zeitpunkt nichts – aber neun von ihnen wird dieser Beschluss um ihre Träume und das wichtigste Ziel ihres Lebens bringen.

Die Auswahl der Crews ist die Aufgabe des wegen Herzproblemen »gegroundeten« Donald »Deke« Slayton. Nach Feststellung seiner Untauglichkeit hat Slayton einen inoffiziellen Status als »Chefastronaut« bekommen, nimmt aber, um up to date zu bleiben, weiter am Training teil. Offiziell ist er ab 1963 stellvertretender Direktor der *Flight Crew Operations*, ab 1966 Direktor dieser Abteilung. Als es darum geht, die Apollo-Crews auszuwählen, ist der ehemalige Bomberpilot und Luftfahrtingenieur für seine Kollegen eine Mischung aus Pilotenkumpel und mächtiger grauer Eminenz geworden, die über ihre Karrieren entscheidet.

Slaytons Job ist ein hoch politischer, der ein hohes Maß an Diplomatie und Fingerspitzengefühl erfordert, aber auch unangenehme und harte Entscheidungen. Keiner der Astronauten ist scharf darauf, sich mit ihm anzulegen, denn wer bei welcher Mission welche Rolle übernehmen wird – das entscheidet vor allem »Deke«, auch wenn übergeordnete Hierarchien der NASA bei diesem heiklen Thema mitzureden haben.

Slayton legt fest, welcher der Astronauten den Mond umkreisen und wer den Mond betreten wird. Seine Ambitionen, selbst ins All zu fliegen, gibt er trotz seiner neuen Rolle nie auf. Eine langwierige Therapie ermöglicht es ihm, nach dem Ende des Mondprogramms im Jahr 1975 noch am letzten Einsatz eines Apollo-Raumschiffs teilzunehmen: Beim amerikanisch-sowjetischen Gemeinschaftsprogramm Apollo-Sojus wird er für neun Tage in den Erdorbit fliegen.

Die Methode, mit der Slayton die Besatzungen für die Missionen festlegt, ist ein ausgeklügeltes Rotationssystem, das maximale Planungssicherheit bietet. Da wegen eines erkrankten Astronauten kein monatelang vorbereiteter Start verschoben werden kann, die Teammitglieder aber aufeinander eingespielt sind, wird für jede Mission eine *Prime Crew* bestimmt, die von einer *Backup Crew* abgesichert ist, die – im Training auf denselben Stand gebracht – jederzeit einspringen kann. Daneben wird noch ein weiteres Team für jeden Flug ausgebildet: Die *Support Crew* kümmert sich um zeitraubende, aber notwendige administrative und technische Aufgaben und hält die beiden anderen Mannschaften im Tagesgeschäft up to date.

Wer sich in einer Support Crew bewährt hat, empfiehlt sich außerdem dafür, bei einem der nächsten Flüge in eine Backup Crew aufzusteigen. Die Backup Crew, so Slaytons System, wird drei Flüge später zur Hauptmannschaft. Auf diese Weise wird die Ersatzmannschaft von Apollo 8 mit Apollo 11 zum Mond fliegen, wobei der ursprünglich vorgesehene Pilot der Mondfähre, Fred Haise, durch den nach einer Wirbeloperation wieder genesenen Mike Collins ersetzt wird. Haise

wird später mit Apollo 13 in Richtung Mond starten – und diesen Desaster-Flug mit Glück überleben.
Slaytons Maxime ist auch, dass jeder seiner Männer jeden Part einer Mondmission übernehmen kann. Dennoch spezialisieren sich die Astronauten auf Prozeduren, Manöver und technische Komponenten der Schiffe, da es für einen einzelnen Menschen unmöglich ist, sich den gesamten technischen Komplex anzueignen. Apollo 11-Kommandant Neil Armstrong lernt alles über Trainingsgeräte und Simulatoren, Buzz Aldrin verinnerlicht jedes Detail der Missionsplanung und wird darüber hinaus Experte für Koppelmanöver im Weltraum, was ihm den Spitznamen »Dr. Rendezvous« einbringt, da er Umlaufbahnen angeblich sogar im Kopf berechnen kann. Mike Collins wiederum wird unter den Apollo 11-Astronauten der Experte für Raumanzüge und Außenbordeinsätze.
Jedes der Besatzungsmitglieder wird nach einer gemeinsamen Grundausbildung intensiv auf seine spätere Rolle und seine Aufgaben während des Fluges vorbereitet. Der *Command Module Pilot* (CMP) spezialisiert sich auf die Systeme und die Steuerung des Mutterschiffs, die Mondfähre ist das Thema des *Lunar Module Pilot* (LMP). Die Ausbildung des *Commanders* (CDR) konzentriert sich auf die Leitung der Mission.
Was die Besatzung der Mondfähre betrifft, steht die NASA vor einem Dilemma: An Bord des Lunar Module werden der Kommandant und der Lunar Module Pilot sein. Wer aber steuert den Lander? Den Kommandanten der Mission bei der ersten Landung eines Menschen auf dem Mond zusehen zu lassen, erscheint inakzeptabel, und so kommt es zu dem seltsamen Kompromiss, dass der Pilot der Mondfähre während des Landeanflugs lediglich als Systemmanager und Copilot tätig ist. Wie auch in der Fliegerei bei jeder kritischen Flugphase üblich, wird der Kommandant das Schiff zum Landeplatz lenken.
Mehrere Monate vor dem Start von Apollo 11 kommt auch ein anderes heikles Thema wieder auf die Tagesordnung: Welcher der beiden Astronauten wird zuerst aussteigen, als erster Mensch die Mondoberfläche

betreten und damit für immer in die Geschichtsbücher eingehen? Im Grunde ist das Thema irrational, da eine erfolgreiche Landung nur die Leistung des gesamten dreiköpfigen Teams sein kann. Das Symbol aber, als erster Mensch seinen Fuß in den Mondstaub zu setzen, ist selbst in der sonst nüchternen Raumfahrtbehörde stärker als jede Logik und Vernunft. Und so beginnt bereits einige Zeit vor der ersten Landemission hinter den Kulissen ein Ränkespiel, das jeder der Beteiligten in der Öffentlichkeit gerne herunterspielt – und doch für alle von essenzieller Bedeutung ist. Einander wohlgesonnene Fremde, »*amiable strangers*«, seien die drei Crewmitglieder von Apollo 11 gewesen, so Michael Collins Jahre später, als er versucht, die Psychologie im Verhältnis der ersten drei Mondfahrer untereinander zu erklären. Das Team von Apollo 11 ist nicht wirklich das, was man sich unter einer Schicksalsgemeinschaft vorstellt, die als Erste zum Mond fliegen wird: Zu den Tests kommen sie immer in getrennten Autos, zum Mittagessen geht jeder alleine. Bis auf ihre beruflichen Anknüpfungspunkte kennen die Männer sich kaum und sie haben auch kaum Gemeinsamkeiten.

Die drei sind wirklich sehr verschieden: Armstrong – der super-coole, immer freundlich-zurückhaltende, beinahe schüchtern wirkende Flieger, der eisern schweigt, wenn er nicht etwas wirklich Substanzielles zu sagen hat. Aldrin hingegen ist mitteilungsbedürftig und emotional, von Leidenschaft getrieben, aber auch davon, es seinem dominanten Vater recht zu machen, in dessen Augen er (so empfindet es der Sohn später) »*sogar auf dem Mond nur Zweiter wird*«. Ausgleichendes Bindeglied in der Besatzung ist der jungenhafte und unkomplizierte Michael Collins. Der in Rom geborene Sohn eines Militärattachés fällt, wie sein später zum Künstler konvertierter Apollo 12-Kollege Alan Bean, deutlich aus dem technokratischen Rahmen der Astronauten-Bruderschaft heraus. Er kennt sich mit französischem Essen, Wein und Theater aus, heiratet eine angehende Schauspielerin und ist vielseitig kulturell interessiert. Später wird er mit »*Carrying the Fire*« eines der lebendigsten und eindrucksvollsten Bücher über die Reisen zum Mond verfassen.

# Die Frage des richtigen Konzepts

*»Danke, John!«* Wernher von Braun (am 20.7.1969 zu dem Wissenschaftler John Houbolt, nachdem Apollo 11 auf dem Mond gelandet ist)

## USA, 1961–1962

Die wichtigste *technische* Frage des Apollo-Programms ist Anfang der 60er-Jahre: Auf welche Art und Weise sollen der Flug zum Mond und die Landung überhaupt durchgeführt werden? Nach welchem Konzept bringt man unter optimalem Einsatz der verfügbaren Energie und mit möglichst geringem Risiko Menschen zum Erdtrabanten? Zumal das *Mission Mode* genannte Drehbuch der Reise zum Mond auch die Konstruktion der Raumschiffe bestimmen wird.

Jules Vernes Schuss des Raumschiffs zum Mond mithilfe seiner Kanone »Columbiad« scheidet schon aus physikalischen Gründen aus. Die notwendige Beschleunigung des bemannten Projektils könnten Menschen nicht überleben. Mithilfe von Raketen aber sind verschiedene Methoden denkbar, einen anderen Himmelskörper zu erreichen, und jede von ihnen hat gewisse Vorteile. Der naheliegende Modus ist der Science-Fiction-Klassiker: Astronauten (in silbernen Anzügen) steigen auf der Erde in ein gewaltiges stählernes Raumschiff, fliegen zum Mond, fahren dort die Landebeine des Kolosses aus und landen. So stellt sich nicht nur Hollywood die Reise zum Mond vor, auch Raumfahrttechniker können dem bestechend einfachen Konzept einiges abgewinnen.

Die mit *Direct Ascent* bezeichnete Direktflug-Methode aber hat einen schwerwiegenden Nachteil: Sie benötigt eine gewaltige Rakete mit einer enormen Menge an Treibstoff und ist ungefähr so energieeffizient wie ein amerikanischer V-8-Automotor mit acht Litern Hubraum. *Direct Ascent* bedeutet nämlich, dass man nicht nur ein massives Schiff auf dem Mond landen muss, sondern auch sämtliches dort nicht benötigte Material: die komplette Ausrüstung für den Rückflug, viele Tonnen Treibstoff, vor allem aber einen tonnenschweren Hitzeschild für den späteren Wiedereintritt in die Erdatmosphäre.

Die große Masse eines solchen einteiligen Raumschiffs erfordert bei der Mondlandung, die ja eher ein abgebremster Fall zur Oberfläche ist, ein bärenstarkes Abstiegstriebwerk mit einem enormen Treibstoffverbrauch. Hinzu kommt, dass das Steuern eines so wuchtigen Raumschiffs bei der Landung wesentlich höhere Anforderungen an die Piloten stellt als die eines masseoptimierten kleinen Raumschiffs, das nur zum Mond transportiert, was dort auch benötigt wird.

Das Direct Ascent-Konzept mit seinem Ansatz »Hubraum statt Technologie« ist deshalb technisch etwa so elegant wie eine Mount Everest-Expedition, bei der die Sherpas die gesamte Ausrüstung und Verpflegung für sechs Wochen Tibet zum höchsten Gipfel der Erde mitschleppen. Hochgebirgs-Expeditionen arbeiten jedoch seit jeher mit dem Konzept des Basislagers, von dem aus der letzte Teil des Berges mit einem Minimum an Ausrüstung in Angriff genommen wird. Nur was auf den letzten Höhenmetern und auf dem Gipfel benötigt wird, muss auch hinaufgetragen werden. Trotz all dieser Argumente ist der Direktflug noch zu Beginn des Jahres 1961 der Favorit der Raumfahrtbehörde, vor allem deshalb, weil man alle seine Parameter bereits in dieser frühen Phase versteht.

Das Mondflug-Pendant zur Basislager-Idee heißt LOR, *Lunar Orbit Rendezvous*, und es hat ähnliche Vorteile wie das Bild aus der Bergsteigerei: Um zwei Mann für kurze Zeit auf den Trabanten zu bringen, ist es nach Meinung seiner Erfinder unsinnig, viele Tonnen nicht benötigter Ausrüstung und den gesamten Treibstoff für die weite Rückreise zur Erde auf dem Mond zu landen – dieses Material kann auch im Mondorbit warten.

Bereits 1923 hat der deutsche Raketenpionier Hermann Oberth diese technisch elegante Methode skizziert, und 1959 wird William H. Michael, Mitarbeiter des NASA-Forschungszentrums in Langley, die Vorteile von Oberths Idee in einem knappen Papier erstmals auf den Punkt bringen: Eine große Trägerrakete (die aber nicht so gewaltig sein muss wie diejenige für einen direkten Aufstieg) bringt zwei aneinandergekoppelte Schiffe in eine Mondumlaufbahn. Dort trennt sich die so leicht wie möglich gebaute Landefähre vom Mutterschiff und bringt ein oder zwei Besatzungsmitglieder auf die Oberfläche hinab. Der dritte Astronaut umkreist währenddessen den Mond mit dem Mutterschiff, das alles beinhaltet, was für den späteren Heimflug gebraucht wird. Nach Abschluss des Aufenthalts, so eine weitere Masseoptimierung, startet nur der obere Teil der Mondfähre vom Mond (Abstiegsstufe und Landebeine können auf dem Mond bleiben) und koppelt im Orbit an das Hauptschiff an. Anschließend kann auch die Aufstiegsstufe der Mondfähre im All zurückgelassen werden, was die Masse für den Rückflug weiter verringert. Nachdem der für den Rückflug notwendige Maschinenteil des Schiffs abgeworfen wurde, kehrt nur eine Kapsel mit der Besatzung zur Erde zurück. Von den Energie- und Massebilanzen her ist dieses Konzept nicht zu schlagen, das Lunar Orbit Rendezvous ist nach allen Berechnungen der denkbar beste *Mission Mode.*

Trotz der eindeutigen Vorteile will zunächst kaum einer der Verantwortlichen etwas von dem Konzept hören. Und die Skepsis hat einen Grund: Für die Durchführung des LOR sind mehrere präzise Koppelmanöver zwischen den beiden Raumschiffen notwendig, darunter auch eines in der unbekannten Umgebung des Mondes, 400 000 Kilometer von der Erde entfernt, zeitweise ohne Funkkontakt zur Erde, wenn sich die Raumschiffe hinter dem Mond befinden. Und auch die Konsequenzen eines misslungenen Koppelmanövers in der Mondumlaufbahn sind klar: Die zwei vom Mond zurückkehrenden Astronauten hätten keine Möglichkeit, zur Erde zurückzukommen. Zwei tote Amerikaner in einem metallenen Sarg auf ewig in der Umlaufbahn des Mondes? Vor diesem grauenhaften Szenario schrecken sowohl Manager als auch Ingenieure und Missionsplaner zurück, das Lunar Orbit Rendezvous hat deshalb kaum Chancen auf Verwirklichung.

Zu der Zeit, als die NASA Überlegungen zum Konzept der Apollo-Flüge anstellt, wird gerade die Mercury-Kapsel zu Ende entwickelt. Erst im Mai 1961 wird Alan B. Shepard mit ihr zu einem kurzen suborbitalen Flug starten und das Zeitalter der bemannten Raumfahrt für Amerika eröffnen. Neun Monate später wird John Glenn als erster Amerikaner die Erde umrunden. 1961 aber sind schon diese kurzen Flüge in Erdnähe eine riesige Herausforderung. Auch wenn am Mondprogramm bereits gearbeitet wird – exotische Rendezvous- und Koppelmanöver im All sind zu diesem frühen Zeitpunkt noch ein Thema für Visionäre. Auch weiß niemand, ob sie überhaupt funktionieren können. Zwei mit Tausenden von Stundenkilometern um die Erde oder den Mond rasende Schiffe sollen sich millimetergenau treffen und aneinander andocken? Die Bereitschaft, über solche haarsträubenden Manöver im All nachzudenken, ist gering.

Noch war überhaupt kein Amerikaner im All, und es existieren weder Steuerungen, die präzise genug für solche Manöver sind, noch exakte mathematische Modelle oder gar Computer, denen man ihre Durchführung anvertrauen könnte. Selbst grundlegende Verfahren für die Navigation im Weltraum stecken noch in den Kinderschuhen, als die NASA über den Modus eines Mondflugs nachdenkt. 1959 hat die Raumfahrtbehörde Finanzmittel für die Entwicklung von Systemen beantragt, die für Navigation und Koppelmanöver im All unabdingbar sind. Sehr weit fortgeschritten ist diese Entwicklung nicht, und keines der neuen Systeme ist bereits getestet worden.

Das Konzept LOR hat deshalb nur Außenseiterchancen, und manches der eingesetzten Komitees zur Ermittlung der besten Methode weigert sich sogar empört, den *»wahnsinnigen Vorschlag«* ernsthaft in Betracht zu ziehen. Nur ein paar wenige Wissenschaftler des Langley Research Center in Virginia glauben weiterhin fest und unbeirrbar an das Rendezvous am Mond. Und für seinen Hauptadvokaten, John Houbolt, ist LOR sogar die *einzige* praktikable Variante: nur so kann es seiner Meinung nach überhaupt klappen. Auch Houbolt weiß natürlich um die Komplexität der Koppelmanöver im All und die fehlenden Erfahrungen und Kenntnisse, aber er macht sich darüber keine großen Sorgen. Er hält sie für rechtzeitig erlernbar.

Neben Direct Ascent und Lunar Rendezvous gibt es noch einen weiteren Kandidaten, und auch ihm wird eine gewisse Chance zur Realisierung eingeräumt. Bereits im Dezember 1958 hat der Raketenexperte Wernher von Braun dem eben ins Amt gekommenen ersten Administrator der neuen Raumfahrtbehörde NASA, Keith Glennan, seine Vorstellung vom Mondflug erklärt. Auch der Deutsche hält die Methode des Direktflugs für das einfachste Konzept, schränkt aber ein, dass dafür eine wahrhaft monströse und noch nicht zu Ende gedachte Rakete mit zehn der gewaltigen F-1-Triebwerke notwendig sei. Der Zeitplan könnte deshalb ein Problem werden, die bemannte Landung noch vor 1970 auf dem Spiel stehen.

Da selbst der raketenverrückte von Braun die mit Nova bezeichnete und auf den Reißbrettern bereits in verschiedenen Ausführungen existierende Großrakete für zu ambitioniert hält, schlägt er ein anderes Verfahren vor, um rechtzeitig, kosteneffizient und sicher zum Mond zu kommen: Das Mondschiff soll mithilfe kleinerer Raketen in mehreren Teilen in eine Umlaufbahn um die Erde gebracht und erst dort montiert werden. Die Entwicklung der kleineren Saturn I-Rakete, die er dafür verwenden will, ist zu diesem Zeitpunkt bereits weit vorangeschritten. Eine andere Variante der Idee von Brauns sieht sogar 15 Transportflüge und eine bemannte Raumstation in Erdnähe vor, auf der ein bis zu 200 Tonnen schweres Mondschiff montiert werden könnte, bevor es auf die Reise geht.

Von Brauns *Earth Orbit Rendezvous* (EOR) hat den Vorteil, dass es ohne die enorm aufwendige und teure Nova-Rakete auskommt. Außerdem würden Andockmanöver nicht in der Umgebung des Mondes, sondern lediglich in wenigen Hundert Kilometern Höhe über der Erde bei permanenter Funkverbindung stattfinden und damit wesentlich ungefährlicher sein. Selbst wenn etwas schiefgeht – und sogar wenn ein Triebwerk versagen sollte –, könnten sich die Astronauten zurück auf die nahe Erde retten. Earth Orbit Rendezvous scheint ein perfekter Kompromiss zwischen dem nur mit brutalem Krafteinsatz durchführbaren Direktaufstieg und dem exotischen, furchterregenden LOR-Manöver am Mond zu sein.

Aber auch von Brauns Idee hat einen prinzipiellen Nachteil: Wie bei LOR muss bei EOR (wenn ein weiteres Koppelmanöver am Mond vermieden werden soll) ein großes Raumschiff mit allen für den Rückflug zur Erde notwendigen Ressourcen auf dem Mond landen und die Astronauten müssen auf der Spitze des Raumschiffs auf dem Rücken liegend landen – quasi rückwärts und ohne den Boden zu sehen. Für die meisten Piloten ist das undenkbar.

Komitees werden gegründet, Konferenzen abgehalten. Immer wieder unternimmt die NASA Anläufe, die beste Mondflug-Methode mithilfe objektiver Fakten zu ermitteln. Dann, im Juni 1961, entscheidet der stellvertretende Direktor der NASA, dass alle drei in Frage kommenden Verfahren mit demselben Detaillierungsgrad ausgearbeitet werden, um sie besser verstehen, aber auch besser vergleichen zu können. Dennoch erweist sich schließlich keiner der Vorschläge als eindeutig überlegen. In der Raumfahrtbehörde wird eine gewisse Ratlosigkeit spürbar. Jede Methode hat eine mächtige Lobby innerhalb der Organisation und die Diskussionen verlaufen nun, wo die Zeit drängt, zunehmend hitziger. Jedes der Komitees kommt zu einem anderen Resultat – oder zu gar keinem. Es ist ein über viele Monate gehendes Abwägen von technischer Machbarkeit und Risiken. Größtes Hindernis auf dem Weg zu einer Entscheidung ist das Fehlen jeder praktischen Erfahrung. Daher wird ein Rest Unsicherheit immer bleiben. Erst im All wird sich zeigen, ob die Wahl richtig war. Und die Zeit drängt, denn erst wenn die Entscheidung gefallen ist, können Raumschiffe konstruiert, der Zeitplan ausgearbeitet und die Flugbahnen präzise berechnet werden.

Die LOR-Fraktion, deren wichtigster Fürsprecher John Houbolt ist, arbeitet trotz aller Hürden weiter unbeirrt daran, die NASA von ihrem Konzept zu überzeugen. In seinem leidenschaftlich geführten Kampf umgeht Houbolt schließlich alle ihm übergeordneten Hierarchie-

Ebenen der Behörde und schreibt im November 1961 einen ebenso emotionalen wie fachlich fundierten Brief an einen der Direktoren der NASA, Robert Seamans. Houbolts später berühmt gewordener Brief beginnt mit den Worten »*Eine Stimme in der Wildnis*« und spart auch nicht mit Kritik an der Ignoranz vieler Manager des Mondprogramms, die seiner Meinung nach das beste Konzept auf arrogante Weise missachten und wesentliche Fakten nicht zur Kenntnis nehmen wollen. Ein weiteres Mal erklärt er umfassend die seiner Meinung nach zwingenden Vorzüge des Lunar Orbit Rendezvous. Er argumentiert geschickt und detailreich und erläutert sachlich und mit Zahlen belegt die Risiken der verschiedenen Alternativen.

Der Wissenschaftler John C. Houbolt vom Langley Research Center der NASA erklärt 1962 auf einer Schiefertafel das Lunar Orbit Rendezvous-Konzept. Houbolt wird entscheidend dazu beitragen, dass Apollo auf diese Weise zum Mond fliegt.

Houbolts Brief an Seamans bedeutet die Wende, obwohl ein kleiner Kreis von Opponenten noch immer nicht nachgeben will. Selbst Wernher von Braun aber schwenkt nun eindeutig zum Lunar Orbit Rendezvous um. Houbolts Argumente gewinnen an Gewicht, seine Ideen bekommen Oberwasser.

Am 11. Juli 1962, sieben Jahre bevor Apollo 11 zum Mond aufbrechen wird, fällt die Entscheidung: Weder die irrwitzig große Nova-Rakete noch das Earth Orbit Rendezvous werden weiterverfolgt. LOR wird das für den Mondflug ausgewählte Konzept, eine Saturn V-Rakete wird die beiden Schiffe zum Mond bringen. Dies ist die Initialzündung für die weitere Entwicklung. Raumfahrthistoriker betrachten LOR inzwischen als wichtigste strategische Entscheidung des gesamten Apollo-Projekts. Die zunächst so gefürchteten Koppelmanöver werden entwickelt und ab 1966 erstmals im Rahmen des Gemini-Programms erprobt, das eigens zur Entwicklung der notwendigen Technologien und Manöver ins Leben gerufen wird. Es dauert dennoch einige Zeit, bis man das Rendezvous im All sicher beherrscht, und bei einigen Flügen kommt es zu gefährlichen Pannen und dramatischen Zwischenfällen. Bei Gemini 8 etwa versagt eine Steuerdüse. Neil Armstrong kann das Leben der Crew in letzter Sekunde retten, weil er die Nerven nicht verliert.

## Ein Land im Aufbruch

*»Wir wollen in diesem Jahrzehnt zum Mond fliegen – nicht weil es einfach ist, sondern weil es schwierig ist.«* John F. Kennedy

### USA, 1962–1969

Ab dem Startschuss für das Apollo-Programm beginnen Hunderte von Unternehmen in den USA und anderen Ländern, die Technologie für die erste Reise zum Mond zu entwickeln. Raumschiff-Prototypen werden gebaut, erprobt und von Kränen ins Wasser, aber auch auf festen Untergrund geworfen, um die Rückkehr zur Erde zu simulieren. Mondfähren-Simulatoren werden entwickelt und riesige Raketenfabriken gebaut. Schiffe werden für den Transport von Raketenstufen umgerüstet, die so groß sind, dass man sie auf dem Landweg nicht zum Startplatz schaffen kann. Die NASA beginnt, ihr weltweites Kommunikationsnetzwerk für bemannte Raumflüge *(Manned Space Flight Network)* mit Stationen auf allen Kontinenten aufzubauen, um in allen Phasen der Missionen Funkkontakt zu den Raumschiffen halten zu können. Und während die ersten amerikanischen Astronauten mit

winzigen Kapseln testweise in niedrige Erdumlaufbahnen fliegen, denken die Verantwortlichen bereits darüber nach, wer der erste Mensch auf dem Mond sein könnte. Die Flüge des Mercury- und des Gemini-Programms sollen auch zeigen, wer dafür in Frage kommt.
Aber noch drei Jahre vor dem Ende des Jahrzehnts spielt sich alles, was es bislang an bemannter Raumfahrt gibt, in wenigen Hundert Kilometern Höhe ab. Mercury und Gemini fliegen knapp über den obersten Schichten der Erdatmosphäre. Der Mond jedoch ist 400 000 Kilometer entfernt und insgesamt wird ein Mondschiff auf seiner Reise weit über eine Million Kilometer zurücklegen. Viele technische, aber auch physiologische Fragen sind noch unbeantwortet. Werden Navigation, Funkverkehr und Datenübertragung klappen? Welche Auswirkungen hat der Durchflug des erst wenige Jahre zuvor entdeckten Van Allen-Strahlungsgürtels um die Erde auf den Organismus? Immer noch gibt es Skeptiker, die glauben, dass der Mensch einen Flug zum Mond nicht überleben kann.
Der technische und logistische Aufwand, der Mitte der 60er-Jahre für die Verwirklichung von Kennedys Traum betrieben wird, hat eine nahezu unglaubliche Dimension: 20 000 Unternehmen mit beinahe 400 000 Mitarbeitern sind daran beteiligt. Apollo bedeutet aber nicht nur Arbeit für die Amerikaner – sondern auch Leidenschaft. Das ganze Land fiebert dem ersten Start entgegen und es ist typisch, dass Kinder ihren Schulfreunden erzählen, dass auch ihr Vater *»an Apollo mitarbeitet«*, selbst wenn dessen Firma nur eine winzige Komponente des Raumschiffs liefert. Amerika verfolgt das Ziel Mondlandung mit dem für seine Bewohner typischen Enthusiasmus. Später werden Statistiker das gesamte Projekt Apollo auf über 500 Millionen Arbeitsstunden schätzen. Und bis zu 20 Prozent davon haben Angestellte und Arbeiter unentgeltlich in ihrer Freizeit abgeleistet. Im Gegensatz zu Mercury oder Gemini, wo die Raumschiffe noch in beinahe familiärer Atmosphäre gebaut wurden, ist Apollo so gewaltig, dass die Zusammenarbeit zwischen Raumfahrtbehörde und Industrie von einer kra-

kenhaften Bürokratie sowie endlosen und verschlungenen Informationswegen durch die verschachtelten Hierarchien geprägt ist.
Den Astronauten, die während ihrer Ausbildung intensiv an der Entwicklung der Technologie mitarbeiten – viele von ihnen sind ja selbst Raumfahrtingenieure – ist der monumentale Papierkrieg ein Gräuel. In ihrem Selbstverständnis sind sie in erster Linie Flieger. Sie wollen starten und praktische Erfahrungen sammeln, und zwar so bald wie möglich. Dennoch müssen sie in der Entwicklungsphase als Berater und als Bindeglied zwischen den Firmen und der Raumfahrtbehörde fungieren. Ihre Erfahrungen und Hinweise – immerhin sind sie nach den ersten erfolgreichen Flügen die einzigen Praktiker der Raumfahrt – versanden aber oft oder werden von den arroganten und überheblichen Managern der Riesenkonzerne nicht ernst genommen. Wie man Fluggeräte baut, egal ob Überschallflugzeuge oder Raumschiffe, das wissen sie selbst am besten – meinen sie. Und die ständigen Interventionen, Verbesserungsvorschläge und Nörgeleien der Raumfahrer – junge Burschen, die in Düsenjägern zu den Besprechungen einfliegen! – fallen ihnen gelegentlich lästig. Manchem konservativen Ingenieur sind die jungen Draufgänger ohnehin suspekt. Die weißen T-38 mit dem blauen Emblem der Raumfahrtbehörde auf dem Leitwerk sind das Lieblingsspielzeug der Astronauten, neben ihren Corvette-Sportwagen. Sie als Beförderungsmittel benutzen zu dürfen, ist, außer dem praktischen Aspekt des schnelleren Transports, ein besonderes Privileg und zeigt, welchen Status Amerika seinen modernen Helden zubilligt.
Die Astronauten, aber auch Manager, Konstrukteure, Planer und Systemspezialisten sind ständig zwischen Ost- und Westküste, Norden und Süden der USA und ebenso weltweit unterwegs, um die Technik abzustimmen, Pläne auszutauschen und Konferenzen abzuhalten. Firmen, die eng zusammenarbeiten, sind oft Tausende Kilometer voneinander entfernt und die blitzschnelle Kommunikation per SMS, E-Mail oder Internet gibt es in dieser Zeit noch nicht einmal in Science-Fiction-Filmen. In »*Star Trek*« (»*Raumschiff Enterprise*«), ab 1966 im

US-Fernsehen, ist die Kommunikation per Klapp-Handy (»Communicator«) einer der sensationellsten Einfälle. In der deutschen Serie »*Raumpatrouille*« dient der nach Ansicht der Requisiteure modern aussehende Griff eines Rowenta-Bügeleisens als Raumschiffsteuerung.
1961 hat das Marshall Flight Center in Huntsville, wo Wernher von Braun an seinen Saturn-Trägerraketen arbeitet, sein erstes Faxgerät installiert, was der Mitarbeiterzeitung eine Schlagzeile wert ist: »*Exakte Kopie eines Dokuments in vier Minuten zum Cape!*«. Das Telefon und das für die Übertragung von Dokumenten und Zeichnungen ungeeignete Telex sind die einzige Verbindung zwischen weit voneinander entfernten Orten. Wenn es ganz schnell gehen muss, und das ist bei Apollo oft der Fall, kommuniziert die NASA per Düsenjäger. Gelegentlich werden mithilfe von Jets wichtige Unterlagen und – natürlich noch von Hand gezeichnete – Konstruktionspläne zwischen den vielen Standorten des Apollo-Programms transportiert.
An einigen technischen Universitäten der USA ist es Mitte der 60er-Jahre bereits üblich, dass Wissenschaftler und Forscher, die von Terminals aus auf riesige Großrechenanlagen zugreifen, sich gegenseitig Mitteilungen und technische Notizen in Dateiverzeichnissen der Rechner hinterlegen. Das Senden von Nachrichten an *andere* Computer aber ist noch reine Zukunftsmusik. Erst 1971 wird der Computerspezialist Ray Tomlinson die Idee zur elektronischen Post haben und für die Trennung von Benutzername und elektronischer Adresse das »@«-Zeichen seiner Tastatur auswählen. Auch der Vorfahre des Internets, das militärische Arpanet, wird erst ab 1969 verwirklicht. Wie die Raumfahrt profitiert es vom Technologiewettlauf des Kalten Krieges und den Ängsten von Politikern und Militärs. In seiner ersten Phase verbindet der Urahne des Internets per Modem und Telefonleitungen vier Forschungseinrichtungen amerikanischer Universitäten.
Vor der Größe der Herausforderung werden selbst kleinste Details enorm wichtig. Etwa: Welche Armbanduhr eignet sich für einen Mondflug? 1962 schickt die NASA einen Angestellten in ein Juwelier-

geschäft im Zentrum Houstons, wo dieser anonym einige der gängigen Fliegerchronographen kauft. Anschließend müssen die Zeitmesser ein hartes Prüfprogramm über sich ergehen lassen. Sie werden auf bis zu 93 Grad C erhitzt, auf minus 18 Grad gekühlt, Drücken von bis zu 1,6 bar, starken Magnetfeldern und heftigen Vibrationen ausgesetzt. Von den fünf getesteten Uhren, alles Produkte renommierter Hersteller, besteht nur die Schweizer Omega Speedmaster Professional alle Tests. Sie wird von der NASA deshalb zur offiziellen Armbanduhr für die Apollo-Missionen bestimmt und im März 1965 zum ersten Mal an die Crew von Gemini 3 ausgegeben. Die prestigeträchtige Wahl empört andere Uhrenhersteller. Sie versuchen alles, die Behörde umzustimmen, sogar das patriotische Argument, die Schweizer Uhr sei »kein amerikanisches Produkt«, muss herhalten. Um auch diese Hürde zu nehmen, wird Omega die für das All bestimmten Uhren in den USA montieren lassen, und so bleibt es dabei: die Speedmaster mit Handaufzug (noch heute praktisch unverändert im Handel) wird die Astronauten auf den Mond begleiten.
Die Uhr des Apollo 11-Astronauten Buzz Aldrin wird schließlich das Exemplar sein, das bei der ersten Landung tatsächlich auf der Mondoberfläche getragen wird. Als Aldrin seine Uhr später dem *National Air and Space Museum* schickt, verschwindet sie auf dem Postweg spurlos und taucht bis heute nicht mehr auf. Über ihre Seriennummer »43« wäre sie leicht identifizierbar.

## Die Schiffe der neuen Entdecker

*»Eine ausreichend weit fortgeschrittene Technologie ist von Magie nicht zu unterscheiden.«* Arthur C. Clarke

Neben den Astronauten stehen die Raumschiffe von Apollo im Zentrum des Interesses. Das Mutterschiff für den Mondflug, das sogenannte *Command Module* (CM), wird vom kalifornischen Luft- und

Raumfahrtkonzern North American Aviation entwickelt und gebaut, der seit dem Zweiten Weltkrieg berühmt für sein Mustang-Jagdflugzeug ist und auch einige der ersten Überschall-Düsenjäger der USA entwickelt hat. North American hat sich mit seinem Entwurf in der Ausschreibung gegen prominente Mitbewerber wie General Dynamics, Martin, McDonnell Douglas und General Electric durchgesetzt, eine hochkarätige Riege amerikanischer Luftfahrtunternehmen, die sich alle ihren Teil am neuen Markt der Raumfahrt sichern wollen.
Die Firmen haben weder Anstrengung noch finanziellen Einsatz gescheut, um an den prestigeträchtigen und lukrativen Regierungsauftrag zu kommen. Dementsprechend hoch ist der Aufwand, den sie bis zur Präsentation ihrer Entwürfe für das neue Raumschiff treiben. Allein bei Martin arbeiten 300 Angestellte über ein halbes Jahr lang an der Konzeption und an der Entwicklung von Details. Die Aufgabenstellung ist komplex: Neben Steuerung und Navigation im All müssen sich die Forscher und Ingenieure von Herstellern und Subunternehmen mit einer Vielzahl von Themen auseinandersetzen: mit Fragen der Thermik und Aerodynamik, der Auswahl und Entwicklung von Materialien, der Konzeption neuartiger Triebwerke mit hoher Ausfallsicherheit, aber auch mit Lösungen zur Sprechfunk- und Datenkommunikation über riesige Entfernungen. Allein die Unterlagen von Martin für die Präsentation umfassen schließlich über 9000 Blatt Papier.
Am 9. Oktober 1961 geben die fünf Aushängeschilder der amerikanischen Luft- und Raumfahrtindustrie ihre Entwürfe ab. Bereits bei diesem ersten Zusammentreffen prüfen 100 Fachleute und Wissenschaftler die Unterlagen. Vorträge und Fragestunden werden abgehalten, die vorgeschlagenen Konzepte auf ihre Praxistauglichkeit geprüft. Als am 28. November die Entscheidung für North American fällt, hallen Jubelschreie durch die Werkhallen der Firma in Downey am Stadtrand von Los Angeles. Bereits zuvor ist das berühmteste Forschungsinstitut der USA, das *Massachusetts Institute of Technology* (M.I.T.) in Cambridge bei Boston, mit der Entwicklung des Navigations- und

Steuerungscomputers für Apollo und der dazugehörigen Software beauftragt worden. Und Grumman, eine andere amerikanische Luftfahrtikone, wird im Verlauf des Jahres 1962 den Zuschlag für den Bau des zweiten Schiffs erhalten, der Mondfähre.

Das Innere des Apollo Command Module: Die Kommandozentrale der Mondexpeditionen bietet den drei Astronauten in etwa so viel Platz wie ein Mittelklasse-Kombi. Zur Zeit seiner Konstruktion ist das »CM« die komplexeste Maschine der Welt.

Das Command Module erinnert mit seiner konischen Form rein äußerlich an die Vorgänger Mercury und Gemini. Innenleben und Konstruktion sind allerdings wesentlich komplexer als bei den spartanischen Ur-Raumschiffen. Zur Zeit seiner Entwicklung ist das Apollo-Raumschiff die komplizierteste Maschine, die Menschen jemals gebaut haben. Allein das CM besteht mit über zweieinhalb Millionen Einzelteilen aus etwa so vielen Komponenten wie ein moderner Passagierjet. Das bedeutet auch: Selbst wenn 99,9 Prozent aller Teile fehlerfrei sind, können zweieinhalbtausend Komponenten versagen.
Das Command Module hätte in einem größeren Wohnzimmer Platz. Auf den ersten Blick wirkt es unscheinbar: fünf Fenster, eine Luke, ein paar Haltegriffe und die Düsen für die Lageregelung in der Außenhaut, die als Schutz gegen die Sonneneinstrahlung mit Mylar-Folie beklebt ist. Im Inneren aber steckt eine geballte Ladung modernster Techno-

logie, die 13 Kubikmeter sind perfekt ausgenutzt. Gebaut ist das Schiff aus hoch festem und doch leichtem Aluminium-Honigwaben-Material, wie es in den Sechzigern bereits für den Bau von Hochleistungsflugzeugen verwendet wird. Dieses Skelett ist von einem komplexen äußeren Hitzeschild aus 40 Lagen unterschiedlicher Materialien und einer darunterliegenden Isolierschicht aus Quarzfasern umgeben.
Schon der Hitzeschild für sich allein ist eine Meisterleistung der Ingenieurskunst: Zur Zeit von Apollo sind noch keine Materialien bekannt, die den hohen Temperaturen des Wiedereintritts in die Erdatmosphäre widerstehen können. Deshalb greifen die Konstrukteure zu einem Trick: Die über 40 000 Zellen der Honigwabenstruktur der äußeren Raumschiffhülle werden mit einem Epoxidharz gefüllt, das durch die Reibungswärme während des Sturzes durch die Luftschichten abschmilzt und so einen großen Teil der Hitze abführt. Dieser sogenannte ablative Hitzeschild kommt vor Apollo bereits in einfacherer auflackierbarer Form am Raketenflugzeug X-15 zum Einsatz.
Die Form der Kapsel ist alles andere als willkürlich gewählt. Sie eignet sich aus aerodynamischen Gründen am besten für den Start auf der Spitze einer Trägerrakete, und auch für die Rückkehr zur Erde ist der Konus optimal. Die Proportionen des Kegels und die daraus resultierende Neigung der Außenwände sind in akribischer Arbeit im Windkanal ermittelt worden. Wenn das CM bei der Rückkehr zur Erde in die Atmosphäre eintaucht, wird es eingehüllt in einen Feuerball aus glühendem Plasma wie ein Meteor auf die Erde zustürzen und nur noch begrenzt lenkbar sein. Hätte der Konus die falschen Proportionen, könnte das heiße Plasma vom unteren Hitzeschild so abgelenkt werden, dass es direkt an die Seitenwände der Kapsel strömt. Da diese weniger massiv sind, könnte sich die Kapsel zu stark erhitzen und strukturell beschädigt werden.
Die sechs Kubikmeter große Kabine des Schiffs hat eine Hauptluke und oben in der Mitte des Konus den »Docking-Tunnel«, durch den zwei der Astronauten vor der Landung in die Mondfähre umsteigen werden. In

dem wenigen Platz um den Docking-Tunnel ist das Landesystem für die Rückkehr zur Erde untergebracht: drei riesige Fallschirme und die aufblasbaren Ballons, die die Kapsel aufrichten sollen, wenn sie nach der Wasserung wider Erwarten mit der Spitze nach unten im Meer treibt. Ganz unten an der Basis, dort, wo der Konus seinen größten Durchmesser hat, sind in einem ringförmigen Schacht außerhalb der Kabine die Komponenten der Lagesteuerung und der Elektrik eingebaut. Auch ein kleiner kugelförmiger Sauerstofftank befindet sich hier. Er wird den Raumfahrern während der letzten Minuten des Fluges, wenn der Versorgungsteil bereits abgestoßen ist, das Atmen ermöglichen.

Das Command Module ist das Hauptquartier der Mondexpedition. Gleichzeitig Kommandozentrale, Schlafplatz, Küche und Badezimmer, gliedert sich sein Innenraum in sechs Abteile, die *Bays*. In ihnen ist die gesamte Ausrüstung eingebaut und das technische Zubehör untergebracht: neben Computern und Steuerungen, dem Navigationsteleskop, der Klimaanlage, Funkgeräten sowie Anlagen zur Trinkwasserversorgung und Luftreinigung, Abfall- und Fäkalienentsorgung gibt es eine große Zahl loser Ausrüstungsgegenstände, die verstaut werden müssen: Raumanzüge, Helme, Kabel, Schläuche, Wartungszubehör, Werkzeug, Klebebänder, Handbücher, Checklisten, Fotoapparate, Filme und TV-Kameras. Wäsche, Hygieneartikel, Nahrung und Getränke. Schreibgeräte (spezielle Bleistifte und Kugelschreiber) dürfen ebenso wenig fehlen wie Sonnenbrillen, eine Schere, Messer und einige wenige persönliche Gegenstände. Wenn die ersten Männer vom Mond wiederkehren, müssen dann noch Container mit Mondgestein untergebracht werden.

Sogar eine komplette, weitgehend miniaturisierte Überlebensausrüstung ist an Bord, verpackt in zwei weißen Stofftaschen: eine Dreimann-Rettungsinsel samt Treibanker, Schwimmwesten, Trinkwasserflaschen, wasserfeste Streichhölzer, eine Angelausrüstung, zwei batteriebetriebene Lampen mit integrierten Kompassen und Spiegeln, ein Messer, Sonnencreme und sogar Sonnenhüte, aber auch Chemikalien zur Hai-Abwehr und für die Meerwasserentsalzung. Das alles nur für den

Fall, dass bei der Wasserung etwas schiefgeht oder die Astronauten auf ihre Bergung warten müssen.

Von Inneneinrichtung kann man beim Mutterschiff kaum sprechen. Alles ist Funktion pur und hat den Charme eines Hightech-Maschinenraums: grau lackiertes Metall, Aluminium, manche Teile aus Edelstahl. Die Liegen für die Astronauten ähneln eher Hightech-Bahren, sind aber in ihrer Funktion ausgeklügelt und vielseitig verstellbar. Da in der Schwerelosigkeit kein Komfort im irdischen Sinne notwendig ist, genügen liegestuhlartige Bezüge aus der feuerfesten Glasfaser Armalon als Unterlage. Wenn die Männer mit angewinkelten Knien darauf liegen, blicken sie auf ein halbkreisförmiges Instrumentenbrett, das dem eines großen Flugzeugs ähnelt, das aber weniger der für ein Flugzeugcockpit typischen runden Instrumente und dafür viel mehr Schalter aller Art beherbergt. Da alle Astronauten der Pionierzeit sich in erster Linie als Flieger verstehen, folgen Auslegung und Logik der Bedienelemente einer aus Flugzeugen vertrauten Philosophie. Manche Anzeigen, wie etwa diejenigen zur Überwachung der Stromversorgung oder der Druckkabine, scheinen direkt aus dem Flugzeugbau übernommen, und auch die für Militärflugzeuge typischen halbkreisförmigen Metallbügel gegen unbeabsichtigtes Betätigen der Kippschalter sorgen für Luftfahrtambiente.

Die räumlichen Verhältnisse in einer Apollo-Kapsel kann man sich etwa so vorstellen: Eine dreiköpfige Familie lebt eine Woche lang in einem Mittelklassekombi (der in acht Tagen eineinhalb Millionen Kilometer zurücklegt). Erschwerend kommt hinzu, dass in der ganzen Zeit niemand den Wagen verlassen kann – weder, um auf die Toilette zu gehen, noch, um sich umzuziehen oder sich zu waschen. Dass die Astronauten des Programms das Command Module dennoch als »wohnlich« empfinden, liegt an ihren Erfahrungen mit den Mercury- und Gemini-Raumschiffen und zeigt, dass sie nicht verwöhnt sind. Vor allem im Zusammenhang mit der einsitzigen Mercury-Kapsel haben die Weltraumfahrer gelegentlich sarkastisch von »Anziehen« gesprochen – wenn sie das Einsteigen meinten. Und auch die Temperatur im CM ist kommod: Bei minus 270 Grad C im umgebenden Weltraum hält die ausgeklügelte Klimaanlage des Schiffs konstante 22 Grad. Auch kurzärmlig muss man sich an Bord von Apollo wohlfühlen – so eine Vorgabe der NASA.

Der hinter der Kapsel angekoppelte, zylindrische Antriebs- und Geräteteil mit dem mächtigen Haupttriebwerk ist das *Service Module* (SM). Gemeinsam mit dem Command Module bildet es das elf Meter lange *Command Service Module* (CSM), das mit beinahe dreißig Tonnen die Masse eines viermotorigen Douglas DC-4 Verkehrsflugzeugs der 40er-Jahre hat. Das Service Module ist der Maschinenraum des Apollo-Raumschiffs, sämtliche Treibstofftanks und die Energieversorgung befinden sich hier. Es beherbergt sowohl das Haupttriebwerk des Schiffs mit seiner großen glockenförmige Düse als auch zwei Heliumtanks für die Bedruckung des Treibstoffsystems. In vier der Abteile um das Haupttriebwerk befinden sich die Treibstofftanks, im fünften sind die drei Brennstoffzellen eingebaut, die das Raumschiff mit Elektrizität und Wasser versorgen.

Das Command Service Module (CSM) von Apollo 11 während des Einbaus in die Spitze der Saturn V-Rakete.

Die bereits im Gemini-Programm erprobten Brennstoffzellen funktionieren insofern wie Batterien, als sie chemisch gespeicherte Energie direkt in elektrische umwandeln. Wenn Sauerstoff und Wasserstoff sich in der galvanischen Zelle zu Wasser verbinden, wird diese Energie in einer sogenannten »kalten Verbrennung« freigesetzt, da sich die Elektronen in den Wasser-Molekülen in einem energieärmeren Zustand befinden als in den beiden Gasen. 50 bis 60 Prozent davon werden direkt in elektrischen Strom umgewandelt. Auch wenn das Verfahren in den 60er-Jahren noch über 100 000 Dollar pro Kilowatt Strom kostet – für den Mondflug ist es ideal. Und heute, 40 Jahre nach Apollo, stehen sogar *Fuel Cells* für Laptopcomputer oder den Antrieb von Kraftfahrzeugen vor der Marktreife.

Der Brennstoff einer Brennstoffzelle (in diesem Fall Wasserstoff und Sauerstoff) kann auch während des Betriebs immer wieder nachgefüllt werden und als Abfallprodukt entsteht, wie geschaffen für den Einsatz im Raumschiff, reines Wasser. Dieses kann als Trinkwasser, für die Zubereitung der Nahrung, aber auch zur Kühlung der Elektronik verwendet werden. Weiterer Vorteil gegenüber einer Batterie: Die Brennstoffzelle hat eine wesentlich höhere Leistung. Ein Teil der Energie wird in Wärme umgewandelt – und diese wird dazu genutzt, den stark unterkühlten flüssigen Wasser- und Sauerstoff in die Gasform zu überführen, bevor sie in die Brennstoffzelle geleitet werden.

Das große Haupttriebwerk des Schiffs ist schwenkbar und wird, neben einigen Kurskorrekturen auf den langen Etappen zwischen Erde und Mond, vor allem bei zwei Manövern zum Einsatz kommen: dem Abbremsen des Schiffs zum Einschwenken in die Mondumlaufbahn und beim Verlassen des Mondorbits vor der Rückkehr zur Erde. Damit ist das *Service Propulsion System* (SPS) eine der kritischsten Komponenten des gesamten Schiffs, denn in einigen Phasen des Fluges darf es unter gar keinen Umständen versagen. Wäre dies während des Eintritts in die Mondumlaufbahn der Fall, würde es die Landung kosten, zum Glück aber nicht das Leben der Astronauten. Das Raumschiff würde

dann auf einer sogenannten *Free Return Trajectory* am Mond vorbeirasen, eine riesige Kurve im All machen und ganz von selbst auf dem absteigenden Teil der Parabel antriebslos zur Erde zurückstürzen.
Ganz anders liegt der Fall am Ende des Fluges, also wenn das Mutterschiff aus dem stabilen Mondorbit ausbrechen muss, um zurück zur Erde zu kommen. An dieser Stelle des Flugplanes wäre das Versagen des SPS fatal, denn das Schiff hat keine andere Möglichkeit, der Gravitation des Mondes zu entkommen. Auf den Schub des SPS kann an diesem Punkt der Reise ebenso wenig verzichtet werden wie beim Rückstart der Mondfähre vom Mond. Zur Zündung des Triebwerks der Mondfähre gibt es ebenfalls keine Alternative. Damit alle Raketenmotoren größtmögliche Ausfallsicherheit bieten, setzt die NASA bei der Konstruktion auf Einfachheit und Redundanz. Was versagen kann, existiert doppelt, und was nicht unbedingt sein muss, wird weggelassen. So haben die Motoren etwa keine Treibstoffpumpen. Um die hypergolischen Treibstoffe (die so bezeichnet werden, weil sie bereits bei Kontakt miteinander reagieren – also ohne Zündung auskommen) in die Brennkammern zu befördern, wird Helium als Treibgas eingesetzt. Aus eigenen Tanks in die Treibstoffbehälter geleitet, setzt es diese unter Druck und zwingt den Treibstoff zum Ausfluss in Richtung Triebwerk.
Der eigentliche Star von Apollo aber ist das zweite Raumschiff – die Mondfähre, in der zwei Astronauten auf dem Erdtrabanten landen sollen. Das *Lunar Excursion Module* (LEM) wird bei Grumman in Bethpage nahe New York entwickelt, nachdem das Unternehmen im November 1962 die Ausschreibung für seinen Bau gewonnen hat. Später wird es nur noch als *Lunar Module* (LM) bezeichnet werden, aber im Sprachgebrauch der Astronauten wird es immer das »*LEM*« bleiben. Für Grumman beginnt die Entwicklungsphase buchstäblich am Nullpunkt, denn Vorbilder für eine Mondfähre gibt es nicht, nur einige wenige spärliche Erfahrungen aus der Konstruktion unbemannter Sonden – von denen aber erst 1966 eine erfolgreich auf dem Mond

aufsetzen wird. Auch deshalb bekommt Grumman von der NASA etwas mehr Zeit für die Entwicklung.
Nach einigen Vorstudien werden im April 1963 bereits die Eckdaten und wichtigsten Konstruktionsparameter festgelegt: Das LM wird zwei trennbare Stufen haben, vier zylindrische Tanks für das Triebwerk der Abstiegsstufe und eine Kabine von 2,34 Metern Durchmesser. Seine maximalen Maße ergeben sich aus dem Durchmesser der Saturn-Rakete, die es eines Tages ins All transportieren soll. Im August 1963 baut Grumman ein erstes maßstabsgetreues Modell aus Karton, um die Geometrie des Mondlanders, vor allem aber die Auslegung als Zweimannkabine besser studieren zu können, und schon im September desselben Jahres gibt es das erste begehbare »*Mockup*«. Als Grumman im März 1964 ein Holzmodell der gesamten Mondfähre (TM-1) zeigt, ist John F. Kennedy, der das Projekt Apollo durch seine Entschlossenheit auf den Weg gebracht hat, bereits seit vier Monaten tot – erschossen von Lee Harvey Oswald in Dallas. Das Schiff, das seinen Traum vom Mond wahr machen sollte, hat der junge Präsident nie gesehen. Sieben Tage nach seiner Ermordung wird das Startgelände der NASA in Florida von Cape Canaveral in Cape Kennedy umbenannt.
Dieses 1:1-Modell aus Holz beeindruckt die Manager der NASA. Nachdem sie eine Reihe grundlegender Änderungen beschlossen haben, wird ein erstes Modell aus Metall in Auftrag gegeben. Im Oktober 1965 kann Grumman dieses sogenannte M-5-Mockup des LM präsentieren, das bereits detailliert ausgearbeitet und zum Teil mit funktionsfähigen Instrumenten und Systemen bestückt ist. Als die NASA es Anfang Oktober 1964 inspiziert, entdeckt sie keine einzige grundlegende Schwäche des Entwurfs, weniger als 150 zum Teil unbedeutende Änderungen werden vorgeschlagen. Noch 1965 schafft es die Konstruktion von den Zeichenbrettern in die Werkstätten und die Montagehalle: die ersten »echten« Teile werden gefertigt. Es ist auch der Beginn der Entwicklungs- und Testphase für die vielen Untersysteme. Die ersten sechs Lunar Excursion Modules werden sämtlich soge-

nannte *Lunar Test Articles* (LTA), die in Testkammern und auf Prüfständen eingehenden Leistungs- und Funktionskontrollen unterzogen werden. Zwei davon erreichen bei ersten unbemannten Testflügen an Bord von Apollo 4 und Apollo 6 ab 1967 sogar das All.

Gleichzeitig mit dem Bau der ersten Exemplare des Mondschiffs beginnt ein jahrelang währender Kampf um jedes Kilogramm Masse. Mit jeder Verfeinerung der Konstruktion hat das seltsame Vehikel unmerklich zugelegt, bald nähert es sich gefährlich der festgelegten Obergrenze von 13 300 Kilogramm. Selbst nachdem das Maximum wenig später auf fast 15 Tonnen erhöht worden ist, erkennen die Ingenieure schnell, dass auch diese Vorgabe nur schwer zu halten sein wird. Ein spezielles Team wird deshalb gegründet, das nur eine Aufgabe hat: Jedes Bauteil zu prüfen und es, wenn irgend möglich, leichter zu machen. Grummans *Super Weight Improvement Program* ist ein echter Feldzug gegen die Pfunde und nimmt teilweise extreme Formen an, die den Konstrukteuren Angst machen: Manche Komponenten, auch der tragenden Struktur, fallen so dünn und zerbrechlich aus, dass sie besondere Vorsichtsmaßnahmen bei der Montage erfordern.

Für die Schwerelosigkeit und die geringe Gravitation des Mondes ist die Konstruktion ausreichend steif und stabil – auf der Erde aber muss sie buchstäblich wie ein rohes Ei behandelt werden. Die meisten der von der Task Force verordneten Abspeckmaßnahmen sind von außen nicht zu sehen, eine aber wird zum Markenzeichen des LM: Die goldene Aluminium-Mylar-Folie, mit der die gesamte Abstiegsstufe eingepackt ist, ersetzt feste, aber zu schwere Hitzeschutzpaneele und verringert die Masse des LM um enorme 50 Kilogramm. Die Folie ist in etwa aus demselben Material wie die Rettungsdecken, die man heute in den Verbandskästen deutscher Autos findet.

Obwohl extrem leicht und filigran gebaut, ist das LM mit einer Million Einzelteilen von ungeheurer Komplexität. Praktisch jede der Lösungen, die von Chefingenieur Tom Kelly, dem »Vater der Mondfähre«, und seinem Team erdacht werden, folgt neuen und von ihnen selbst aufgestellten Regeln. Resultat der Bemühungen ist ein extrem fragiler Leichtbau, dessen Form mysteriös, beinahe unheimlich ist: Kaum eine gerade Linie, dafür unzählige Ausbuchtungen, Antennen, Verkleidungen, Streben, scheinbar provisorisch angenietete Bleche. Das spinnenartige Gefährt ist in jedem Detail nach den rein funktionalen Anforderungen seiner Mission geformt, und die Konstrukteure haben in ihrem Streben nach niedriger Masse ganze Arbeit geleistet: Der sechseinhalb Meter hohe und voll betankt beinahe 15 Tonnen schwere zweistufige Lander hat ohne Treibstoff und Besatzung lediglich eine Masse von 3,9 Tonnen – 11 Tonnen der flugbereiten Mondfähre entfallen allein auf den Treibstoff.

Um so leicht sein zu können, wird etwa die Stärke der Kabinenwände auf 0,3 Millimeter verringert, so »massiv« sind drei Lagen Haushalts-Alufolie. Treibstoffleitungen und andere Rohre, beispielsweise der Klimaanlage, werden auf chemischem Weg so lange geätzt, bis ihre Wandungen buchstäblich Papierstärke haben, und die Kabelbäume der Elektronik bestehen aus haarfeinen und deshalb mechanisch wenig belastbaren Drähten. Auch die vielen kugelförmigen Tanks verschiedener Größe (allein in der Aufstiegsstufe sind es 12) für Treibstoffe, Wasser, Helium und Sauerstoff sind aus extrem dünnwandigem Titan gefertigt. Wenn die Kabine des LM unter Druck gesetzt wird, wölben sich die beiden dreieckigen Fenster leicht nach außen – so dünn sind sie!

Während der viele Monate dauernden Montage müssen die Mondfähren wegen des extrem Leichtbaus mit stabilen Plastikschützern versehen werden, um jede Beschädigung der Struktur zu vermeiden, etwa durch Werkzeuge, die den Technikern herunterfallen. Auch ein Fall aus geringer Höhe auf die Landebeine, zum Beispiel in der Montagehalle, würde dem fragilen Lander schwer zusetzen. Die NASA aber ist extrem vorsichtig – zu vorsichtig, wie es scheint. Selbst Chefingenieur Kelly bleibt eines Tages zunächst nicht ganz ernst, als einer der Kräne in der Montagehalle wieder einmal streng nach Vorschrift geprüft wird, bevor er die 50 Millionen Dollar teure Mondfähre von einer Arbeits-

Die Mondfähren wurden in Grummans Werk in Bethpage nahe New York gebaut. Stückpreis eines LM: 55 Millionen Dollar, eine Boeing 747 »Jumbo Jet« war für weniger als die Hälfte zu haben. Nach heutigem Geldwert würden allein Arbeitszeit und Material für ein LM über 250 Millionen Dollar kosten.

station zur nächsten heben darf. Doch die Hebe-Einrichtung versagt und das Testgewicht stürzt zu Boden. Fortan lacht niemand mehr über die Pedanterie der Behörde.

Trotz des extremen Leichtbaus muss das LM auch vor Mikrometeoriten geschützt werden. Über die vielen Lagen Hitzeschutzfolie, die mit strohhalmdünnen Plastikröhrchen als Abstandshaltern von der Metallhülle des Raumschiffs getrennt und zur Vermeidung von Wärmebrücken bewusst zerknittert angebracht werden, kommen außerhalb der Kabine (wo ein federleichtes Gerüst aus Aluminiumrohren einen Käfig um außenliegende Treibstofftanks, Pumpen, Elektronik und andere Systeme bildet) dünne beschichtete Aluminium- und Fiberglas-Paneele zum Einsatz. Auch diese sind zur besseren Isolierung so befestigt, dass sie keinen direkten Kontakt mit der darunterliegenden Folie haben. Diese äußerste Verkleidung des LM ist so dünnwandig, dass sie leicht wellig wirkt, was aber ihrer Funktion keinen Abbruch tut. Manche Elemente des thermischen Schutzes werden von Klebeband gehalten; dort, wo Bauteile zugänglich bleiben müssen, kommt sogar Klettband zum Einsatz. Verschwörungstheoretiker ohne jegliches technisches Know-how und geprägt vom Unwillen, sich mit den Konstruktionsprinzipien solcher Raumfahrzeuge zu beschäftigen, werden vor allem die Knitteroptik der Mondfähre viele Jahre später (und bis heute) als »Beweise« für ihre peinlich naive Behauptung anführen, Apollo sei ein reines Theaterstück gewesen, die Mondfähren schlampig zusammengebastelte Attrappen.

Alle Berechnungen stimmen, und dennoch: Unbedarften Besuchern, die in der Montagehalle von Grumman erstmals vor einem der halbfertigen Mondschiffe stehen, kommt das LM eher wie ein Ballon oder ein Origami-Kunstwerk aus Alufolie vor denn als das Raumschiff, mit dem zwei Menschen 400 000 Kilometer von der Erde entfernt zum ersten Mal auf einem anderen Himmelskörper landen sollen. Den Flug durch eine Atmosphäre (zumal mit den typischen Geschwindigkeiten um die 5000 Stundenkilometer) könnte es nicht einmal für Sekunden überstehen, Luftwiderstand und Reibungswärme würden es zerfetzen. Ein Hitzeschild ist aber ebenso überflüssig wie jegliche aerodynamische Qualität, schließlich wird das LM ausschließlich für den Betrieb im Vakuum des Alls entwickelt.

Mit den schnittigen Raumkreuzern aus den Science-Fiction-Filmen kann das LM nicht mithalten, schon mangels Bewaffnung. Die Männer aber, die es bauen, sind vernarrt in ihren *Bug* (Käfer), wie sie das LM gelegentlich nennen. 1969 wird Volkswagen nach der erfolgreichen ersten Landung eine ganzseitige Anzeige in der »*New York Times*« schalten, die auf den in den USA als nicht gerade wohlgeformt empfundenen VW-Käfer anspielt, aber statt des Autos ein LM zeigt. Einziger Text: »*Es ist hässlich, aber es bringt Sie hin!*«

Entwurf und Bau der Mondfähre sind auch aus anderen Gründen als dem extremen Leichtbau zeitraubend, denn immer wieder sind die Ingenieure darauf angewiesen, wichtige Details der Konstruktion durch das Einsetzen von Hypothesen und Annahmen zu lösen. Das Schiff muss seine Mission perfekt erfüllen – aber die präzisen Bedingungen der späteren Landestellen sind unbekannt. Immer wieder scheint es, als sei der Widerspruch nicht lösbar. Es ist, als müsste man ein Schiff für das Meer bauen, ohne die Eigenschaften des Wassers genau zu kennen.

Ein Beispiel sind die Teller der Landebeine, auf denen das LM eines Tages im Mondstaub aufsetzen soll: Radarmessungen von der Erde und ab 1966 auch die Landungen unbemannter Sonden lassen den Schluss zu, dass die Mondoberfläche keine großen Überraschungen birgt und es unwahrscheinlich ist, dass das tonnenschwere Schiff im Mondstaub versinken könnte. *Unwahrscheinlich* erscheint aber unter den Bedingungen des Apollo-Programms und angesichts der Detailbesessenheit der NASA-Verantwortlichen ganz einfach nicht tragbar. Trotzdem: endgültige Gewissheit über die Verhältnisse auf dem Mond kann nicht hergestellt werden. Also bekommen die Landeteller einen Meter Durchmesser und der ist – wie die eineinhalb Meter langen Fühler, die über eine blaue Lampe im Cockpit *Lunar Contact* signalisieren sollen – ein Kompromiss: Wenn der Boden nicht extrem nachgiebig ist, werden die Teller ein tiefes Einsinken des Landers verhindern.

Die Fragen aber haben kein Ende: Wie hoch wird der Staub aufgewirbelt, wenn das Triebwerk wenige Sekunden vor dem Aufsetzen gegen die Schwerkraft ankämpft? Wird die Sicht für eine sichere Landung ausreichen? Und wie viele Beine soll das Landegestell haben? Sind es drei, so stürzt das Gefährt unweigerlich um, wenn eines versagt. Drei Beine aber wären leichter als vier, etwas Treibstoff könnte eingespart werden. Auch bei *vier* Landebeinen besteht allerdings das Risiko des Umstürzens, wenn eines, etwa durch den Zusammenprall mit einem Felsen, beschädigt wird. Außerdem könnte die Fähre auch auf einem Gefälle landen oder mit einem Bein in einem Krater. Nichts davon ist vorhersehbar. Fünf Beine aber, eigentlich optimal, sind definitiv zu schwer. Auch über die Höhe der Landebeine wird diskutiert. Ein niedriger Schwerpunkt der Fähre ist ebenso wichtig wie ausreichend

Bodenfreiheit, damit die Düse des Triebwerks keine Bodenberührung bekommt, etwa wenn das Schiff über einem Felsen aufsetzt. Um das Verhalten des LM beim Aufsetzen auf den Mond besser zu verstehen, werden Modelle im Maßstab eins zu sechs über Kraterlandschaften aus Gips abgeworfen und Computerprogramme entwickelt, die auf Bildschirmen hypothetische Landungen in Zeitlupe zeigen.

Diese Aufnahme von 1965 zeigt den Astronomen Dr. Eugene M. Shoemaker mit einem Modell der Oberfläche aus Sand und einem frühen Modell der Mondfähre, noch mit runder Ausstiegsluke. Mithilfe von Satellitenaufnahmen und Radarmessungen wurde die relative Tiefe der Mondkrater im Zielgebiet bestimmt.

Nach langem Abwägen werden die Maße festgelegt und man beschließt, das LM mit vier Landebeinen auszustatten, die zudem ausklappbar konstruiert werden, damit die Mondfähre einen sicheren Stand und dennoch in der Saturn-Rakete Platz hat. Die Festigkeit des Landegestells wird für eine maximale Sinkrate von drei Metern pro Sekunde bei nur sehr geringer Vorwärtsbewegung berechnet, was bedeutet, dass das LM mehr oder weniger senkrecht aufsetzen muss, sollen seine dünnen Beine nicht wie Streichhölzer brechen.

Auf der Suche nach Möglichkeiten zur Verringerung der Masse kennen die Männer von Grumman kein Tabu. Auch andere Details werden immer wieder infrage gestellt und, wenn nötig, verändert. Irgendwann schlägt ein Konstrukteur vor, die Sitze wegzulassen. Nachdem zunächst ungläubiges Staunen herrscht, kristallisiert sich heraus, dass die Idee genial ist: Keine Sitze bedeutet wesentlich mehr Platz in der nur sechs Kubikmeter großen Kabine und bessere Bewegungsmöglichkeiten, vor allem während des mühsamen An- und Ausziehens des sperrigen Mondanzugs. Während des Flugs sind ohnehin keine Sitze nötig, da die Besatzung schwerelos ist. Damit die Männer dann nicht hilflos im Schiff umherschweben, werden sie von einem System aus Rollen und Seilen, die an ihren Raumanzügen eingehängt sind, gehalten. Zusätzlich gibt es Klettbänder am Boden und an den Unterseiten der Schuhe.
Bei der geringen Schwerkraft des Mondes ist das Fehlen von Sitzmöglichkeiten sogar während des Aufenthaltes auf der Mondoberfläche akzeptabel. Hinzu kommt: Stehen die Astronauten während des Anflugs, so sind sie auch wesentlich näher an den Fenstern. Diese können daher kleiner – und leichter – ausfallen. So entscheidet man sich schließlich für zwei kleine dreieckige Scheiben, die nach unten geneigt eine optimale Sicht auf die Landestelle ermöglichen. Das Instrumentenbrett zwischen den beiden Astronauten wird von zwei großen Fluglageanzeigen dominiert, dazwischen Hunderte von Schaltern zur Bedienung der einzelnen Systeme und die Eingabestation des Navigationscomputers, der in der Mondfähre eng mit den Radarsystemen für Landung und Rendezvous zusammenarbeitet. Im Gegensatz zum Mutterschiff verfügt das LM noch über ein zweites, weniger komplexes Computersystem für den Notfall, das sogenannte *Abort Guidance System* (AGS). Es ist völlig unabhängig vom Hauptcomputer und in der Lage, das LM zum Mutterschiff zurückzulotsen, sollte das Hauptsystem ausfallen.
Für die manuelle Steuerung des LM hat jeder der beiden Piloten einen kurzen Steuerknüppel, mit dessen Hilfe sich die 16 kleinen Steuerdüsen rund um das Schiff betätigen lassen, die das Gefährt um

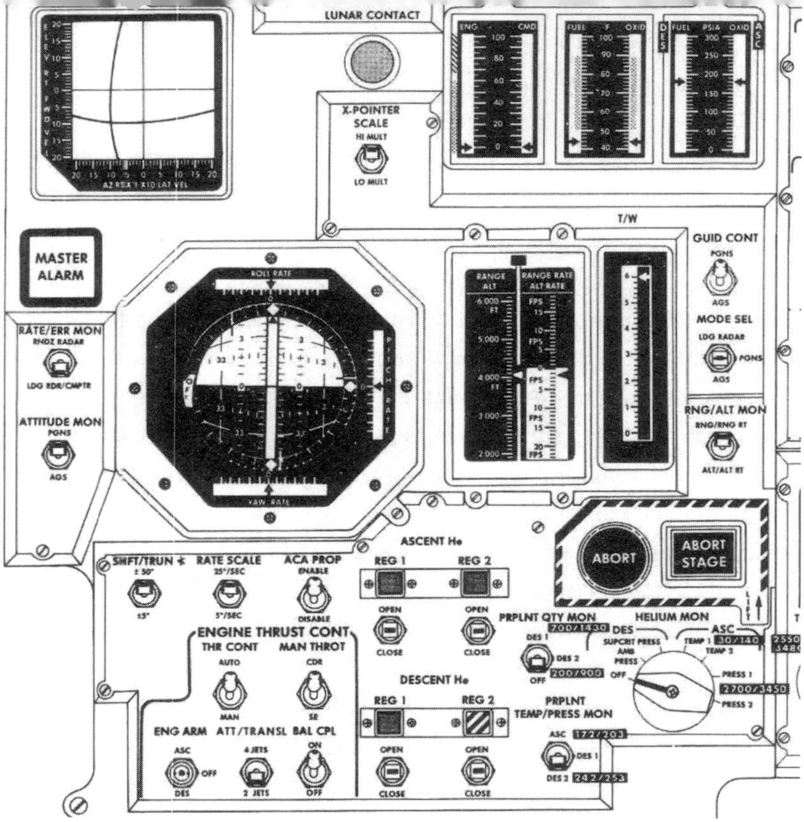


Ein Teil des Instrumentenbretts der Mondfähre. Mit der Taste »Abort« (Mitte) konnte der Anflug abgebrochen werden. »Abort Stage« führte zum Absprengen der Landestufe und dem sofortigen Rückstart zum Mutterschiff im Mondorbit.

seinen Schwerpunkt herum in jede gewünschte Fluglage drehen. Mit der linken Hand wiederum wird über einen Hebel mit T-Griff das Abstiegstriebwerk bedient. Zusätzlich zu diesem existiert noch ein unscheinbarer kleiner Kippschalter, den der Kommandant mit dem Zeigefinger bedient. Im halbautomatischen Modus kann er damit die Sinkrate des LM auf den letzten Metern vor der Landung und damit den Autopiloten beeinflussen. Ansonsten geben freiliegende Rohre und Kabelstränge, grau lackierte Metallflächen, die nur an wenigen Stellen von Kunststoffmatten abgedeckt sind, gelbe Handgriffe und aufgeklebte Checklisten dem Innenraum einen provisorisch wirkenden Charakter, etwa wie in einem Forschungsschiff.

Die erste Mondfähre im All ist LM-1, die während des unbemannten Fluges von Apollo 5 vom Boden aus ferngesteuert über der Erde erprobt wird und anschließend in der Atmosphäre zu Staub verglüht. LM-1 steht zunächst unter einem schlechten Stern: Sie wird vier Monate zu spät fertig, unter anderem, weil bei einem Test der Fähre LM-5 (die für Apollo 11 vorgesehen ist und sich bereits in der Endmontage befindet) eines der doppelwandigen Fenster geborsten ist, als die Kabine zum ersten Mal unter Druck gesetzt wird. Wurde der Kampf um die Pfunde übertrieben? Später stellt sich heraus, dass es sich um einen Materialfehler handelte, aber um die Mission nicht weiter zu verzögern, werden die Scheiben des unbemannten LM-1 durch Aluminiumplatten ersetzt. Und auch auf die Montage der für diesen Flug irrelevanten Landebeine wird verzichtet. Die nächste Panne geschieht bei der Übergabe von LM-1 an die NASA. Bereits kurz nach der Ankunft in Florida zeigt sich, dass Treibstoff- und Kühlmittel-Leitungen Lecks haben – aufgespürt von den empfindlichen Sensoren in der Montagehalle, die das austretende Gas »riechen«. Es ist ein überaus peinlicher Moment für das New Yorker Traditionsunternehmen. Zuerst die Verzögerung, und nun das. Der für den Start verantwortliche NASA-Direktor Rocco Petrone bestellt den Vertreter von Grumman in sein Büro, bezeichnet LM-1 als einen »*Haufen Schrott*«, und hält ihm vor, dass das LM etwa so dicht sei »*wie ein Sieb*«. »*Was für eine Bastelbude betreiben Sie eigentlich da oben in New York?*«, schnauzt Petrone den Ingenieur an. »*Sie sind ja noch schlimmer als North American!*« Vor allem die Anspielung auf das kalifornische Unternehmen, das zum Teil für das Desaster von Apollo 1 im Jahr zuvor (siehe Seite 159) verantwortlich ist und seitdem bei der NASA kein sonderlich hohes Ansehen mehr genießt, sitzt tief. Nachdem die Probleme gelöst sind, wird der Achtstundenflug des ersten LM schließlich ein voller Erfolg. Das Mondschiff hat bewiesen, dass es den widrigen Bedingungen des Weltraums trotzen kann.

Aus der fragilen Bauweise des LM auf einen bedächtigen, langsamen Ablauf seiner Mission zu schließen, wäre ein echter Trugschluss. Es ist beileibe nicht so, dass die Mondfähre vorsichtig, quasi in Zeitlupe auf den Trabanten hinabsinken wird. Der bereits ausgearbeitete Flugplan sieht vor, dass das LM, bedingt durch die Gesetze der Orbitalmechanik, in 15 Kilometern Höhe mit 6000 Stundenkilometern um den staubigen Trabanten jagen wird, um sich dann, nach dem Verlassen der stabilen Kreisbahn, vom Bordcomputer gesteuert auf die Oberfläche hinabzustürzen. Vom leicht schwenkbaren Haupttriebwerk wird der 15-Tonner schließlich so weit abgebremst, dass er mit geringer Sinkrate und minimaler Vorwärtsbewegung aufsetzen kann. Und alle Parameter des Anflugs, wie etwa der Treibstoffvorrat, sind so knapp und sogar grenzwertig berechnet, dass kaum eine Marge für Fehler und Defekte bleibt. Eine wenige Sekunden zu lange Bremszündung, verursacht etwa durch einen Softwarefehler, – und das LM wird mit mehreren Tausend Stundenkilometern an der Mondoberfläche zerbersten.

Raumschiffe und Mondfähren zu bauen, ist eine Sache – sie zu fliegen und sicher zu beherrschen, eine ganz andere. Während das Kommandomodul auf die Erfahrungen mit den vorangegangenen Flügen von Mercury und Gemini aufbauen kann und die Astronauten in etwa wissen, was sie bei dessen Steuerung erwartet, ist die Mondfähre auch auf diesem Sektor absolutes Neuland.

Ein großer Teil der Ausbildung wird in Houston und im Kennedy Space Center in Florida durchgeführt. Mithilfe von Simulatoren werden die Bedingungen im Weltraum und alle Manöver des Raumflugs so realistisch wie möglich nachgestellt. Für das Kommandomodul und die Mondfähre gibt es jeweils eigene Simulatoren, die mit den heute üblichen Flugsimulatoren und ihren perfekten 3D-Bildgebungssystemen wenig gemeinsam haben. Die Maschinen sind riesig, zu einem großen Teil mechanisch und bedienen sich zur Visualisierung kleiner, auf Drähten hin- und herfahrender Raumschiffmodelle, deren Bewegungen von Kameras auf schwarz-weiße Bildschirme übertragen werden. Gesteuert werden die Simulatoren von zimmergroßen Rech-

In Langley, Virginia, baute die NASA eine riesige Anlage zum Üben der Mondlandung. Das der Mondfähre ähnliche Testvehikel landete an Stahlseilen, später sogar auf einer nachgebildeten Mondlandschaft.

nern, die für jedes Stadium der Reise, aber auch für den Anflug auf den Erdtrabanten programmiert wurden.

Speziell für das Training des Landeanflugs hat die NASA auf einem großen Gelände des Langley Research Center in Virginia eine detailgetreue Mondoberfläche anfertigen lassen, die von den Astronauten in einem an Stahlseilen hängenden Mondfährensimulator angeflogen werden kann. Die Anlage mit dem Namen *Lunar Landing Research Facility* ist in der Lage, die geringere Schwerkraft des Mondes zu simulieren. Armstrong und Aldrin verbringen hier viele Stunden mit Übungsanflügen und weisen schließlich nach, dass das Steuern der Mondfähre praktikabel und eine Landung auf dem Mond wohl durchführbar ist. Sogar einen ausgefeilten *Docking Simulator* gibt es in

Langley, ein Wunderwerk der Mechanik, in dem Gemini- und Apollo-Astronauten mühsam die für das Gelingen der Missionen essenziellen Koppelmanöver lernen.

Nach anfänglichem Murren haben die Astronauten-Piloten akzeptiert, dass der größte Teil des Anflugs automatisch ablaufen wird – denn im Simulatortraining führt jeder von Hand durchgeführte Anflug unweigerlich zum Crash. Obwohl die Piloten allesamt erfahrene Flieger sind – an der manuellen Steuerung des LM beißen sie sich während vieler Trainings-Sessions im Simulator buchstäblich die Zähne aus. Nichts an der Methode, das unförmige Gerät zu steuern, ist wirklich intuitiv, auch wenn der Flug manchmal mit dem Steuern eines Helikopters verglichen wird. Deshalb ist die Hilfe des Autopiloten für den Landeanflug unabdingbar. Selbst im halb automatischen Modus, kurz vor dem Aufsetzen, werden die Kommandanten noch genug zu tun haben.

Um den Flug in der Mondfähre zu erlernen und, so gut es geht, ein Gefühl für das instabile Gerät zu entwickeln, kommt auch das *Lunar Landing Training Vehicle* (LLTV) zum Einsatz. Das von den Astronauten scherzhaft »Fliegendes Bettgestell« genannte Fluggerät ist im Grunde ganz und gar nicht witzig, sondern eher lebensgefährlich. Ausgerüstet mit einer vertikal installierten und kardanisch aufgehängten Strahlturbine, soll das LLTV helfen, den Endanflug auf den Mond zu erlernen. Wie die im Vakuum operierende Mondfähre hat es keinerlei Stabilität, wird jedoch nicht in der geringen Schwerkraft des Mondes, sondern unter irdischen Verhältnissen geflogen. Neil Armstrong überlebt einen Absturz des LLTV im Mai 1968 nur, weil er wenige Meter über dem Boden geistesgegenwärtig den Schleudersitz betätigt. 14 Monate später wird er wenige Meter über der Mondoberfläche die Steuerung des Raumschiffs in den manuellen Modus schalten und enorm von der Erfahrung mit dem LLTV profitieren. Später erklärt er, dass eine Landung ohne die Übungsflüge mit dem »Fliegenden Bettgestell« unmöglich gewesen wäre.

## Gemeinsam am Steuer: Astronauten und Computer

*»Öffne das Schleusentor, HAL!« … »Es tut mir leid Dave, aber das kann ich nicht tun.«* Dialog zwischen dem Astronauten Dave Bowman und dem Computer HAL (nach »2001: Odyssee im Weltraum«)

Neben den lebenserhaltenden Apparaturen ist das Navigations- und Steuerungssystem PGNS *(Primary Guidance and Navigation System)* die wichtigste Technik an Bord von Apollo. Das meist nur »Pings« genannte, integrierte System übernimmt in Kommandomodul und Mondfähre weitgehend automatisiert die Steuerung und bedient sich dazu der noch in den Kinderschuhen steckenden Computertechnik. Herzstück des PGNS ist der in Kommandomodul und Landefähre vorhandene Navigationscomputer *(AGC, Apollo Guidance Computer)*, der gemeinsam mit seiner Software ab 1961 unter der Leitung von Charles Draper in den Laboratorien des M.I.T. entwickelt wird und das erste System seiner Art ist. Mit seiner Hilfe können die Astronauten in Echtzeit komplexe Navigationsaufgaben durchführen und die verschiedenen Triebwerke und Manövrierdüsen des Raumschiffs betätigen.

Der AGC (in der Mondfähre heißt er LGC, *Lunar Module Guidance Computer*), ein goldfarben eloxierter Kasten aus Aluminium und Magnesium von 60 Zentimetern Länge, arbeitet mit den nur kurz zuvor erstmals in Serie produzierten integrierten Schaltkreisen und scheint, was seine Leistung betrifft, aus heutiger Sicht kaum brauchbar für einen Flug zum Mond. Der Schein aber trügt, denn trotz der lächerlichen Taktrate des AGC von einem Megahertz (ein durchschnittliches Notebook ist heute 2000-mal schneller) und einer Speicherkapazität, die ein Hersteller inzwischen keinem prozessorgesteuerten Haushaltsgerät mehr zumuten würde, ist der nur etwa 75-mal gebaute AGC elegant konstruiert und verfügt über eine ausgeklügelte Software – die in vielen technischen Details, vor allem aber in der Ausfallsicherheit heutigen Computern mindestens ebenbürtig ist. Das zeigt sich auch daran,

dass der AGC während des gesamten Apollo-Programms nicht ein einziges Mal versagt hat.
Der AGC wird in der Kommandokapsel und in der Mondfähre eingebaut, wo er als LGC lediglich mit einer anderen, auf die Bedürfnisse der Landung zugeschnittenen Software läuft. Zur Zeit von Apollo 11 existieren bereits wesentlich leistungsfähigere Computer, etwa der legendäre PDP-11 von Digital Equipment. Eine so komplexe Maschine ist allerdings (ganz abgesehen von Größe, Masse und Stromverbrauch) für die Raumfahrt allein wegen der zu komplexen Programmierung und der damit sehr viel größeren Fehleranfälligkeit nicht geeignet. Und die langen Entwicklungszyklen führen ohnehin dazu, dass beim Start eines Raumschiffs nicht die modernste, gerade aktuelle Technologie an Bord sein kann.
Die Ausfallsicherheit ist eines der wichtigsten Kriterien, und die Computer der Apollo-Missionen werden grundsätzlich nach der Devise entwickelt: Die zuverlässigsten Komponenten sind die, die man weglässt. Diese Philosophie, den Rechner so einfach wie möglich zu konstruieren und zu programmieren und dabei ganz bewusst den letzten Schrei an Technologie zugunsten der Robustheit wegzulassen, hat ihre Sternstunde, als der AGC der Apollo 11-Mondfähre während der kritischen Landephase überlastet wird – aber nicht ausfällt! Und ein paar Monate später übersteht der Bordcomputer von Apollo 12 sogar einen Blitzschlag beim Start. Die Module des AGC werden samt der fest installierten und nicht löschbaren Softwarespeicher zum Schutz vor den feindlichen Bedingungen des Weltraums in Epoxidharz eingegossen. Die Programmierung ist – selbst wenn kurz vor dem Start ein Fehler bekannt würde – nicht mehr veränderbar.
Von dem Rechner selbst (dessen Produktion über die Hälfte der damals in den USA hergestellten Computerchips verbraucht) sehen die Astronauten nichts. Sie bedienen ihn über eine simple Zahlentastatur mit einigen wenigen Funktionstasten und einem einfachen numerischen Display. Über das »Diskey« genannte DSKY *(Display and Keyboard)*

können die Astronauten eines seiner gespeicherten Programme – etwa für ein Koppelmanöver – starten oder aber neue Koordinaten oder sonstige Daten eingeben. Das Eingabesystem ist leicht zu verstehen und zu erlernen, und um die Codes immer parat zu haben, sind die wichtigsten davon auf das Instrumentenbrett gedruckt. Soll ein Programm ausgeführt werden, drückt der Astronaut vor der Eingabe des Codes die Taste *Verb* (Verb), gefolgt von der zweistelligen Zahl, die das gewünschte Manöver repräsentiert, gefolgt von dem Präfix *Noun* (Substantiv), das das gewünschte Unterprogramm aufruft, nachdem eine weitere zweistellige Zahl eingegeben wurde. Mit der Anweisung *VERB 37 ENTER* (37 steht für das Aufrufen eines neuen Hauptprogramms) und der anschließenden Eingabe *NOUN 63 ENTER* etwa wird in der Mondfähre das automatische Bremsmanöver P63 für die Landung aktiviert.

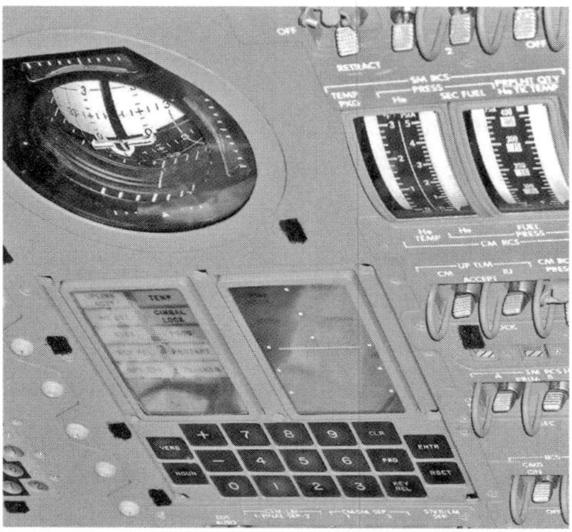


Die Schnittstelle zwischen Mensch und Maschine: Das DSKY (Display and Keyboard) diente den Apollo-Astronauten zur Eingabe von Daten in den Steuerungscomputer und zur Aktivierung gespeicherter Programme.

Beinahe 11 000-mal müssen während einer Mondmission Tasten des DSKY betätigt werden, die abgewetzten Tasten der in Museen überlebenden Exemplare des Eingabegeräts dokumentieren das eindrucksvoll. Die endlose Prozedur der Dateneingabe wird später zu Beschwerden der Astronauten und in der Folge zu einem Programm mit

abgekürzten Befehlen führen, das viele Tausend Eingaben eliminiert und auf die Bestätigung jedes einzelnen Vorgangs verzichtet.
In Hunderten von Simulator-Sessions gewöhnen sich die Flieger langsam an das System und bald scheinen sie sich sogar damit anzufreunden. »*Eine tolle Maschine*«, schwärmt Apollo 15-Kommandant David Scott, der bei der Entwicklung dabei war, »*das Backup-System brauchten wir kein einziges Mal.*« Nach dem Ende des Apollo-Programms macht dieser Computer noch eine zweite Karriere: Er wird das erste elektronisch gesteuerte Flugzeug der Welt lenken und so wichtiger Vorläufer der heute in jedem Airbus installierten *Fly-by-Wire*-Steuerung werden – die ohne mechanische Verbindung zwischen dem Steuer im Cockpit und den Rudern des Flugzeugs auskommt.
Der Computer ist die zentrale Komponente des »Pings«, das zusätzlich aus einem in die Bordwand integrierten Sextanten und einer in drei Achsen kardanisch gelagerten Trägheitsplattform besteht. Diese muss regelmäßig mithilfe des Teleskops neu an den Fixsternen ausgerichtet werden. In der Praxis misst der Astronaut mit dem Sextanten den Winkel zwischen einem in der Datenbank des Systems enthaltenen Fixstern und dem Horizont von Mond oder Erde und speist anschließend den gemessenen Wert direkt in den Computer ein. Da nach den Gesetzen der Himmelsmechanik der gemessene Winkel für die beiden Objekte nur für eine bestimmte Flugbahn und Position gültig ist, kann die Position des Raumschiffs vom Computer aus eindeutig bestimmt werden. Über 250 Jahre nachdem Isaac Newton die Idee des Sextanten aufgebracht hatte, wird er nun auch für den Flug zum Mond benutzt. Das für die Berechnung der Position zuständige Programm des AGC hat die Kennziffer P23, und so werden alle Apollo-Astronauten bei der Positionsbestimmung nur sagen, dass sie jetzt »*einen P23 machen*«.
Das Wort »*Primary*« in der Bezeichnung des Navigationssystems »Pings« ist allerdings irreführend, denn niemals in der Geschichte der Apollo-Flüge wird das bordeigene Navigationssystem die primäre Rolle bei der Durchführung der Flüge übernehmen. Vielmehr ist es so, dass

die NASA entscheidet, das eigentlich für die komplette Durchführung der Flüge geeignete Bordsystem immer nur als Backup zu benutzen und sämtliche Kurskorrekturen und andere Manöver ausschließlich mithilfe von der Erde übersandter Positionsdaten durchzuführen.

Noch zu Beginn des Mondprogramms misst die NASA der von der Erde aus gesteuerten Navigation keine große Bedeutung zu. Vor allem, weil die Amerikaner befürchten, die Sowjets könnten die Funksignale zum Schiff manipulieren und die Mondmission auf diese hinterhältige Weise sabotieren, wird das PGNS-System entwickelt. Als sich dann aber gegen Mitte der 60er-Jahre diese paranoiden Ängste langsam legen, gewinnt die erdgestützte Navigation immer mehr an Bedeutung und setzt sich schließlich als Basis für die Mondflüge durch. Mondfahrer und auch ältere Ingenieure misstrauen der in den Kinderschuhen steckenden Computertechnik ohnehin, und mancher Apollo-Astronaut ist sich zu Beginn der Entwicklung noch sicher, dass jeglicher Computer an Bord sinnlos ist, da diese Systeme *»sowieso versagen werden«*, so der immer wieder geäußerte Verdacht.

Das damalige Misstrauen der neuen Technologie gegenüber erklärt den Einsatz von Methoden, die heute nur mehr schwer nachvollziehbar sind. So wäre es etwa möglich gewesen, den Bordcomputer, der mit seiner Software die Zündungen der Triebwerke berechnet, direkt von der Erde aus per Telemetrie mit den aktuellen Daten zu versorgen. Eingesetzt wurde diese Technik aber nur im Ausnahmefall, die NASA ging einen anderen Weg, den sie für sicherer hielt: Immer wenn ein Manöver anstand, übermittelte das Kontrollzentrum der Crew sämtliche Daten per Sprechfunk. Die langen Zahlenkolonnen wurden von den Astronauten auf Papier aufgeschrieben, zur Sicherheit noch einmal wiederholt und dann mühsam von Hand über die Tastatur in den Computer eingegeben. Die nach der anstrengenden Prozedur vom Bordrechner ausgeführten Manöver (die per Handsteuerung in der notwendigen Präzision nicht zu bewältigen waren) wurden von den Raumfahrern peinlich genau mit der Stoppuhr überwacht. Diese

Daten sozusagen »anonym« per Funk in den Raumschiffcomputer zu laden – für die Astronauten dieser Generation war ein solcher Schritt einfach noch undenkbar: schließlich hing ihr Schicksal ja in vielen Phasen des Fluges von der präzisen Zündung der Motoren ab.
Und doch stand damals prinzipiell fest, dass die Bordrechner in Kommandomodul und Mondfähre die Triebwerkszündungen für die Steuerung des Schiffes übernehmen werden. In diesem Punkt traute die NASA der digitalen Technik mehr zu als den Astronauten. Zündungen müssen von der Dauer her extrem präzise sein, genauer eben, als ein Mensch sie mit einer Stoppuhr in der Hand ausführen kann. Es bleibt in der Entwicklung von Apollo über Jahre ein Thema, auf welche Art und Weise Mensch und Maschine kommunizieren sollen, wie vollständig die Automatisierung sein soll. Immer wieder gibt es in diesem Punkt Reibereien zwischen den Labors des M.I.T. und der NASA – unter den beteiligten Akteuren, aber vor allem zwischen den Astronauten und den Computertechnikern.
Einige der älteren Astronauten, die in ihrer Jugend noch Doppeldecker geflogen sind und denen die Gewöhnung an den Gedanken schwerfällt, das Schiff nicht selbst aktiv steuern zu können, sind skeptisch und lehnen die Idee, ein Raumschiff mit Tastatureingaben zu steuern, zunächst grundsätzlich ab – egal, ob nun der Bordcomputer die Navigationsdaten ermittelt oder ob sie von der Erde kommen.
Für die völlig anders denkenden, nüchternen Computerspezialisten ist klar, dass nur eine weitgehende Vollautomatik die notwendige Präzision gewährleisten kann. Sie wollen die Piloten immer wieder zu Passagieren degradieren und ihnen wäre es am liebsten, die Crew nähme die Finger von der Steuerung und ließe den Computer seinen Job machen. Am besten, so spotten sie, die Astronauten drücken kurz vor dem Start die Taste »*Go to Moon*« und stören den Computer dann nicht mehr. Eine zeitgenössische Karikatur aus dem Dunstkreis des M.I.T. überspitzt die Alternativen: ein Bild zeigt totale Automatisierung an Bord mit schlafenden bzw. zigarrerauchenden Astronauten, ein

anderes eine mit Handbüchern, Rechenschiebern, Karten und Schaltern überfüllte Kabine – und eine völlig überforderte Crew.
Trotz des notwendigen Automatisierungsgrades wollen die Astronauten so viel Kontrolle über die Systeme des Schiffs behalten wie irgend möglich. Haudegen Alan Shepard ist zum Beispiel nicht für die Idee zu gewinnen, dass der Bordcomputer (wie es einige Entwickler wollen) keinerlei manuelle Manöver mehr zulässt: »*Wenn wir uns umbringen wollen, dann erlaubt uns das – wir könnten uns dann vielleicht auch selbst retten*«, unterstreicht er seine Auffassung, dass einem Piloten selbstverständlich auch Manöver möglich sein müssen, an die vor dem Flug noch niemand gedacht hat. So ringen die Astronauten den Technikern und ihrem Management beim Thema Schnittstelle zwischen Mensch und Computer schließlich so manchen Kompromiss ab.
Im Wesentlichen werden sich die Mondfahrer auf die von der Bodenstation übermittelten Daten des *Tracking Systems* der NASA verlassen, das mit seinen auf mehreren Kontinenten installierten Antennen den Flug präzise verfolgen und die Position des Raumschiffs nach ausgeklügelten mathematischen Methoden beinahe auf den Meter genau bestimmen kann. Die Daten werden vom Bordcomputer und seiner Software zur Zündung der Düsen verarbeitet und von den Astronauten zusätzlich mithilfe ihrer bordeigenen Systeme überprüft und gegengecheckt.
Für die Bestimmung der Geschwindigkeit des Raumschiffs von der Erde aus bedient man sich des sogenannten Dopplereffekts. So wie die Sirene eines Feuerwehrwagens einem Passanten am Straßenrand als auf- und dann absteigender Ton erscheint, je nachdem, ob sich dieser auf ihn zu oder von ihm weg bewegt, werden die Funksignale des Raumschiffs durch seine Bewegung in Relation zur empfangenden Bodenstation verändert. Aus dieser Veränderung der Frequenz aber lässt sich die Geschwindigkeit ableiten. Die Entfernung des Schiffs wiederum kann relativ einfach durch Laufzeitmessungen der Funksignale bestimmt werden, die sich, wie alle elektromagnetischen Wellen, mit Lichtgeschwindigkeit bewegen.

Von einer Forderung wollen die Astronauten nicht abrücken, selbst wenn sie manchem Techniker albern erscheint. Die Flieger bestehen auch auf einer visuellen Darstellung des jeweiligen Flugzustandes, also wieder einmal auf etwas, das ihnen aus Flugzeugen vertraut ist. So gibt es zentral im Instrumentenbrett sowohl der Mondfähre als auch des Kommandomoduls eine Fluglageanzeige, die dem »Künstlichen Horizont« eines Flugzeugs entspricht, auch wenn sie (da ein Raumschiff sich im Gegensatz zu einem Flugzeug vollständig um alle Achsen drehen kann) nicht als Scheibe, sondern als dreidimensionale Kugel gestaltet ist. Obwohl das Gerät ganz ähnlich aussieht wie das in Flugzeugen installierte, haben die Männer damit gewisse Schwierigkeiten. Das Ungewohnte: Wenn das Schiff die Erde oder den Mond umrundet, dreht sich die Kugel bei jedem Umlauf um den Himmelskörper einmal um sich selbst – das System zeigt eben räumlich richtig die Lage des Schiffs nicht in Relation zur Oberfläche, sondern in Bezug auf das Sonnensystem an.

Die Piloten, die sich jahrelang in Düsenjägern an den »Künstlichen Horizont« gewöhnt haben, können damit nichts anfangen – es geht ihnen sogar absolut gegen den Strich. In einer Umlaufbahn um einen Planeten, so ihre Meinung, muss die Lage des Schiffs in Bezug auf dessen Oberfläche angezeigt werden, die Anzeige darf sich also nicht drehen, so lange das Schiff (wie ein in großer Höhe fliegendes Flugzeug) parallel zur Oberfläche fliegt. Irgendwann gibt die NASA dem Drängen nach und, da das System nicht mehr grundsätzlich geändert werden kann, kommt ein zusätzlicher kleiner Kasten an Bord, der dem Anzeigegerät immer dann den gewünschten Anzeigemodus aufzwingt, wenn sich das Schiff oder die Mondfähre in einer Umlaufbahn befinden.

Mit dieser ORDEAL *(Orbital Rate Display Earth And Lunar)* genannten Lösung sind die Astronauten zufrieden. Sie fühlen sich wieder etwas mehr als Piloten. Zu tief sitzen die Vorurteile bei manchem von ihnen, seit zu Beginn des Raumfahrtprogramms zunächst Affen ins All flogen und andere Piloten daraufhin hämisch betonten, dass Astronauten aber mehr können müssten als Schimpanse Ham.

# Die Abenteuer der Apollo-Astronauten

## Tag der Abreise: Der Start von Apollo 11

*»Es war meine Ambition, nicht nur weiter zu kommen als jemals ein Mensch zuvor, sondern so weit zu gehen, wie es einem Menschen überhaupt möglich ist.«* Captain James Cook

**Cape Kennedy, Florida, 16. Juli 1969, 9.32 Uhr Ortszeit**
In 100 Metern Höhe auf dem Rücken liegend, festgezurrt auf dem rechten Sitz des Kommandomoduls, eingepackt in einen schweißtreibenden Raumanzug und in beinahe vollständiger Dunkelheit reflektiert der Astronaut Michael Collins seine unheimliche Situation: »Hier bin ich also. Männlich, weiß, Alter 38, einsachtzig groß, Gewicht 75 Kilo, 17 000 Dollar Jahresgehalt, wohnhaft in einer texanischen Vorstadt, Schädlinge auf den Rosen, ... und jetzt werde ich gleich zum Mond geschossen. Richtig – zum Mond!«
Collins behält seine Gedanken für sich, und auch seine Zweifel. Heute ist sicher nicht der Tag, jemandem etwas von Zweifeln oder Ängsten zu erzählen, aber der erfahrene Pilot kann sich zu diesem Zeitpunkt einfach nicht vorstellen, wie er später schreibt, dass die vielen Hundert Systeme in den nächsten acht Tagen alle fehlerfrei funktionieren werden. Auch der Kommandant des Schiffs, Neil Armstrong, wird später gestehen, dass er Apollo 11 am Tag des Starts nur eine Chance von 50 Prozent für eine erfolgreiche Landung auf dem Mond gab. Selbst der Chef der Raumfahrtbehörde, Dr. Thomas Paine, der noch bei Tagesanbruch mit der Crew gefrühstückt hat, scheint sich nicht ganz sicher zu sein: Noch einmal hat er den drei Männern eindringlich geraten, ihre persönliche Sicherheit zur obersten Maxime zu machen, und er hat ihnen auch versichert, dass sie nach einem eventuellen

Langsam wird es ernst: Am 20. Mai 1969 wird die Saturn V-Rakete mit der Seriennummer »AS-506« von Apollo 11 mithilfe der gigantischen mobilen Plattform vom Vehicle Assembly Building (VAB) zum sechs Kilometer entfernten Startplatz 39-A gebracht.

Abbruch der Mission auf jeden Fall auch beim nächsten Versuch eingesetzt würden.

Dass es heute wirklich losgeht, nach Jahren der Vorbereitung und dem harten Training der vergangenen Monate, hat Astronaut Michael Collins erstmals realisiert, als er direkt unter der Rakete aus dem Transporter stieg, der die drei Männer, jetzt bereits in Raumanzügen, mit aufgesetzten Helmen und Sauerstoffgerät, zur Startrampe gebracht hat: »Wo sonst immer Hunderte von Technikern und Mechanikern wie Ameisen herumrannten, war plötzlich kein Mensch mehr zu sehen.« Über ihm ragt die weiße Saturn V in den Himmel, voll betankt mit Millionen von Litern Kerosin, flüssigem Sauerstoff und Wasserstoff, steht sie dampfend in der bereits warmen Morgensonne.

Über eine Million Menschen haben sich um das weitläufige Startgelände herum an den Zufahrtsstraßen, auf Brücken und Böschungen in Merritt Island und an den Sandstränden von Cocoa Beach versammelt. 69 Angehörige des Kongresses sind gekommen, aber auch die Gouverneure von 19 Bundesstaaten und 40 Bürgermeister aus dem ganzen Land. In der Nacht zuvor haben endlose Autoschlangen auf Highways und Zufahrtsstraßen ein Verkehrschaos verursacht. Hotelzimmer gibt es seit Monaten nicht mehr in dieser Gegend Floridas.

In 33 Länder wird das Ereignis live im Fernsehen übertragen, allein in den USA sehen bereits beim Start 25 Millionen Menschen zu, folgen gebannt den Worten des legendären Fernsehjournalisten Walter Cronkite, bis 1981 Anchorman der *CBS Evening News*. 2006, 37 Jahre später, wird die NASA ihm als Anerkennung für seine enthusiastische und spannende Berichterstattung ein Stück Mondgestein überreichen. In Westdeutschland moderieren für die ARD Günther Siefarth, Leiter der Abteilung *Wissenschaftliche Magazine* des WDR, und der Journalist Ernst von Khuon das historische Ereignis. Und aus Houston ist telefonisch der Korrespondent Werner Büdeler zugeschaltet, dem deutschen Fernsehzuschauer scheint er beinahe so weit weg wie der Mond. Für das ZDF leitet Heinrich Schiemann die Übertragungen aus Amerika.

Um 8 Uhr 32, in Deutschland ist es halb drei Uhr morgens, nähert sich der Countdown seinem Ende. John F. Kennedys phantastische Vision von der Mondlandung biegt in die vierhunderttausend Kilometer lange Zielgerade ein: *Three … two … one … zero.* Ein gelb-orangener Feuerball, wie eine gewaltige Explosion, und riesige Wolken von weißem Wasserdampf schießen in die Höhe, dazwischen Tonnen pechschwarzer Abgase. Ein dunkles Grollen. Im nächsten Augenblick schon – »*We have a lift-off!*«, ruft der Kommentator – schiebt sich die 111 Meter hohe dreistufige Rakete, mit 3000 Tonnen schwerer als acht voll betankte Boeing 747 »Jumbo Jet«, begleitet von tosendem Donner und erdbebenartigen Erschütterungen, zuerst fast in Zeitlupe und dann immer schneller, auf einem gewaltigen Feuerstrahl reitend, an der rot lackierten Startrampe entlang. Die drei Männer, denen ihre Saturn V noch kurz vor dem Betreten des Aufzugs beinahe wie ein gewaltiges Tier vorkam, liegen oben in der Kapsel nebeneinander. Wegen der großen Trägheit der Rakete in den ersten Sekunden des Fluges sind sie zunächst nur einer geringen Beschleunigung ausgesetzt.

Als der Gigant sich langsam von der Plattform stemmt, an der ihn eben noch vier mächtige Haltearme, jeder mit einer Kraft von 350 Tonnen, zurückhielten, werden sie von Vibrationen durchgeschüttelt. Dass sie abheben, spüren die drei Mondfahrer – wegen der noch durch eine Schutzhülle abgedeckten Luken – nur an der grünen Digitalanzeige des »*Mission Timer*« am Instrumentenbrett: *000:00:01* … *000:00:02* … *000:00:03* …

Dicke Brocken des tonnenschweren Eispanzers, der sich in der tropisch feuchten Luft Floridas durch den stark unterkühlten Treibstoff der Rakete an ihrer Außenhaut gebildet hat, platzen ab und stürzen in das Inferno unter dem Startturm. Tausende Liter Wasser pro Sekunde kühlen die Startrampe. Die fünf gewaltigen F-1-Triebwerke der ersten Raketenstufe S-IC, jedes davon allein neun Tonnen schwer, verbrennen in diesem Moment 13 Tonnen Treibstoff pro Sekunde und entwickeln dabei über 180 Millionen Pferdestärken.

Weit oben in dem bebenden weißen Koloss steuert im sogenannten *Instrument Unit* ein Trägheitsnavigationssystem aus Kreiselplattformen, Beschleunigungsmessern und einem digitalen Computer die Bewegungen der vier kardanisch aufgehängten äußeren Raketenmotoren und sorgt so dafür, dass der Gigant in diesem Moment größter Instabilität nicht umstürzt, während er Zentimeter um Zentimeter gegen die Gravitation der Erde ankämpft. Scheinbar sekundenlang balanciert die Rakete auf dem gleißend-weißen Abgasstrahl wie ein Bleistift auf einer Fingerspitze. Und damit nicht genug: Um auf jeden Fall eine Kollision, etwa durch eine starke Böe, mit einem

180 Millionen PS aus fünf Triebwerken. Die ersten zehn Sekunden des Starts einer Saturn V sind die kritische Phase: Fällt auch nur einer der Motoren aus, die Rakete würde unweigerlich zurück auf die Plattform stürzen und in einem Inferno explodieren.

der wegschwenkenden Servicearme und Ausleger der Startrampe zu vermeiden, lehnt sich das Monster, nachdem es nur wenige Meter an Höhe gewonnen hat, in einem kontrollierten Manöver von der Startrampe weg. Es ist nur etwas mehr als ein Grad, aber wegen der enormen Größe der Rakete sieht es einen kurzen Moment lang so aus, als würde sie umstürzen.

In den ersten zehn Sekunden darf keiner der fünf Motoren aussetzen. Danach, wenn sich die Masse der Saturn V durch den enormen Verbrauch bereits um 130 Tonnen verringert hat, ist diese größte aller Raketen auch mit vier Triebwerken flugfähig. Würde die Rakete zu Boden stürzen, gäbe es ein Inferno, das sich niemand vorstellen mag.

Der Treibstoff in den Tanks hat den Energiegehalt einer halben Million Kilogramm Sprengstoff oder einer kleinen Atombombe, ausreichend um die Startrampe und den weitläufigen Startkomplex komplett zu zerstören. Die Russen haben eine solche Erfahrung bereits hinter sich: 13 Tage vor dem Start von Apollo 11 ist ihre gewaltige N-1-Mondrakete, ebenso groß wie die Saturn V, bei einem Startversuch aus 200 Metern Höhe zu Boden gestürzt – und hat damit nicht nur Fenster in 50 Kilometern Umkreis zerbersten lassen, sondern auch die letzten Hoffnungen der Sowjets auf eine Eroberung des Mondes vor den Amerikanern zerstört. Wenn Apollo 11 den Mond erreicht, wird das Rennen entschieden sein.

Als die Rakete den Startturm vollständig passiert hat, ruft der zuständige Controller in sein Mikrofon: »*Apollo 11 has cleared the tower!*« Der Job des Startzentrums auf dem Cape ist damit erledigt. So wie ein Verkehrsflugzeug nach dem Abheben vom Tower an die zuständige Verkehrsleitstelle übergeben wird, geht die Verantwortung für Apollo 11 nun auf das *Mission Control Center* in Houston über. Und jetzt beginnt die Saturn V, die sich eben noch in Zeitlupe bewegte, zu beschleunigen. Die Triebwerke haben den Kampf gegen die Schwerkraft für sich entschieden. Die Saturn gewinnt jetzt rapide an Höhe. Sie zieht einen gewaltigen Feuerschweif, mehrmals so lang wie die Rakete selbst, hinter sich her.

Wenige Sekunden nach dem Abheben ist im Steuerungscomputer ein Navigationsprogramm angelaufen, das die Rakete auf den richtigen Kurs bringt. Sich langsam um ihre Längsachse drehend, neigt sie sich in Richtung Nordosten, auf den afrikanischen Kontinent zu. Dabei nutzt sie die höhere Rotationsgeschwindigkeit der Erde nahe des Äquators, um auf die für eine stabile Erdumlaufbahn notwendige Geschwindigkeit zu kommen. Der Kurs, die Raumfahrer sprechen von *Azimut*, beträgt 72 Grad. Von Florida aus erreicht man so die Kanarischen Inseln. Nur etwas mehr als eine Minute nach dem Abheben, acht Kilometer ist sie jetzt hoch, durchbricht die Saturn V die Schallmauer.

Das Kontrollzentrum des Kennedy Space Center während des Starts von Apollo 11. In der zweiten Reihe rechts mit Rollkragenpullover: Deke Slayton. Zwei Plätze weiter links steht Alan B. Shepard, Amerikas erster Mann im All und später Kommandant von Apollo 14.

Mit dem Vierfachen ihres Körpergewichts werden die Astronauten auf die harten Liegen gepresst. Kommandant Neil Armstrong liegt links, der Mondfährenpilot Buzz Aldrin in der Mitte, Michael Collins, der Pilot des Kommandomoduls, rechts.

Armstrong hat während des gesamten Aufstiegs seine linke Hand auf einem T-förmigen Griff liegen. Geht etwas schief, hat er das Schicksal der Crew buchstäblich in der Hand. Dreht er den Griff um 30 Grad gegen den Uhrzeigersinn, aktiviert er ein ausgeklügeltes Rettungssystem. Das sogenannte *Launch Escape System* (LES) kann das Leben der Crew im Katastrophenfall retten. Sollte die Rakete auf der Startrampe oder während des Aufstiegs explodieren oder aber durch übermäßige dynamische Belastung zerbrechen, kann eine zehn Meter lange und beinahe vier Tonnen schwere Feststoffrakete, die auf einem Gerüst aus Titanrohren oben auf der Spitze der Rakete sitzt, im Notfall die Kapsel samt Besatzung aus dem Gefahrenbereich bringen. Das System kann vom Kommandanten manuell oder aber, in Situationen, in denen die menschliche Reaktionszeit nicht ausreicht, durch eine Automatik aktiviert werden.

Eine Rettung mithilfe des LES ist sicher kein angenehmer Ritt, aber eine beruhigende Lebensversicherung. Die Saturn V ist jedoch trotz ihrer erschreckenden Größe und der enormen Flugleistungen ein extrem zuverlässiges Transportmittel und das Rettungssystem wird während des gesamten Apollo-Programms nicht ein einziges Mal zum Einsatz kommen. Beim Start von Apollo 11 macht der Griff des LES den Astronauten Collins eine Weile nervös: »Eine voluminöse Außentasche auf dem linken Bein von Neils Raumanzug sieht so aus, als ob sie sich in dem Griff verfangen könnte, wenn er das Bein nur leicht bewegt. Jesus – ich kann schon die Schlagzeilen sehen: ›Mondschiff fällt in den Ozean‹ … Fehler der Crew … letzter Funkspruch des Kommandanten: Huch!«

Über eines muss Collins sich keine Sorgen machen: dass Armstrong den Flug zu früh abbricht oder gar das Rettungssystem in Panik voreilig auslöst. Der 39-jährige Kommandant hat bereits lange vor dem Start von Apollo 11 den Ruf nahezu übermenschlicher Nervenstärke und Coolness. Als er Monate vor dem Start mit dem düsengetriebenen Mondlandesimulator abstürzt und sich in buchstäblich letzter Sekunde mit dem Schleudersitz aus dem Vehikel schießt, um am Fallschirm hängend wenige Meter neben den explodierenden Überresten des skurrilen Geräts zu landen, arbeitet er wenig später bereits wieder in seinem Büro Akten ab und antwortet dem aufgeregt ins Zimmer stürmenden Astronauten Alan Bean auf dessen Frage, ob er wirklich gerade mit dem LLRV abgestürzt sei, mit einem beiläufigen »*Ja*«. Dabei verzieht er keine Miene und setzt seine Arbeit ohne weitere Erklärung ruhig fort. »*Ja.*« Noch 38 Jahre später erzählt Alan Bean, selbst einer der erfahrensten Astronauten der NASA, der mit Apollo 12 nur wenige Monate nach Armstrong zum Mond fliegen wird, die Anekdote mit ungläubigem Staunen. Dem Tod mit eineinhalb Sekunden Vorsprung entkommen – und so verdammt cool sein?

Es ist kein Zufall, dass Armstrong für Apollo 11 ausgesucht wurde. Er spielt seine Coolness nicht, er kann gar nicht anders sein. Schon bei Gemini 8, seinem ersten Raumflug drei Jahre zuvor, hat er bewiesen, wie nervenstark er ist. Die zweisitzige Kapsel war wegen einer defekten Steuerdüse außer Kontrolle geraten und hatte begonnen, sich schnell wie eine Waschmaschinentrommel zu drehen. Den Tod vor Augen stabilisierte Armstrong das archaische Gefährt und rettete sich und seinem Kollegen David Scott durch reaktionsschnelles und bedachtes Handeln das Leben. Scott heute: »*Genau deshalb haben sie Armstrong auch ausgesucht. To get the job done.*«

Erst einige Zeit nach dem Abheben von Cape Kennedy entwickeln die Triebwerke ihren maximalen Schub von 3,75 Millionen Kilogramm. Als die größte und stärkste Maschine, die Menschen je gebaut haben, zweieinhalb Minuten unterwegs ist, hat sie das kleine kegelförmige Raumschiff oben auf seiner Spitze bereits auf 60 Kilometer Höhe und siebenfache Schallgeschwindigkeit gebracht. 2,3 Kilometer in jeder Sekunde. Neil Armstrong ist sieben Jahre vorher auch die X-15 geflogen, das sagenumwobene und bis heute schnellste Flugzeug der Welt. Gegen die Saturn V aber bräuchte die X-15 nicht anzutreten: 200-mal schwerer als das ebenfalls raketengetriebene Forschungsflugzeug ist die Saturn V 1200 Stundenkilometer schneller.

Die Astronauten sind still, bis auf knappe technische Meldungen und Bestätigungen an die Bodenkontrolle. Keines der Instrumente zeigt einen kritischen Wert an, keine der vielen Warnleuchten blinkt auf. Zwei Minuten und fünfzehn Sekunden nach dem Start sind die Tanks der ersten Stufe der Saturn V beinahe leer. Um das monströse Vehikel nicht durch eine zu hohe Beschleunigung zu überlasten, schaltet der Steuerungscomputer das mittlere der fünf Triebwerke vorzeitig ab und kurz darauf, weniger als drei Minuten nach dem Start, melden die Sensoren, dass der gesamte Treibstoff der S-IC verbraucht ist. Jetzt verstummen auch die vier äußeren Triebwerke. Vierzehn Monate Bauzeit, Hunderte von Tests, viele Millionen Dollar – für 150 Sekunden schiere Kraft. Zwei Millionen Liter flüssiger Sauerstoff und Kerosin sind verbrannt. Im selben Moment gibt der Computer den Befehl, die erste Stufe abzusprengen und sie zusätzlich mithilfe gegen die Flugrichtung gerichteter kleiner Feststoffraketen vom Oberteil der Rakete wegzudrücken, damit die beiden Teile ganz sicher nicht kollidieren.

Der Abwurf der ersten Stufe ist ein echter Hammer. Keiner der 27 Astronauten, die mit einer Saturn V unterwegs waren, wird jemals diesen Augenblick vergessen, in dem die Rakete plötzlich in zwei Teile zerrissen wird, während sie mit 8600 Stundenkilometern in den Himmel rast. Wenn die vier Haupttriebwerke ihren Dienst einstellen, verzögert das Gefährt für einen kurzen Augenblick so, als würde es gegen eine unsichtbare Betonwand donnern – von vierfacher Erdbeschleunigung auf null innerhalb des Bruchteils einer Sekunde. Fred Haise, der mit Apollo 13 einen Ritt auf der »V« erlebt: *»Ich dachte, ich würde durch das Instrumentenbrett fliegen!«* Einen Teil des brutalen Sinneseindrucks verdanken Saturn V-Piloten der Tatsache, dass der 110 Meter lange Metallzylinder durch die enorme Beschleunigung während des Aufstiegs um einige Zentimeter zusammengedrückt wird, um dann, wenn der enorme Vortrieb wegbleibt, seine gequetschte Struktur mit einem lauten Knall zu entlasten. Dazu kommt, dass die Kapsel an der Spitze der Rakete beim Brennschluss der ersten Stufe durch einen Feuerball fliegt: es ist der eigene Abgasstrahl, der das Raumschiff in diesem Moment überholt. Das *Staging* hinterlässt einen bleibenden Eindruck bei den Astronauten aller Apollo-Missionen. John Young, der es bei seinen beiden Mondmissionen Apollo 10 und 16 sogar zweimal erleben darf, vergleicht es immer mit einem »großen Eisenbahnunglück«.

Wegen der enormen Geschwindigkeit und der immer noch gewaltigen Leermasse von 212 Tonnen, so viel wie zwei große Diesellokomotiven, dauert es geraume Zeit, bis die Gravitation der Erde die Oberhand über die nun antriebslos in Richtung Weltraum taumelnde erste Stufe zurückgewinnt. Noch bis in 110 Kilometer Höhe folgt sie dem oberen Teil der Rakete – fast wie ein treuer Hund, der nicht einsehen will, warum er umkehren soll, wo das Abenteuer doch gerade erst beginnt. Für einen kurzen Augenblick verharrt die gewaltige Metallröhre mit den fünf Triebwerken – sie allein wiegen beinahe 45 Tonnen – schwerelos an der Grenze zum All, dann beginnt sie, unaufhaltsam zur Oberfläche des Atlantischen Ozeans hinabzustürzen.

Bereits während des langen Falls brechen unter der ungeheuren aerodynamischen Last Teile von ihr ab. Ein etwa dreißig Zentimeter langes Metallstück fällt auf das Deck eines deutschen Frachters, der sich zu jener Zeit am Rand des gesperrten Gebietes befindet. Um 9 Uhr 41, nur neun Minuten, nachdem sie den Erdboden verlassen hat, schlägt die 42 Meter lange erste Stufe 660 Kilometer östlich des Cape auf dem Atlantik auf. Zeugen gibt es keine. Minuten später sind die geborstenen Reste bereits bis auf den Grund des Weltmeeres hinabgesunken, wo sie auch vierzig Jahre später noch liegen, in über vier Kilometern Tiefe. Zumindest die massiven stählernen Triebwerke müssten den Aufprall überstanden haben. Dennoch wurde bis heute kein Versuch unternommen, Teile einer der zwölf geflogenen Saturn V zu bergen.

»*Ignition*«, meldet Armstrong jetzt knapp: die fünf J-2-Triebwerke der zweiten Stufe haben gezündet. Sie werden die Saturn auf atemberaubende 24 600 Stundenkilometer beschleunigen. Im Gegensatz zur ersten Stufe verbrennen die Triebwerke der oberen Stufen flüssigen Sauerstoff, auf minus 183 Grad C heruntergekühlt, und flüssigen (»kryogenen«) Wasserstoff, der sogar bei minus 253 Grad C gelagert werden muss, um nicht zu verdampfen. In der ersten Stufe kann diese hochexplosive und energiereichere Treibstoffkombination nicht verwendet werden, da die gegenüber Kerosin wesentlich geringere Dichte des flüssigen Wasserstoffs noch sehr viel größere Tanks und damit eine noch gigantischere Rakete erfordert hätte. Dreißig Sekunden nach der Zündung der zweiten Stufe fällt eine Zwischenstufe von der Rakete ab und kurz darauf hören die Männer in der Kapsel einen gedämpften Knall: das nun überflüssige Rettungssystem samt der äußeren Schutzhülle des Schiffs wird abgesprengt. Sonnenlicht flutet in die eben noch sarkophagdunkle Kapsel. Ebenfalls neun Minuten nach dem Start schalten die fünf Triebwerke der zweiten Stufe ab. Wie die erste Stufe S-IC fällt die S-II in den Ozean, zweitausend Kilometer vor der Küste Afrikas. Nachdem eine weitere Zwischenstufe von der Rakete abgesprengt ist, übernimmt jetzt das J-2-Einzeltriebwerk der dritten Stufe den Job. Sie bringt Apollo 11 innerhalb der nächsten zweieinhalb Minuten zur ersten Station der Reise – eine Umlaufbahn in 185 Kilometern Höhe über der Erde.

Apollo 11-Command Module Pilot Michael Collins in der »Columbia« auf dem Weg zum Mond.

Unter physikalischen Gesichtspunkten ist der Orbit um einen Himmelskörper nichts anderes als ein freier Fall. Entdeckt hat diese Zusammenhänge Isaac Newton im 17. Jahrhundert: der englische Naturforscher und Mathematiker schloss durch Gedankenexperimente auf die theoretische Möglichkeit einer Umlaufbahn: Schießt man eine Kanonenkugel auf einem Berggipfel horizontal ab, so kommt sie bei ausreichend hoher Anfangsgeschwindigkeit nicht mehr auf den Erdboden zurück, sondern fällt um die Erde herum, folgt der Krümmung der Erde immer weiter. Ein Raumschiff, das sich mit der richtigen Geschwindigkeit in einer Umlaufbahn bewegt, verfehlt ebenso beständig die Erde wie die Kanonenkugel in Newtons Gedankenexperiment. Zentrifugalkraft und Erdanziehung heben sich gegenseitig auf.

Nachdem sie eben, während ihres rasanten Aufstiegs, noch mit dem Mehrfachen ihres Körpergewichts in die Sitze gepresst wurden, erleben Armstrong, Aldrin und Collins jetzt das Gefühl, schwerelos zu sein. Obwohl in der Höhe ihrer Umlaufbahn noch weit über 90 Prozent der irdischen Gravitation auf das Raumschiff einwirken, fallen sie parallel zur Hülle ihres Schiffs und allen sie umgebenden Gegenständen um die Erde und können deshalb die Anziehungskraft der Erde nicht mehr spüren.

Während der nächsten eineinhalb Erdumläufe bereitet die Besatzung von Apollo 11 sich auf die *Trans Lunar Injection* (TLI) vor (so heißt der Einschuss in die Mondumlaufbahn im Jargon der NASA). Es ist der eigentliche Start in Richtung Mond. Auch dieses Manöver ist nur eine Variante der Newton'schen Kanonenkugel-Idee. Die Erdumlaufbahn ist jetzt der Berg, das Triebwerk der dritten Stufe entspricht dem Schwarzpulver in der Kanone. Der Trick dabei: Apollo muss im richtigen Augenblick »abgeschossen« werden. Das Raumschiff wird so stark beschleunigt, dass die kreisförmige Umlaufbahn um die Erde sich zu einer riesigen über die Bahn des Mondes hinausgehenden Ellipse weitet. Eine Umlaufbahn um die Erde bleibt sie.

Da sich die Umlaufbahn des Raumschiffs um die Erde mit dessen Beschleunigung so weitet, dass das Raumschiff bis zum Mond hinaus ins All gelangen kann, die Schwerkraft der Erde aber versucht, den Ausreißer zurückzuholen, ist das Resultat von TLI der Flug zu einem Punkt im All, an dem der Mond drei Tage später stehen wird. Wie wenn man ein Objekt an einem Gummiband hängend beschleunigt, wird sich das Schiff auf einer parabelförmigen Bahn von der Erde entfernen, deren höchster Punkt über eine halbe Million Kilometer entfernt ist. Lässt man den Mond (und natürlich die Anziehungskräfte der Sonne und der anderen Planeten) außer Acht, so wird das Raumschiff durch die sechsminütige Zündung aus der Erdumlaufbahn in den Weltraum geworfen, bis es unter dem Einfluss der irdischen Schwerkraft immer langsamer und langsamer wird und schließlich wieder zur Erde zurückfällt. Der »Flug« zum Mond ist also eher mit einem Steinwurf vergleichbar: reine Ballistik auf den Grundlagen von Newton und der Bahngesetze von Johannes Kepler, der ausgehend von Kopernikus als Erster verstanden hatte, dass die kürzeste Bahn zum Mond wegen der Eigenbewegung der beiden Himmelskörper gekrümmt sein muss. Nur dass der »Wurf« (aus noch zu erklärenden Gründen) eben nicht von der Oberfläche der Erde aus geschieht, sondern aus einer Parkbahn in 185 Kilometern Höhe.

Mathematiker der NASA (auf dem Höhepunkt des Apollo-Programms sitzen 400 von ihnen allein in Houston!) haben die Bahn zum Mond so berechnet, dass das Schiff am dritten Tag seiner Reise in das Schwerkraftfeld des Mondes gerät und von diesem regelrecht eingefangen wird. Wurde es bis zu diesem Punkt der Reise immer langsamer, so wird es jetzt, nachdem es die *Äquigravisphäre* (wo die Schwerkraft der Erde und des Mondes sich gegenseitig aufheben) passiert hat, wieder beschleunigen und dann immer schneller auf den Trabanten zustürzen, wenn die Schwerkraft des Mondes die Oberhand gewinnt.

Verschiedene ballistische Bahnen sind für den Flug zum Mond denkbar. Für die erste Reise zum Trabanten wurde die raffinierte Variante mit dem Namen *Free Return Trajectory* gewählt. Diese kann das Schiff allein mithilfe der Gravitation wieder zur Erde zurückbringen, sollte sein Antrieb versagen. Das Szenario: Das Raumschiff schießt mit hoher Geschwindigkeit am Mond vorbei, wird von dessen Gravitation abgelenkt und nach Erreichen des Scheitelpunkts der elliptischen

Bahn von selbst zur Erde zurückkehren. Diese Möglichkeit, ohne einen funktionierenden Antrieb wieder zur Erde zurück zu können, ist eine große psychologische Hilfe, aber auch eine echte Lebensversicherung für die Mondfahrer. Tatsächlich wird ihre große Stunde kommen – bei der Mission Apollo 13, in weniger als einem Jahr.

»*Apollo 11, this is Houston. You are Go for TLI, over*«, meldet das Kontrollzentrum zweieinhalb Stunden nach dem Start von Cape Kennedy. Alle Systeme im grünen Bereich, die Bahndaten stimmen, der Computer ist für die Zündung richtig programmiert. Michael Collins kann es Jahrzehnte später kaum fassen, dass der Aufbruch zu einem anderen Himmelskörper mit so profanem Technik-Slang eingeleitet wird. Keine feierliche Verabschiedung, kein Hinweis auf die Bedeutung dieser Reise, noch nicht einmal eine ergänzende Bemerkung. Aber so ist das Raumfahrtprogramm eben. Mit der Bedeutung dieses Moments, damit, dass Menschen eben zum ersten Mal zu einem fremden Himmelskörper aufbrechen, um auf ihm zu landen, hält sich keiner der Beteiligten auf. Collins selbst dürfte damals kaum aufgefallen sein, was er heute bemängelt. Was Apollo für die Menschheit bedeutet, darüber werden sich die Astronauten vor allem in den Jahrzehnten nach ihren Expeditionen ins All Gedanken machen, wenn sie bereits als lebende Legenden in den Geschichtsbüchern stehen. Das Feedback von außen wird den coolen Fliegern und Technikern langsam auch helfen, selbst zu verstehen, was die Mondflüge wirklich bedeuten, jenseits der Fokussierung auf die Triumphe der Technik und des Wettlaufs mit den Russen.

»*Go for TLI*«, damit ist alles gesagt, findet auch Armstrong, der wie gewohnt knapp und höflich antwortet: »*Apollo 11. Thank you.*« Apollo 11 befindet sich etwas südlich des Äquators, mitten über dem Pazifischen Ozean, als eine automatische Sequenz des Steuerungscomputers das Triebwerk zündet. Sechs Minuten lang feuert das J-2 und beschleunigt das Raumschiff. Das Triebwerk erlischt, als 39 000 Stundenkilometer erreicht sind, 10,8 Kilometer pro Sekunde. Damit hat Apollo

11 beinahe die sogenannte Fluchtgeschwindigkeit* der Erde erreicht. Unter dem Einfluss der irdischen Gravitation wird die Geschwindigkeit langsam wieder zurückgehen. Zweidreiviertel Stunden sind seit dem Start vom Cape vergangen, und wenn in neun Stunden die erste Kurskorrektur ansteht, werden Armstrong, Aldrin und Collins bereits über 105 000 Kilometer von der Erde entfernt sein.

Am Cape stehen Tausende von Autos immer noch Stoßstange an Stoßstange, Hunderttausende sind auf dem Weg zurück nach Hause oder in ihre Hotels. In den Bars, den Restaurants gibt es nur ein Thema. Für die Astronauten wird die Erde nun schnell kleiner. Jede Minute entfernen sie sich weitere 650 Kilometer. Der Globus schrumpft förmlich, bald ist er nur noch eine atemberaubend schöne, blau und weiß leuchtende Kugel. Die Schwärze des Weltraums ist so intensiv, dass er beinahe zu glänzen scheint, sagen manche Raumfahrer. Und das Raumschiff stürzt, so hat es James Lovell von Apollo 8 beschrieben, hinein in einen dunklen Tunnel, dessen Eingang zu einem immer kleineren weißen Fleck schrumpft.

Apollo 11 ist weniger als dreieinhalb Stunden unterwegs, als das wichtige *Transposition and Docking*-Manöver ansteht, neben der eigentlichen Landung das komplexeste der gesamten Unternehmung. Um Apollo 11 in die Konfiguration zu bringen, in der das Raumschiff in weniger als drei Tagen in eine Umlaufbahn um den Mond einschwenken soll, muss das Mutterschiff an die Mondfähre andocken, die mit gefalteten Landebeinen im oberen Teil der dritten Raketenstufe untergebracht ist. Mit ihr sollen in drei Tagen zwei der Männer auf der Mondoberfläche landen. Wie ein Forschungs-U-Boot, das sein Schiff verlässt, um den Meeresgrund zu erkunden, wird die Mondfähre dann wieder vom Hauptschiff ablegen. Zunächst aber

* Die Fluchtgeschwindigkeit der Erde beträgt 11,2 Kilometer pro Sekunde. Mit ihr könnte ein Raumschiff die Schwerkraft der Erde endgültig überwinden und in den freien Raum fliegen. Für einen Flug zum Mond muss dieser auch »Zweite kosmische Geschwindigkeit« genannte Wert nicht ganz erreicht werden.

müssen die beiden Schiffe gemeinsam die Umgebung des Mondes erreichen.

Während Apollo 11 mit hoher Geschwindigkeit in Richtung zum Mond fällt, löst sich das Mutterschiff von der dritten Stufe und gleichzeitig öffnet sich deren oberer Teil wie die vier Kelchblätter einer riesigen Blüte. Gleich darauf werden die großen Tore abgeworfen und entfernen sich in Zeitlupe von der Rakete. Während das Mutterschiff mit der Besatzung am vorderen Ende dieses seltsamen Balletts mithilfe seiner kleinen Steuerdüsen wendet und sich der Rakete dann wieder nähert, haben sich die vier Tore bereits so weit entfernt, dass keine Kollisionsgefahr mehr besteht. Gemeinsam steuern der Navigationscomputer und Mike Collins, sozusagen im Teamwork. Es sind kleine, präzise und hundertfach im Simulator geprobte Korrekturen. Mit seiner Spitze dockt das Schiff an die nun frei zugängliche insektenähnliche, silbern und golden glänzende Mondfähre an.

Kleine Sprengladungen lösen die mechanischen Verbindungen und starke Federn drücken die beiden aneinandergekoppelten Schiffe langsam von der ausgedienten Raketenstufe weg. Erst jetzt, als sie endgültig ihre Schuldigkeit getan hat, wird die dritte Raketenstufe S-IVB aufgegeben. Noch Jahrzehnte später wird sie, nachdem sie knapp den Mond verfehlt hat, alle 342 Tage einmal die Sonne umrunden. Vielleicht wird sie länger erhalten bleiben als die Exponate zur Raumfahrt der Pionierjahre in den technischen Museen auf der Erde? Vielleicht wird sie eines Tages sogar von einer zukünftigen Zivilisation geborgen, als Monument der Ära, in der der Mensch zum ersten Mal seine Heimat im All verließ?

Das Gespann aus Kommandomodul und Mondfähre aber ist nun endgültig auf dem Weg. Mit dem Haupttriebwerk auf den Mond gerichtet, also quasi rückwärts, setzen die beiden Schiffe ihre Reise fort. Für den freien Fall zum Mond spielt es keine Rolle, wohin die Spitze des Raumschiffs zeigt, aber das Haupttriebwerk ist so bereits in Stellung für die in drei Tagen geplante Bremszündung.

Deshalb sehen die Astronauten durch ihre bullaugenähnlichen Luken auch nicht den Mond, sondern die immer kleiner werdende Erde. Nur eine lange Zündung des Haupttriebwerks könnte den zweiteiligen 46-Tonner im Notfall jetzt noch auf direktem Weg zur Erde zurückbringen, alle anderen Bahnen führen zumindest einmal um den Mond. In 75 Stunden wird die Expedition den Einflussbereich des Mondes erreichen. Bis auf 2600 Stundenkilometer wird die Geschwindigkeit während der nächsten zweieinhalb Tage sinken und dann, wenn das Schiff die Äquigravisphäre durchquert hat, wird die Geschwindigkeit allmählich wieder zunehmen. Immer schneller wird Apollo 11 auf den Erdtrabanten zustürzen.
Am 29. April 1771 segelte Captain Cook mit seinem Schiff »Endeavour«, so ein Eintrag in seinem Logbuch, zwischen dem Kap der Guten Hoffnung und England in 24 Stunden 252 Kilometer weit. Charles Lindbergh überwand im Mai 1927 die 5800 Kilometer zwischen New York und Paris in 33,5 Stunden. »Columbia« und »Eagle«, so die Rufzeichen von Mutterschiff und Mondfähre von Apollo 11, werden zum Zeitpunkt der ersten Kurskorrektur nach 26 Stunden Flug bereits 202 000 Kilometer von der Erde entfernt sein, eine Strecke, die dem fünffachen Umfang der Erde entspricht.
Zusammen mit den Astronauten von Apollo 8 und Apollo 10, den beiden vorangegangenen Generalproben für diesen ersten Versuch der Mondlandung, gehören Armstrong, Aldrin und Collins jetzt zu einem exklusiven Club: den ersten Menschen, die die Erde als Kugel im Weltraum erblicken durften. Vom Ausguck seines Mastes sah ein Matrose der »Endeavour« in zehn oder elf Kilometern Entfernung die Horizontlinie. Die Crew von Apollo 11 aber sieht den gesamten Planeten Erde und vor allem auch die endlos weiten Meere, auf denen James Cook im 18. Jahrhundert einen großen Teil seines Lebens verbrachte. Genau 350 991 Kilometer war der Mond beim Start von der Erde entfernt. Der Zeitpunkt des Aufbruchs ist so berechnet, dass die Sonne zum Zeitpunkt der Landung im Meer der Ruhe optimale elf Grad über

dem Mondhorizont stehen wird, wenn die Reise genau nach Plan verläuft, und den Astronauten dann ideale Lichtverhältnisse für die Landung bietet. Weder wird ein zu hoch stehendes Zentralgestirn die Landschaft dann flach und konturlos erscheinen lassen und so das Schätzen der Höhe im Anflug erschweren, noch werden zu lange Schatten von Felsen, Kraterrändern und Bergen die Astronauten irritieren. In den kommenden drei Tagen wird der Mond auf seiner Bahn um die Erde zweieinhalb Millionen Kilometer weit vorangekommen sein. Dann werden sich sein Weg und die Bahn von Apollo 11 kreuzen.

## Das Feuer

*»Wenn wir sterben, dann wollen wir, dass die Leute das akzeptieren. Wir sind in einem gefährlichen Geschäft und wir hoffen, dass es keine Verzögerungen im Programm gibt, sollte uns etwas passieren. Die Eroberung des Weltraums ist es wert, sein Leben zu riskieren.«* Virgil »Gus« Grissom

**Cape Kennedy, Florida, 27. Januar 1967**

Die Astronauten Virgil Grissom, Roger Chaffee und Edward White, die Besatzung von AS-204 (so die offizielle Bezeichnung, bevor die Mission später in Apollo 1 umgetauft wird), machen sich für einen etwa fünfstündigen Routine-Bodentest bereit. Ihr Start ist für den 21. Februar vorgesehen. AS-204 ist als ein erster bemannter, erdnaher Test des Apollo-Mutterschiffs geplant, das den Mond umkreisen soll, während zwei Astronauten mit der Mondfähre zur Oberfläche hinabsteigen. Mit AS-201 bis AS-203 sind die wichtigsten Komponenten des *Command Module,* zum Beispiel Triebwerk und Hitzeschild, bereits im Jahr zuvor dreimal unbemannt getestet worden, außerdem wurden Hunderte von Bodentests durchgeführt.

Nur so können die Ingenieure, aber auch die Verantwortlichen der NASA in Washington sichergehen, dass die neu entwickelte Hardware für die Mondmission geeignet ist, und die ohnehin nicht völlig kalku-

lierbaren Risiken minimieren. Dass die Reise zum Mond riskant ist, darüber sind sich bei der NASA alle einig, auch die Astronauten. Die meisten von ihnen sind ehemalige Testpiloten und haben Erfahrung mit der gefährlichen Erprobung neuer Flugzeug-Prototypen. Gegen die Raketen und die Raumschiffe aber sind selbst die modernsten Flugzeuge dieser Zeit simple Geräte, und vor allem gibt es auf diesem Gebiet bereits einen enormen Erfahrungsschatz, während die Raumfahrt eben noch in den Kinderschuhen steckt.
Trotz einiger kleinerer Probleme scheint das Schiff nun ausgereift für einen ersten bemannten Flug. Das Command Module für AS-204 mit der Seriennummer 012 wird bereits im August 1966 am Startplatz in Florida angeliefert. In den kommenden Monaten muss es in vielen weiteren Tests seine Zuverlässigkeit unter Beweis stellen, bevor es kurz vor dem Flug auf die Spitze einer Saturn-IB-Rakete montiert wird, die es in eine Erdumlaufbahn bringen soll. CM012 bereitet von Anfang an Probleme: Bereits bei der Abnahme in Kalifornien entdeckt die NASA 113 Abweichungen von den vereinbarten Spezifikationen und auch nach der Auslieferung nehmen die Schwierigkeiten kein Ende. Mitte September ist die Fehlerliste, die zwischenzeitlich auf 80 Punkte geschrumpft war, wieder auf 152 Defekte angewachsen. Vor allem die Kommunikationssysteme, also der Sprechfunk, machen ständig Ärger. Später im Herbst reißt bei einem der Schwesterschiffe von CM012, das sich in Kalifornien bereits auf der Montagelinie befindet, ein Treibstofftank, also muss der Behälter aus Sicherheitsgründen auch bei AS-204 gewechselt werden. Obwohl Ingenieure und Techniker von August bis Januar in mehreren Schichten Tag für Tag durcharbeiten (die meisten von ihnen haben in diesem Zeitraum genau zwei freie Tage: Weihnachten und Neujahr), will die Serie von Pannen und technischen Schwierigkeiten nicht enden.
Während die NASA sich bemüht, die wichtigsten Konstruktions- und Materialfehler zu beseitigen, werden parallel dazu immer wieder Systeme geändert oder auf den technisch neuesten Stand gebracht – über

600 solcher technischen Updates und Änderungen gehen ein. Dennoch weist AS-204 weiterhin viele Schwächen auf: Eine technische Generalprobe am 30. Dezember 1966 führt zu der ernüchternden Feststellung, dass immer noch mindestens sechs schwerwiegende Fehlerkomplexe zu beheben sind. Erst im Januar 1967, nach weiteren Überprüfungen, auch in einer Höhenkammer, und weiteren Modifikationen gibt es grünes Licht für Apollo 1.

Hoch oben, an der Spitze des *Launch Umbilical Tower*, nur wenige Meter von den weißen Sandstränden Floridas entfernt, besteigen White, Chaffee und Grissom das Kommandomodul. Im »White Room«, wie die sterile letzte Schleuse am Einstieg in das Schiff genannt wird, zwängen sie sich, Füße voraus, in ihren dicken Raumanzügen durch die enge Luke. Kommandant Virgil Grissom ist 1967 mit zwei absolvierten Flügen bereits ein Raumfahrtveteran. 1961 war er mit Liberty Bell 7 zu einem kurzen suborbitalen Flug ins All gestartet und 1965, nachdem er bei der Entwicklung der zweisitzigen Gemini-Kapsel mitgeholfen hatte, mit Gemini 3 beim ersten bemannten Einsatz des Gemini-Programms im Orbit.

Grissom ist bereits 40 Jahre alt und trotz seines Enthusiasmus alles andere als überzeugt von der Qualität des Apollo-Schiffs. Die vergangenen Monate hat er sich unermüdlich für die konsequente Weiterentwicklung des Command Module eingesetzt und dabei viele seiner persönlichen Erfahrungen aus den Programmen Mercury und Gemini eingebracht. Trotz aller Rückschläge gilt er als extrem ehrgeizig und lässt wenig Zweifel daran, was sein Ziel als Astronaut ist: Als erster Mensch will er den Mond betreten. Für dieses Ziel arbeitet er unermüdlich – und ist an manchen Tagen dennoch extrem frustriert, vor allem über den technischen Stand von Apollo.

Einige Tage vor dem Routine-Bodentest hat er eine Zitrone an den Simulator des Command Module in Cape Kennedy gehängt, als ihm dessen notorische Unzuverlässigkeit auf die Nerven ging. Seine Ansicht über das neue Raumschiff selbst ist nicht viel positiver. Wann immer

Wenige Tage vor der Feuer-Katastrophe auf der Startrampe überreichte die Crew von Apollo 1 einem ihrer Vorgesetzten dieses Bild, das nur scheinbar scherzhaft gemeint war: Grissom, White und Chaffee machten sich ernsthafte Sorgen um die Sicherheit des Raumschiffs.

Probleme auftauchen, versucht der zweimalige Astronaut seine Erfahrungen mit den Mercury- und Gemini-Kapseln einzubringen, aber es scheint ihm, als wolle niemand auf ihn hören. Grissom kennt mittlerweile beinahe jedes Teil von CM012, jede Funktion seiner 88 komplexen Untersysteme und die richtige Stellung jedes der Hunderte von Schaltern auf dem Instrumentenbrett in jeder Phase des Fluges.

Auch beim heutigen Test wird Grissoms Geduld wieder auf die Probe gestellt. Als er um 13 Uhr in die Kapsel geklettert ist und seinen Raumanzug an die interne Sauerstoffversorgung des Schiffs angeschlossen hat, bemerkt er einen Geruch wie von saurer Milch. Was ist *heute* wieder defekt? Der Test wird zum ersten Mal unterbrochen. Die Techniker nehmen eine Probe des Sauerstoffs aus der betroffenen Leitung, sie soll im Labor analysiert werden, dann besprechen sie das Problem mit Grissom.

Erst eineinhalb Stunden nach dem Einsteigen liegen der Kommandant, White und Chaffee festgezurrt in der Kapsel. Die Techniker verschließen nun die drei Teile der Ein- und Ausstiegsluke hermetisch. Es ist ein Prozess, der mehrere Minuten dauert, da die inneren beiden Teile der Luke mit sechs Bolzen buchstäblich verschraubt werden. Die äußerste Klappe gehört zum *Boost Protective Cover* (BPC), dem dünnen Fiberglas-Schutzmantel um die Kapsel, der Teil des Rettungssystems ist und das Schiff im Notfall vor dem Feuerstrahl der Rettungsrakete schützen soll. Die Klappe dieser äußeren Schutzhülle wird heute nicht vollständig verschlossen, da für die Tests einige Kabel durch den Spalt hindurch zu Steckverbindungen an der Außenhülle der Kapsel geführt werden müssen.

Die heutige Simulation soll so realistisch wie möglich ablaufen, da sie eine der letzten Generalproben vor dem Start ist. Es ist ein sogenannter *Plugs-out-Test*, bei dem das Raumschiff unter Praxisbedingungen mehrere Stunden lang autonom, also nur mit seiner internen Stromversorgung, funktionieren muss. Dazu sind die meisten Verbindungen zum Startturm unterbrochen. Der Test gilt allgemein als unkritisch, niemand an der Startrampe und im nahe gelegenen Kontrollzentrum wittert eine Gefahr.

Der Innenraum der Kapsel wird jetzt mit reinem Sauerstoff geflutet. Um dieselben relativen Druckverhältnisse wie im Vakuum des Weltraums zu erreichen, muss der Kabinendruck für die Bodentests bis auf enorme 1150 Millibar erhöht werden.

Im All muss der Kabinendruck des Raumschiffs so niedrig wie möglich sein, da das Vakuum diesem Druck von innen keinerlei Widerstand entgegensetzt und so die Raumschiffhülle belastet wird. Eine reine Sauerstoffatmosphäre wird deshalb verwendet, weil sie durch niedrigere Drücke eine wesentlich leichtere Bauweise des Raumschiffs ermöglicht. Da der Sauerstoffanteil der irdischen Atmosphäre nur 21 Prozent beträgt, entfällt ein Fünftel des gesamten Luftdrucks auf Sauerstoff. Verwendet man umgekehrt nun ein Fünftel des typischen irdischen Luftdrucks von etwa 1000 Millibar, also 200 Millibar, so wird die Struktur des Raumschiffs weniger belastet, aber es werden 100 Prozent Sauerstoff benötigt, um die Aufnahme der von Menschen benötigten Sauerstoffmenge zu gewährleisten. Geflogen werden soll schließlich mit 350 Millibar Kabinendruck – eine Sicherheitsmaßnahme, um den Astronauten im Fall eines Druckverlustes während des Fluges ausreichend Zeit zu geben, ihre Raumanzüge anzulegen, bevor der Wert unter eine kritische Marke absinkt.

Dieser hohe Überdruck in den Raumschiffen bei den Bodentests aber birgt ein enormes Risiko, da die Neigung der Sauerstoff-Atmosphäre, sich zu entzünden, mit jedem Millibar Druckanstieg wächst. Außerdem brennen unter diesen Verhältnissen sogar Materialien, die sich sonst nur schwer entzünden lassen. Dass der Test deshalb enorm riskant ist, scheint bei all dem technischen Aufwand, der für das Mondprogramm getrieben wird, keinem der Verantwortlichen so wirklich klar zu sein. An alles hat man gedacht, jedes Detail tausendfach überlegt, infrage gestellt und geprüft, so Mondastronaut Collins beinahe 40 Jahre später, doch das enorme Risiko der Sauerstoff-Atmosphäre bei den Bodentests scheint vollkommen übersehen – oder aber verdrängt worden zu sein.
Die nächsten drei Stunden geht der simulierte Countdown weiter wie vorgesehen. System für System wird von den Astronauten und der Bodenkontrolle geprüft. Es ist eine endlose und im Grunde langweilige technische Routine. Dann der nächste Defekt: Die Sprechfunkverbindung zwischen Kapsel und Leitstelle ist gestört. Wieder muss der Test unterbrochen und der Fehler gefunden werden, bevor es weitergehen kann. Die Techniker stellen fest, dass eines der Mikrofone im Raumschiff in eingeschalteter Stellung hängen geblieben ist und nun den Funk stört. Die Crew ist um diese Zeit bereits ziemlich genervt von den ständigen Unterbrechungen, und irgendwann reicht es Grissom. Er fährt Stuart Roosa, den jungen Astronauten, der im Kontrollraum als *CapCom** Dienst hat, an: »*Jesus Christ, ich verstehe kein Wort, von dem, was du sagst! Ich meine … wie sollen wir zum Mond fliegen, wenn wir uns nicht einmal zwischen zwei, drei Gebäuden verständigen können?*«
Um halb sieben Uhr abends wird die Arbeit fortgesetzt. Über dem Marschland des Cape bricht die Dämmerung herein, die Rakete auf der

* Der sogenannte Capsule Communicator ist der Einzige, der während einer Mission direkt mit der Crew spricht.

Startrampe ist jetzt in gleißendes Scheinwerferlicht getaucht. Die drei Astronauten liegen im Dunkeln, umgeben von blinkenden Anzeigen und Kontroll-Lampen, da die äußere Schutzhülle alle Luken bis auf das winzige Fenster in der Einstiegsklappe abdeckt. Der Test hätte um diese Zeit bereits beendet sein sollen. Apollo 1 ist, wie bei einem echten Start, die ganze Zeit über elektrisch autonom. Während die Arbeiten weitergehen, suchen die Techniker immer noch fieberhaft nach der Ursache für das Kommunikationsproblem. Dann, bei »T minus 10«, also zehn Minuten vor dem simulierten Start der Rakete, unterbricht der Testdirektor den Countdown abermals. Wieder vergehen zehn Minuten, elf …

Dann, ganz plötzlich, eine Stimme am Funk, wahrscheinlich ist es Chaffee. Er sagt es fast beiläufig: »*… Feuer, ich rieche Feuer.*« Dann ist White zu hören, eindringlich: »*Wir haben ein Feuer im Cockpit!*« Die Männer im Kontrollraum, unter ihnen Deke Slayton, Chefastronaut der NASA und verantwortlich für die Auswahl der Crews, schrecken von ihren Konsolen auf. Auf einem Monitor sehen sie schemenhaft, wie einer der Astronauten, bereits von Flammen und Rauch eingehüllt, seine Arme nach hinten in Richtung der Verriegelung der Luke streckt, offenbar verzweifelt versucht, die Verschraubung zu lösen. Auch im Kontrollraum schreit jetzt jemand, fast hysterisch: »*Ein Feuer im Raumschiff!*« Dann sind auch Grissoms Arme für einen Moment hinter der Luke zu sehen, anscheinend will er White helfen, die Verriegelung zu lösen.

Mindestens 90 Sekunden dauert es, mindestens, so haben Tests ergeben, die Luke von innen zu öffnen. Das mehrfach geübte Notmanöver zur Evakuierung der Kapsel sieht vor, dass der in der Mitte genau unter der Luke liegende Astronaut – also White – mit einer Ratsche die Verschraubungen löst, nachdem der links neben ihm liegende Grissom die Kopfstütze von Whites Sitz entfernt hat. Im Training schafft es die Crew kein einziges Mal, die Luke in der Bestzeit von eineinhalb Minuten zu lösen. Während White versucht, die Luke zu öffnen, schaltet

Chaffee, so wie es in der Checkliste für den Notfall festgelegt ist, die Kabinenbeleuchtung ein, um die Sichtverhältnisse zu verbessern. Draußen auf dem Startturm rennen die Techniker zurück zur Einstiegsschleuse, aber bereits 15 Sekunden nach dem ersten Anzeichen für ein Feuer, bevor irgendjemand die Chance hat, die Kapsel zu erreichen oder gar zu öffnen, birst diese durch den extrem angestiegenen Druck im Inneren. Sofort füllt dichter, schwarzer Rauch den gesamten Raum der Schleuse und behindert die Helfer. Flammen, hell wie von einem Schweißbrenner, schlagen aus dem Schiff. Instinktiv flüchten einige der Männer aus dem Gefahrenbereich, auch weil jedem eine tödliche Gefahr bewusst ist: Der Treibstoff der Rettungsrakete oben auf der Kapsel könnte durch die enorme Hitze zur Explosion gebracht werden.
Die Saturn selbst ist für den Test nicht betankt worden, aber eine Explosion der Rettungsrakete wäre fatal für die Menschen oben auf der Startrampe. Eine Schrecksekunde nach dem lauten Platzen der Kapsel kommen einige von ihnen mit Handfeuerlöschern zurück. Die Hitze ist so groß, dass sie sich dem Raumschiff kaum nähern können. Dennoch versuchen sie es immer wieder für einige Sekunden, bemühen sich verzweifelt, die Luke zu öffnen und die drei Männer rauszuholen. 15 Sekunden nach dem Ausbruch des Feuers hören die Verantwortlichen im Kontrollzentrum letzte verzweifelte Funksprüche aus der Kapsel, sie sind so gut wie unverständlich. Später werden die Schreie als *»Raus hier! … Mach sie auf! … Wir verbrennen!«* interpretiert. Dann das letzte menschliche Geräusch aus der Kapsel, ein Schmerzensschrei. Danach ist kein Geräusch mehr zu hören.
Von all dem bekommen die Helfer in dem Chaos hoch oben auf der Startrampe wenig mit. Mit ihren unbrauchbaren Gasmasken, die nicht für den Einsatz in Rauch und Feuer, sondern als Schutz vor giftigen Gasen konzipiert sind, schaffen sie es mit den Handlöschern schließlich, die Flammen im Bereich der Luke zu ersticken, die äußere Klappe der Schutzhülle zu entfernen und sogar die mittlere Tür zu öffnen. Die innerste der drei Klappen aber ist glühend heiß, und es dauert beinahe

fünf Minuten, bis auch diese sich einen Spalt öffnen lässt. Fünf Minuten nach dem Ausbruch des Feuers trifft die Feuerwehr oben auf dem Startturm ein. Das Feuer in der Kapsel ist mittlerweile erstickt, nur einige kleinere Brände auf der Startrampe sind noch zu löschen. Den Astronauten aber kann niemand mehr helfen, es ist zu spät. Grissom, White und Chaffee sind tot. Als die Schläuche der Sauerstoffzufuhr ihrer Anzüge geschmolzen sind und giftiges Kohlenmonoxid in ihre Anzüge eindringen konnte, müssen sie innerhalb von Sekunden das Bewusstsein verloren haben und sehr schnell gestorben sein.

Die ersten Retter, die in die ausgebrannte Kapsel von Apollo 1 blicken, können die Crew nicht sehen. Noch immer füllt dichter schwarzer Rauch die Kapsel, das Innere ist nur noch ein Gewirr aus Drähten und geschmolzenen Ausrüstungsgegenständen. Alles ist rußschwarz, die toten Männer nicht von der verschmorten Umgebung zu unterscheiden. Am Instrumentenbrett blinken noch immer Warnleuchten. Erst als sich der Rauch weitgehend verzogen hat, sind die Männer in der Kapsel auszumachen. White auf seinem Platz direkt unter der Luke. Das Schloss seiner verbrannten Gurte ist noch immer verriegelt. Er hat, so wird man später feststellen, das Werkzeug zum Öffnen der Luke nicht einmal eine vollständige Umdrehung bewegen können, bevor er das Bewusstsein verlor. Chaffee liegt neben White auf seinem Platz, Grissoms Körper findet man in dem Hohlraum unter Whites Sitz, er hat offenbar versucht, dem Feuer zu entkommen.

Gus Grissom wäre 1961 bei der Wasserung seiner Mercury-Kapsel beinahe ertrunken, weil die Luke durch einen Fehler vorzeitig abgesprengt worden war, und nun ist er in der Kommandokapsel von Apollo 1 wegen einer Luke, die sich nicht öffnen ließ, qualvoll erstickt. Einer der Gründe, warum die NASA das Öffnen der Kapsel von innen mehrfach abgesichert und damit stark erschwert hat, sind die zur Zeit von Apollo immer noch kursierenden Gerüchte, Grissom selbst habe in Panik die Luke der Liberty Bell 7 voreilig abgesprengt. Grissom wird später rehabilitiert, aber es spricht einiges dafür, dass sein Unfall im

Mercury-Programm ihn später auf diesem Umweg das Leben kostete. Erst gegen ein Uhr nachts gelingt es, die tote Besatzung aus der Kapsel zu bergen und in eine provisorische Leichenhalle zu bringen. Die Raumanzüge konnten die Flammen teilweise abhalten, dennoch ist Grissoms Anzug (auf seiner Seite der Kabine ist das Feuer ausgebrochen) zu über 70 Prozent verbrannt. Die beiden anderen Astronauten hatten weniger direkten Kontakt mit den Flammen.

1500 Kilometer von Cape Kennedy entfernt, im *Manned Spacecraft Center,* dem Hauptquartier der Astronauten an der Peripherie Houstons, ist an diesem späten Freitagnachmittag nur ein Astronaut anwesend: Alan Bean ist mit der Planung der ersten amerikanischen Raumstation betraut, einem Projekt, das noch weit in der Ferne liegt und erst nach der erfolgreichen Durchführung der Mondmissionen so richtig anlaufen wird. Dass im entfernten Florida an diesem Freitag ein Test für AS-204 durchgeführt werden soll, davon hat er gehört, aber es betrifft ihn nicht weiter. Dann kommt ein Anruf von der Ostküste. Ein Mitglied des Startteams teilt ihm mit: »*Wir haben die Crew verloren.*« Der Anrufer redet herum, drückt sich zweideutig aus, und Bean versteht nicht gleich, was dieser meint: »*Verloren?*«, fragt er nach. »*Ja, wo sind sie denn hingegangen?*«

So wie Bean geht es den meisten seiner Kollegen: Es dauert lange, bis die selbstbewussten Angestellten der Behörde fassen können, was geschehen ist. Noch hat es im gesamten Raumfahrtprogramm der USA keinen einzigen Verlust an Menschenleben gegeben. Die NASA, das ganze Land, ist im Schockzustand. Niemand hat damit gerechnet, dass das Abenteuer Apollo schon vor dem ersten bemannten Start das Leben von Astronauten kosten könnte. Ob das Wissen um einen tödlichen Unfall im sowjetischen Raumfahrtprogramm den Unfall verhindern hätte können? Darüber wird noch heute spekuliert. Im März 1961 war bereits der Kosmonaut Walentin Bondarenko ums Leben gekommen, nachdem er in einer mit reinem Sauerstoff gefüllten Testkammer einen alkoholgetränkten Wattebausch auf eine Heizspirale fallen ließ und durch das so entstandene Feuer tödliche Verbrennungen erlitt. Während des Kalten Krieges hielt die Sowjetunion den Unfall über 20 Jahre lang geheim. Welche Konsequenzen wird das Feuer von AS-204 auf das Mondprogramm haben? Ist Kennedys Vision überhaupt noch haltbar? NASA-Chef Webb setzt eine Untersuchungskommission ein, die herausfinden soll, was bei »Apollo 1« (nachträglich ändert die NASA auf Wunsch der Angehörigen der Toten die Zählweise des Programms) schiefgelaufen ist. Eines der leitenden Mitglieder dieser Kommission ist der Astronaut Frank Borman, der 1965 mit Gemini 7 bereits vierzehn Tage im All war und für seine unerschütterliche Disziplin und Präzision bekannt ist. Weniger als zwei Jahre später wird Borman als Kommandant von Apollo 8 zu den ersten drei Menschen gehören, die den Mond aus der Nähe sehen. Einen Tag nach dem Unglück klettert er in das verkohlte Raumschiff, um die Stellung jedes Schalters zum Zeitpunkt der Katastrophe zu dokumentieren. Dann wird die Kapsel von der Spitze der unbeschädigt gebliebenen Saturn-Rakete geholt und in eine nahe gelegene Halle gebracht, wo die exakte Untersuchung stattfinden soll.

Das ausgebrannte Command Module »012« von Apollo 1, einen Tag nach dem Feuer. Ausgelöst wurde der Brand wahrscheinlich durch einen Kurzschluss in der Verkabelung.

Mit chirurgischer Präzision wird CM012 in seine vielen Tausend Einzelteile zerlegt, als Referenz wird die bereits fertiggestellte Kapsel CM014 vom Hersteller geholt. Über Wochen werden die baugleichen Raumschiffe nebeneinander Schritt für Schritt zerlegt, jedes Bauteil und die Qualität seiner Installation verglichen, dokumentiert, bewertet und auf Sicherheitsaspekte hin überprüft. Über 5000 Fotografien werden gemacht, jedes Teil penibel untersucht. Die Arbeiten finden unter einem enormen Zeitdruck statt, schließlich ist das Apollo-Programm jetzt weitgehend zum Stillstand gekommen. Die Techniker arbeiten in zwei Achtstunden-Schichten, sechs Tage die Woche. Erst am 27. März 1967, exakt zwei Monate nach dem Tod der Astronauten von Apollo 1, ist das Zerlegen der Kapsel beendet.
Jetzt geht es darum, das Raumschiff so zu verbessern, dass man einen ersten bemannten Flug damit verantworten kann. Ein makabres Foto, von der Apollo-1-Crew nur bedingt scherzhaft gemeint, erinnert jeden Beteiligten an das Desaster: Es zeigt Grissom, White und Chaffee mit geschlossenen Augen betend an einem Tisch um das Modell der Kommandokapsel sitzen: ein drastischer, aber letztendlich vergeblicher Appell der Piloten an die Techniker, das Schiff sicher zu machen. Nun, da die drei Männer ihr Leben gelassen haben, erwacht die NASA aus ihrem Dornröschenschlaf. Alles wird getan, um das Risiko so gut es geht zu begrenzen. Bevor ihr Raumschiff die Erde auch nur zu einem ersten Flugtest in wenigen Hundert Kilometern Höhe verlassen hat, sind bereits drei der hoffnungsvollsten Mondfahrer ums Leben gekommen.
Manch einem in der Raumfahrtbehörde muss es in diesem Augenblick wie eine Wahnsinnsidee vorkommen, nur zwei Jahre nach dieser Katastrophe mit einer Mondfähre, die bis jetzt nur wenige Eingeweihte zu sehen bekommen haben, auf dem Erdtrabanten landen zu wollen. Wäre Apollo nach den Sicherheitskriterien späterer Raumflüge, wie etwa des Space Shuttle-Programms, abgelaufen, wären der durch John F. Kennedy aufgebaute emotionale Druck und die politische Bedeutung

des »*Space Race*« gegen die Sowjets nicht so enorm gewesen – das Programm hätte sich um Jahre verzögert!
Die eingesetzte Untersuchungskommission stellt eine ganze Reihe kritischer konstruktiver Fehler fest. Astronaut Frank Borman soll dafür sorgen, dass sämtliche aufgedeckten Mängel bei der komplett überarbeiteten neuen Version des Raumschiffs (interne Bezeichnung: Block II) behoben sind. Die genaue Ursache des Brandes wird nie festgestellt werden. Es ist aber klar, dass das Feuer durch das Versagen eines elektrischen Systems ausgelöst wurde, und auch die Stelle des Brandausbruchs wird lokalisiert: links neben Grissoms Sitz. Die durchgescheuerte Isolierung eines Teflon-Kabels, brennbare getrocknete Rückstände eines aus lecken Rohren austretenden Kühlmittels, schlampig verlegte Kabel (in einem Kabelstrang wird sogar die vergessene Nuss eines Steckschlüssel-Werkzeugs entdeckt) und eine große Menge hoch brennbaren Materials in der Kabine haben eine unheilvolle Melange von Risikofaktoren ergeben.
Hersteller des Raumschiffs und Raumfahrtbehörde schieben sich eine Zeit lang gegenseitig die Verantwortung für das Unglück zu. Die NASA reklamiert den schlampig ausgeführten Bau des Raumschiffs, North American beruft sich auf die unablässigen Änderungswünsche von Beamten und Astronauten, die zu chaotischen Verhältnissen und der Notwendigkeit vieler Improvisationen geführt haben. Schließlich kristallisiert sich heraus, dass viele Ebenen versagt haben und eine ganze Reihe von Nachlässigkeiten und Konstruktionsmängeln ursächlich für den Ausbruch des Feuers und den Tod der drei Männer verantwortlich sind. Klar ist auch, dass die Qualitätssicherung komplett versagt hat und die Sicherheitsrichtlinien viel zu lasch ausgelegt oder einfach nicht befolgt wurden.
Selbst die Anzüge der Besatzung, zu diesem Zeitpunkt sind es noch weiterentwickelte Druckanzüge für Piloten der US-Luftwaffe, sind aus leicht entflammbarem Nylon, einem Material, das heute nicht einmal mehr für Fußmatten in Autos verwendet werden darf. Dass

beim Plugs-out-Test von Apollo 1 noch nicht einmal die Feuerwehr an der Startrampe bereitstand, ist ein Zeichen für die völlig falsche Einschätzung des Tests als risikolose Routineübung, aber auch für die extrem leichtsinnige Handhabung bestehender Vorschriften.

Die Checklisten des Raumschiffs, jede ein dicker Stapel Papier von einem halben Kilogramm Masse, sind aus normalem Papier (es wird ein deutsches Traditionsunternehmen, die Papierfabrik Scheufelen Lenningen aus Baden-Württemberg, sein, das für die späteren Flüge ein schwer entflammbares Spezialpapier entwickelt). Jede Menge leicht entflammbares Klettband, zehnmal so viel, wie vom Hersteller genehmigt, wird zur Sicherung von Ausrüstungsgegenständen verwendet.

Insgesamt befinden sich in der engen Kapsel, so stellt die Kommission fest, beinahe 30 Kilogramm leicht entflammbaren Materials – und das in der extrem brandgefährlichen Kabinenatmosphäre aus hundertprozentigem Sauerstoff. Darunter sind Netze aus Nylon und Schaumstoffblöcke, die während der Bodentests empfindliche Geräte an Bord schützen sollen. Zusätzlich listet die Kommission 1407 Fehler allein in der Verkabelung des Schiffes auf. Den Astronauten selbst ist nicht entgangen, wie schlampig die Installation der Kabel teilweise ist – aber selbst Grissom setzt sich nicht zur Wehr. »*Die feuern mich, wenn ich etwas sage*«, vertraut er seinem Kollegen John Young an, als dieser ihn auffordert, etwas zu unternehmen.

Zur tödlichen Falle wird das Raumschiff schließlich durch die im Notfall nicht schnell genug zu öffnende dreiteilige Luke. Ihr Design wird, neben Hunderten von kleineren Details, einer der wesentlichen Kritikpunkte der Kommission. Die gesamte Klappe wird von Grund auf neu entwickelt. Da die Luke von Apollo 1 nach innen öffnet – sie ist so konstruiert, damit sie bei Überdruck im Innern das Raumschiff absolut hermetisch versiegelt –, hätte Astronaut White ohnehin keine Chance gehabt, sie zu öffnen, selbst wenn es ihm gelungen wäre, die aufwendige Verschraubung zu lösen.

Alle neuen Apollo-Raumschiffe werden deshalb mit einer einteiligen neuen Klappe ausgestattet sein, die nach außen schwenkt und sich innerhalb weniger Sekunden von innen, aber auch von außen öffnen lässt. Bei Bodentests wird darüber hinaus auf die riskante reine Sauerstoffatmosphäre verzichtet, zum Einsatz kommt fortan eine Mischung aus Stickstoff und Sauerstoff, die weniger leicht entflammbar ist. »*In Bezug auf das Vermeiden einiger Risiken waren wir unglaublich intelligent, aber die Sache mit den hundert Prozent Sauerstoff in der Kabine hatten wir nicht wirklich durchdacht*«, erklärt Michael Collins beinahe 40 Jahre später in der Kino-Dokumentation »*In the Shadow of the Moon*«.

## Apollo aus der Asche

### 1967–1968: Apollo 4, Apollo 5, Apollo 6 und Apollo 7

Die Apollo 1-Katastrophe verzögert den ersten bemannten Einsatz des neuen Raumschiffes um mehr als eineinhalb Jahre. Erst im Oktober 1968 wird die vollkommen überarbeitete neue Version des Apollo Command Module zum ersten Mal mit Menschen ins All fliegen.

Bis es so weit ist, führt die NASA mehrere unbemannte Flüge von Trägerrakete und Raumschiff durch. Apollo 4, 5 und 6 (die Bezeichnungen sind durch die nachträgliche Umbenennung von AS-204 in Apollo 1 inkonsistent) fliegen ohne Besatzung ins All.

Jetzt soll auch zum ersten Mal die neue Saturn V-Rakete für den Mondflug starten. Die »V« ist das Denkmal, das sich der deutsche Raketenwissenschaftler Wernher von Braun zu Lebzeiten setzt. Im Deutschland der späten 60er-Jahre erwecken die Medien zudem oft den Eindruck, von Braun sei damit der alleinige geistige Vater des gesamten Apollo-Projekts. 1969 wird die Illustrierte »*Bunte*« von Braun als »Schöpfer der Mondrakete«, als »Menschen, der nach den Sternen greift« und als »berühmtesten Deutschen seiner Zeit« bezeichnen und devote Interviews abdrucken: »Herr Doktor von Braun, wie ist das, wenn man so berühmt ist?«

Vom Konzentrationslager Dora-Mittelbau, wo während des Krieges mindestens 12 000 Häftlinge bei der Montage von 3000 V-2-Raketen ums Leben kamen, von der menschenunwürdigen Behandlung der Arbeitssklaven und von den mindestens 8000 Menschen in London und Antwerpen, die durch V-2-Angriffe ihr Leben verloren, war in diesen Interviews und Artikeln nicht die Rede.

Von Braun bleibt bis heute eine facettenreiche, zweideutige Gestalt: So ist neben seinem Wissen um die Zwangsarbeit in der V-2-Produktion auch belegt, dass er selbst 1944 von der Gestapo verhaftet wurde, angeblich wegen des Vorwurfs des Verrats und der Wehrkraftzersetzung. Die nationalsozialistische Führung schien ihm übel genommen zu haben, dass er sich im Grunde doch mehr für den Weltraum als für das Gewinnen des Krieges interessierte. Zwei Jahrzehnte später jedenfalls versetzt der »deutsche Raketendoktor« Amerika in einen regelrechten Begeisterungstaumel, sodass es noch Jahrzehnte dauern wird, bis von Brauns Verstrickung in die dunkelste Phase der deutschen Geschichte publik wird. Klar ist, dass die USA das Rennen zum Mond wahrscheinlich nicht ohne den deutschen Techniker gewinnen können, der, wenn schon nicht als Vater der Mondlandung, so doch als genialer Konstrukteur hinter der Entwicklung der Saturn V-Rakete steht. Auch in den USA hat von Braun zunächst Raketen für den Transport von Bomben gebaut, nachdem die Amerikaner ihn und sein gesamtes Spezialistenteam nach Kriegsende auf dem kleinen Dienstweg in die USA gebracht und ihm wegen seines technischen Know-how eine Anklage als Kriegsverbrecher erspart haben. Wie die Amerikaner haben auch die Sowjets nach dem Krieg führende deutsche Raketenwissenschaftler in ihr Land deportiert, aber die Amerikaner, so ein zeitgenössisches Bonmot, haben eben die »besseren Deutschen«. Über eine lange Reihe militärischer Raketen gehen aus der V-2 schließlich die ersten Weltraumraketen hervor. Und auch die Flüssigtreibstoffrakete

Ein Bild, das die wahren Ausmaße der Saturn V-Trägerrakete zeigt. Raketenpionier Wernher von Braun unter den F-1-Triebwerken der ersten Stufe. Jeder der fünf Raketenmotoren ist sechs Meter lang, beinahe neun Tonnen schwer und verbraucht über zweieinhalb Tonnen Treibstoff pro Sekunde.

Saturn V ist eine späte Nachfahrin der deutschen Vergeltungswaffe aus dem Zweiten Weltkrieg.

Als Apollo 4 hebt am 9. November 1967 erstmals das größte jemals gebaute Fluggerät ohne Probleme von Cape Kennedy ab. Es trägt eine unbemannte Apollo-Kapsel in den Weltraum, die acht Stunden später im Atlantik wassert, nur etwa 16 Kilometer von der geplanten Landestelle.

Bereits beim nächsten Flug (wieder mit der etwas kleineren 1B-Version der Saturn-Rakete) kommt erstmals eine der Mondfähren zum Einsatz. Auch Apollo 5 ist ein unbemannter Testflug, dieses Mal aber wird, wenn auch mit acht Monaten Verzögerung, die erste echte Mondfähre LM-1 ins All geschossen. Nach einer Vielzahl von Verzögerungen und Pannen muss sie nun ihre Weltraumtauglichkeit unter Beweis stellen.

Der 15-Tonner besteht seinen ersten Flug ohne größere Probleme. Triebwerke und Steuerung werden erfolgreich getestet, lediglich ein kleineres Softwareproblem müssen die Ingenieure auf der Erde meistern. Der Computer des Abstiegstriebwerks (also des Triebwerks, das den Fall zur Mondoberfläche bei der späteren Landung bremsen soll) bricht eine Testzündung durch einen Programmierfehler vorzeitig ab. Apollo 5 ist der ersehnte wichtige Erfolg. Sogar die Trennung der beiden Stufen der Mondfähre wird simuliert, und nach Abschluss aller Tests überlässt man die Mondfähre ihrem Schicksal im Erdorbit. Drei Wochen nach dem Start ist die zweiteilige Fähre in der Erdatmosphäre verglüht.

Nach dem Desaster von Apollo 1 gewinnt die NASA jetzt wieder an Selbstvertrauen, langsam rückt der Mond näher. Noch einen weiteren unbemannten Flug will sie durchführen, bevor das Programm mit den bemannten Flügen in seine heißeste Phase übergehen soll. Apollo 6 wird zum ersten Mal sowohl das Mutterschiff als auch eine Mondfähre ins All bringen.

Für Apollo 6 kommt wieder die gigantische Fullsize-Mondrakete zum Einsatz, schließlich beträgt die Nutzlast bei diesem Flug über 36 Tonnen, obwohl sie sogar noch mehrere Tonnen unterhalb der für die Landung geplanten Werte liegt, da die beförderte Mondfähre kein funktionstüchtiges Exemplar, sondern ein reiner »Dummy« ist. Vor allem die Rakete selbst soll noch einmal gründlich getestet werden, aber auch die Systeme für den Wiedereintritt des Kommandomoduls in die Atmosphäre.

Anders als beim nahezu perfekten Flug von Apollo 5 gibt es diesmal bereits zu Beginn der Mission Probleme. So beginnt die Saturn V zwei Minuten nach dem Start extrem zu vibrieren. Der von Raketenwissenschaftlern gefürchtete Pogo-Effekt wird durch geringfügige Schubschwankungen der Triebwerke ausgelöst (die ihre Ursache wiederum in der Struktur der Rakete haben) und versetzt den Körper der Rakete unter bestimmten Bedingungen in so starke Schwingungen, dass dieser unter der Last zerbrechen kann. Dieses Mal hat die NASA Glück, denn obwohl die gefährliche Resonanzschwingung eine halbe Minute lang andauert und sogar mehrere Teile von der Rakete abfallen, bleibt ihre Struktur intakt.

Kurz darauf macht die zweite Stufe Ärger, zwei ihrer fünf J-2-Triebwerke fallen aus, nachdem mindestens eine Versorgungsleitung – wahrscheinlich bedingt durch die Vibrationen – gerissen ist. Um den Orbit doch noch zu erreichen, lässt man die bei-

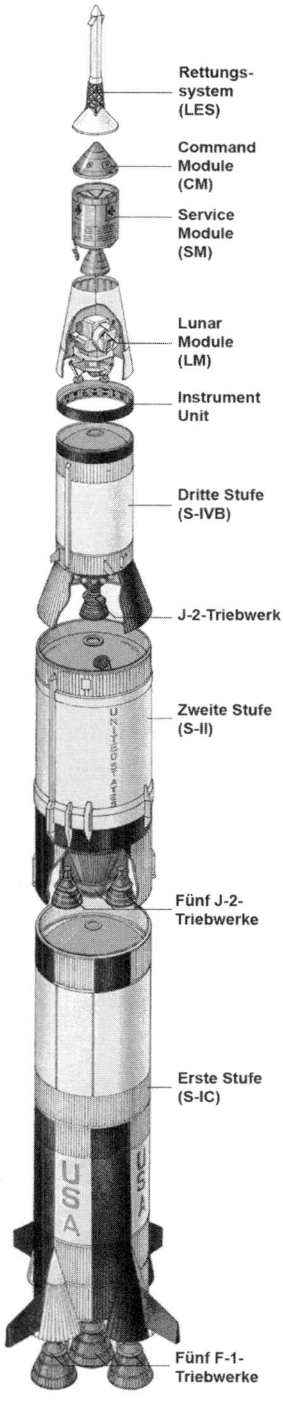


Der Aufbau der Mondrakete: Drei Stufen mit insgesamt 11 Triebwerken. Die Mondfähre ist in einem Adapter oberhalb der dritten Stufe untergebracht, aus dem sie während der Reise zum Mond geholt und am Mutterschiff angekoppelt wird.

den verbliebenen Motoren eine Minute länger laufen. Das Manöver klappt, auch wenn die resultierende Umlaufbahn ganz anders aussieht als geplant. Anstelle eines nahezu kreisrunden Orbits von etwa 160 Kilometern Höhe ist Apollo 6 nun in einer Ellipse, deren Höhe zwischen 178 und 367 Kilometern schwankt. Als Nächstes soll der TLI, also der Einschuss in die Mondbahn, versucht werden. Auch dieser Test misslingt, da das Triebwerk der dritten Stufe ebenfalls versagt. Abermals wird der Flugplan geändert und statt der simulierten Bahn zum Mond wird mithilfe des verbliebenen Haupttriebwerks des Apollo-Raumschiffs ein 22 000 Kilometer hoher Orbit erreicht. Nur neun Stunden nach dem Start landet die unbemannte Kapsel von Apollo 6 etwa 80 Kilometer von der geplanten Landestelle im Pazifischen Ozean. Der Flug ist kein durchschlagender Erfolg und wird auch in der Öffentlichkeit wenig wahrgenommen, was an einem Ereignis größerer historischer Tragweite liegt: In Memphis im US-Bundesstaat Tennessee wird am selben Tag der wichtigste Protagonist der amerikanischen Bürgerrechtsbewegung, Martin Luther King, erschossen. Wenige Kilometer von Kings Grab ist das Kommandomodul von Apollo 6 heute in einer wissenschaftlichen Lehranstalt ausgestellt.

Sechseinhalb Monate nach dem Flug von Apollo 6 wird es ernst, denn am 11. Oktober 1968 findet mit Apollo 7 der erste Flug eines Apollo-Raumschiffs mit Menschen an Bord statt, 21 Monate nach der Tragödie von Apollo 1. Apollo 7 wird die elftägige Bewährungsprobe der mittlerweile vollständig überarbeiteten Kommandokapsel und muss endgültig beweisen, dass das Mondschiff für die weite Reise auch tauglich ist.

Die gesamte Hardware funktioniert perfekt – nur die Astronauten fühlen sich während der elf Tage in der engen Kapsel zunehmend unwohl. Kommandant Walter Schirra, bei seinem dritten Start bereits einer der Veteranen des Raumflugs (und der Einzige, der sowohl mit Mercury als auch mit Gemini und Apollo im All war), bekommt eine starke Erkältung und wird zeitweise unausstehlich. Auch seine beiden Kollegen Donn Eisele und Walter Cunningham reagieren oft mürrisch und ungehalten auf Anweisungen der Bodenkontrolle. Zeitweise eskaliert der Streit beinahe – etwa als die Raumfahrer, durch Enge, Unwohlsein und »*das miese Essen*« entnervt, eine Fernsehübertragung aus dem Cockpit verweigern.

Fernsehkameras an Bord sind bereits seit Jahren das Thema von Auseinandersetzungen. Während die PR-Manager der NASA auf den TV-Übertragungen bestehen, wohl wissend, welche Bedeutung selbst verschwommene Schwarz-Weiß-Bilder aus dem All für die Akzeptanz des sündhaft teuren Apollo-Programms bei den amerikanischen Steuerzahlern haben, sind die Ingenieure skeptisch: Mühsam haben sie Raumschiff und lebensnotwendiges Equipment bis auf die Grammebene hinunter gewichtsoptimiert, und jetzt soll ausgerechnet ein so nutzloser Luxus wie eine Fernsehkamera an Bord kommen? Der Einsatz der Kameras aber ist beschlossene Sache. Apollo-Direktor Samuel Phillips selbst hat ihn angeordnet. Dennoch reagieren die Astronauten von Apollo 7 während des Fluges verständnislos auf die in ihren Augen wenig sinnvollen PR-Veranstaltungen. Es ist ein unbedachter Aufstand mit gravierenden Folgen für die drei: Nach dem Flug beschließt das NASA-Management, dass kein Mitglied der Apollo 7-Crew an weiteren Missionen beteiligt sein wird. Trotz der menschlichen Probleme erreicht Apollo 7 alle technischen Ziele problemlos. Jetzt ist das Programm bereit für den ersten Anlauf zum Mond.

## Die Generalproben

»*Ich denke, Sie sollten diese Hexenjagd beenden und uns endlich zum Mond fliegen lassen.*« Frank Borman (vor dem Apollo-1-Untersuchungsausschuss)

### 1968 und 1969: Apollo 8, Apollo 9 und Apollo 10

Bereits im Sommer 1968, noch vor dem Start von Apollo 7, erlebt das Apollo-Programm eine dramatische Wende. Auf Apollo 7 soll eigentlich der erste gemeinsame Flug von Kommandokapsel und Mondfähre im Erdorbit folgen. Anfang August aber kristallisiert sich heraus, dass dieser Plan unmöglich eingehalten werden kann. Grumman hat Schwierigkeiten, das LM mit der Seriennummer 3 rechtzeitig fertigzustellen, und ohne den Mondlander wäre Apollo 8 nur eine Wiederholung des vorangegangenen Fluges. Der aber hat einige Kinderkrankheiten, die sich so schnell nicht beheben lassen. Korrosionsprobleme an besonders dünn gefrästen Alublechen und Trägern plagen das Mondschiff, aber auch die Elektronik sorgt für Unmut. Die haarfeinen Drähte brechen bei geringer mechanischer Belastung. Immer neue Reparaturen, Tests und Abnahmen werden notwendig, und schließlich ist klar, dass LM-3 nicht rechtzeitig startbereit sein wird.

Der für die Entwicklung der Raumschiffe verantwortliche NASA-Manager George Low und Samuel Phillips, der NASA-Direktor für das Apollo-Programm, entwickeln deshalb einen kühnen Alternativplan: Anstatt die Apollo 8-Crew um James McDivitt das Hauptschiff und die Mondfähre in Erdnähe testen zu lassen, soll die Besatzung von Apollo 9 vorgezogen werden, zum Mond fliegen und diesen umrunden. Anschließend, wenn der Mondlander fertig ist, kann der gemeinsame Test in der Erdumlaufbahn immer noch stattfinden.

Als James Webb, der Chef der NASA, am Telefon von diesen Plänen erfährt, reagiert er schockiert und ablehnend. »*Seid ihr alle verrückt*?« Mit einer bis dahin noch nie bemannt geflogenen Rakete gleich zum Mond? Nach und nach gelingt es aber, Webb zu überzeugen. Noch bevor er den Hörer auflegt, sagt er zu, sich die Sache zu überlegen. Bald darauf ist er einverstanden. Wenn die Saturn V flugbereit ist, so die neue offizielle Haltung der NASA, dann kann sie auch zum Mond fliegen, schließlich wurde sie dafür auch gebaut.

Webbs Sinneswandel könnte allerdings auch noch einen anderen Grund gehabt haben: Die Russen, so berichtet die CIA, sind den Amerikanern offenbar ganz knapp auf den Fersen und wollen demnächst ihre eigene N-1-Mondrakete zum ersten Mal testen. Milliarden von

Dollar ausgeben und dann doch nur Zweiter werden? Trotz der immer noch über dem Programm hängenden dunklen Wolke von Apollo 1 steigert diese Vorstellung die Risikobereitschaft der NASA-Oberen enorm. Ein Vergleich macht das Wagnis deutlich: Bevor der Boeing 747 »Jumbo Jet« im Dezember 1969 für den Einsatz als Passagierflugzeug bei Fluglinien zugelassen wird, haben seine fünf Prototypen über 1500 Flugstunden gesammelt und Tausende von Landungen absolviert. Die Saturn V aber ist bis jetzt nur zweimal unbemannt gestartet.

Auch weil niemand wirklich sicher sein kann, dass alle Probleme, wie es sie etwa bei Apollo 6 gab, behoben sind, wird der bemannte Jungfernflug der Saturn V ein extrem ambitioniertes Projekt. Bis zum Dezember 1968 hat sich die gesamte bemannte Raumfahrt von Russen und Amerikanern maximal 1500 Kilometer über der Erdoberfläche abgespielt. Und nun sollen drei Männer in der nie zuvor bemannt gestarteten Saturn V zum Mond fliegen und ihn sogar umkreisen. Auf seiner Rückseite werden sie dann außerhalb der Funkreichweite sein!

Die NASA setzt für diese erste Reise zum Mond auf den gusseisernen Frank Borman. McDivitt wird, obwohl er jetzt an der Reihe wäre, der erste Flug zum Mond erst gar nicht angeboten. Andererseits hat McDivitt bereits endlose Stunden im Simulator der Mondfähre verbracht und will diese unbedingt fliegen. Borman ist sofort Feuer und Flamme für den neuen Plan. Er hat gleich begriffen, dass diese erste Reise von Menschen zum Erdtrabanten ganz andere Eindrücke und Erfahrungen verspricht als ein rein technischer Testflug in Erdnähe.

Erst am 9. September 1968 beginnt die Crew von Apollo 8 mit dem Training. Bis zum Start verbleiben nur etwas mehr als drei Monate, umso enthusiastischer aber wird die Aufgabe angegangen. Für jede Stunde ihres Fluges werden die drei Männer mehr als sieben Stunden Training über sich ergehen lassen. Wieder und wieder wird Borman das Manöver des Wiedereintritts in die Erdatmosphäre üben, James Lovell mit dem Sextanten Fixsterne anpeilen und Aufgaben der Weltraumnavigation lösen, Bill Anders sich mit den Hunderten von Bordsystemen so lange beschäftigen, bis er alle ihre Funktionen verinnerlicht hat und das Schiff beinahe blind bedienen kann.

Währenddessen wird auf dem Cape die Saturn mit der Bezeichnung AS-503 im *Vehicle Assembly Building* (VAB) montiert. Das VAB ist mit über 160 Metern Höhe und dreieinhalb Millionen Kubikmetern Volumen eines der größten Gebäude der Welt, allein die Tore sind 139 Meter hoch. Der in der flachen Landschaft weithin sichtbare weiße Würfel kann Windgeschwindigkeiten von bis zu 200 Stundenkilometern trotzen und wegen Wolkenbildung fällt sogar gelegentlich Regen in der Halle (später werden unter der Decke leistungsstarke Ventilatoren eingebaut). Bereits zwei Monate vor dem Start steht die Saturn V für Tests auf der riesigen mobilen Startrampe, bevor am 2. Dezember schließlich mit dem Auftanken begonnen wird.

Einen Tag vor dem Start besucht der legendäre Charles Lindbergh mit seiner Frau Anne die Astronauten in ihrer Unterkunft am Cape. Lindbergh ist das Idol *jedes* Piloten und nach seinem unglaublichen 33,5-Stunden-Nonstop-Flug über den Atlantik im Jahr 1927 auf ewig nicht nur der berühmteste Flieger, sondern auch eine der bekanntesten Persönlichkeiten des Planeten. Gebannt lauschen die Astronauten daher den Anekdoten aus der Pionierzeit der Luftfahrt, die Lindbergh ihnen gut gelaunt beim Mittagessen erzählt. Interessiert fragt der 67-Jährige die Crew von Apollo 8 nach den technischen Details ihres Fluges und stellt amüsiert fest, dass die Saturn V bereits in der ersten Sekunde des Starts zehnmal so viel Treibstoff verbrauchen wird wie seine »Spirit of St. Louis« während des gesamten Fluges von New York nach Paris.

Faszinierend ist auch Lindberghs Schilderung seiner Begegnungen mit dem Raketenpionier Robert Goddard, dessen Experimente mit Flüssigkeitsraketen in New Mexico ebenso Grundlage für das Raketenzeitalter waren wie diejenigen des Deutschen Hermann Oberth. Nachdem eine Rakete Goddards mit einer wissenschaftlichen Nutzlast (an Bord waren ein Barometer, ein Thermometer und eine Kamera) im Juli 1929 eine Höhe von 27 Metern erreicht, gelingt ihm 1935 bereits ein

Frank Borman: 1968 Kommandant des ersten Raumschiffs, das zum Mond flog. Hier im Jahr 1999 mit seiner North American P-51 »Mustang« auf einer Airshow in Kissimmee, Florida.

Überschallflug von vier Kilometern mithilfe einer Kreiselstabilisierung. Einen echten Lacherfolg erzielt Lindbergh, als er den Astronauten schildert, wie ihm Goddard eines Tages erklärte, ein bemannter Flug zum Mond könne »leicht eine Million Dollar kosten«.

Am 21. Dezember 1968, 103 Jahre nach Jules Vernes »*Von der Erde zum Mond*« und der Fortsetzung »*Reise um den Mond*« startet erstmals wirklich ein bemanntes Raumschiff zu dem Erdtrabanten. Der alte Flieger Charles Lindbergh beobachtet das Spektakel von einer Sanddüne in der Nähe des Startplatzes aus.

Mit Frank Borman, 40, der nach dem Feuer von Apollo 1 entscheidend daran beteiligt war, die Kommandokapsel flugtüchtig und sicher zu machen, hat Apollo 8 einen der diszipliniertesten Astronauten der NASA zum Kommandanten. Der ehemalige Kampfflieger ist seit seinem 15. Lebensjahr Pilot und nicht nur ein mutiger Haudegen (er wird noch mit 80 Jahren Jagdflugzeuge des Zweiten Weltkriegs fliegen), sondern auch eloquent, gebildet und überaus integer. Vor seiner Ausbildung zum Testpiloten und später zum Astronauten war er an der Militärakademie von West Point Assistenzprofessor für Thermo- und Fluid-Dynamik und wird später, in den 70er-Jahren, die US-Fluggesellschaft Eastern Airlines leiten.

Vor Apollo 8 war Borman bereits mit Gemini 7 im All. Und 1965 hat er gemeinsam mit Jim Lovell beinahe 14 Tage in der engen Gemini-Kapsel verbracht. Gemini 7, das die Auswirkungen eines langen Aufenthalts im Weltraum auf den menschlichen Organismus untersuchen soll, ist eine beispiellose Tortur. Gegen Ende des Fluges scherzen Borman und Lovell, immer noch gut gelaunt, nach dieser langen gemeinsamen Zeit auf engstem Raum könnten sie »auch gleich heiraten«.

Die »Hochzeitsreise« von Borman und Lovell führt zum Mond, denn James Lovell ist auch bei Apollo 8 dabei und vor Apollo 8 war er schon zweimal im Weltraum. Nach dem Rekordflug mit Borman hat er bei Gemini 12 gemeinsam mit Edwin Aldrin vier Tage lang die Erde umkreist. 1970 wird er der Kommandant des Katastrophenfluges Apollo 13 sein. Er hat als einziger Mensch zwei Reisen zum Mond unternommen, allerdings nie einen Fuß auf seine Oberfläche gesetzt.

Dritter Mann an Bord von Apollo 8 ist *»Rookie«* (Frischling) Bill Anders, auch er ein interessanter Zeitgenosse: geboren in Hongkong als Sohn eines Piloten, Jagdflieger, Absolvent der Marineakademie und Diplomingenieur für Kernenergietechnik. Apollo 8 ist der einzige Raumflug des späteren US-Botschafters in Norwegen, der wie Borman noch im Alter ein begeisterter Pilot sein wird.

Nach einem perfekten Start und nur unwesentlichen Problemen mit Triebwerken und Vibrationen erreicht Apollo 8 die Erdumlaufbahn, und nach weiteren zweieinhalb Stunden, in denen Crew und Mission

Control das Schiff erneut prüfen, kommt die offizielle Erlaubnis, nun noch einmal das Triebwerk der dritten Stufe zu zünden, um das Raumschiff zu beschleunigen und so zum Mond zu schicken. Die Zündung erhöht die Geschwindigkeit des Raumschiffs auf über 39 000 Kilometer in der Stunde. Als das Triebwerk nach 5 Minuten und 17 Sekunden wieder verstummt, ist Apollo 350 Kilometer hoch und verlässt nun in tangentialer Richtung die Erdumlaufbahn. Nie zuvor waren Menschen so schnell unterwegs.

Apollo 8 ist als erstes bemanntes Raumschiff, das die Umgebung der Erde verlässt und sich zu einem anderen Himmelskörper aufmacht, auch der Praxistest für die komplexe dreidimensionale Navigation des Mondfluges. Jim Lovell ist der Navigator. Im Verlauf der Reise wird er mit dem Sextanten über 200-mal Sterne, Erde und Mond anpeilen, um die Navigationsmethoden zu überprüfen und mit den Daten der Tracking-Stationen von der Erde zu vergleichen. Im Verlauf der Reise entwickelt sich ein echter Wettbewerb – bei dem Lovells Daten nie ungenauer sind als die der Bodenstation. Der Astronaut weist nach, dass auch eine völlig autonome Navigation zum Mond möglich ist – aber diese Möglichkeit wird von der NASA nicht einmal diskutiert. Für die Raumfahrtbehörde bleibt klar: Die bordeigenen Navigationssysteme sind nur als Reservesystem für den Notfall gedacht.

Die Männer von Apollo 8 durchqueren als erste Menschen den erst kurz zuvor entdeckten Van Allen-Strahlungsgürtel, der sich bis in eine Entfernung von 25 000 Kilometern von der Erde erstreckt. Allen Befürchtungen gesundheitlicher Schäden zum Trotz werden die mitgeführten Dosimeter zeigen, dass die radioaktive Belastung nur etwa der einer Röntgenaufnahme der Brust entspricht – bei einem Flug zum Mond in einer noch nie bemannt erprobten Rakete kaum ein Risiko, das ins Gewicht fällt.

Da das Raumschiff nun permanent aus der gleichen Richtung von der Sonne beschienen wird und sich dessen Außenhaut in der Sonne bis auf 200 Grad C aufheizt, während die Metallteile im Schatten minus

100 Grad kalt sind, versetzen die Astronauten ihr Schiff mithilfe der Steuerdüsen in eine Rollbewegung, die sie scherzhaft »*Barbecue Roll*« nennen. Das von der NASA nüchterner als *Passive Thermal Control* (PTC) bezeichnete Manöver sorgt für eine gleichmäßige Erwärmung des Schiffs und verhindert damit, dass es durch zu große Temperaturunterschiede zu Spannungsrissen in empfindlichen Bauteilen wie dem Hitzeschild kommt.

Elf Stunden nach dem Start steht die erste Kurskorrektur an. Die drei Männer sind jetzt seit 16 Stunden wach und richtig müde. Kommandant Borman beschließt, als Erster etwas zu schlafen. Später, wenn seine beiden Kollegen sich ausruhen, will er dann die Wache übernehmen. Bei dem hohen Lautstärkepegel, den die vielen Systeme und der unablässige technische Funkverkehr verursachen, macht der Kommandant zunächst kein Auge zu. Dies gelingt ihm erst, nachdem er eine Schlaftablette genommen hat. Als er einige Zeit später wieder aufwacht, fühlt er sich hundeelend, muss sich zweimal übergeben. Noch schlimmer ist der Durchfall, der kurz darauf hinzukommt, denn bald schweben Kügelchen von Fäkalien durch das Schiff, die die Astronauten mit Taschentüchern einfangen müssen. Zumindest in dieser Phase fehlt an Bord von Apollo 8 der klinische Charme von »*2001: Odyssee im Weltraum*« völlig. Zunächst hat Borman ein Problem damit, dass die ganze Welt am Funk (nicht nur die NASA empfängt den Funkverkehr vom Schiff) von seiner Unpässlichkeit und den unappetitlichen Umständen an Bord erfahren soll. Um Houston dennoch informieren zu können, nimmt die Crew eine Nachricht mit dem sogenannten *Data Storage Equipment* auf, das gesprochene Texte mit mehrfacher Sprechgeschwindigkeit und somit kodiert übermittelt. Viel aber kann die Leitstelle gegen Bormans Unwohlsein nicht tun, und bald wird klar, dass er lediglich eines der ersten Opfer der noch weitgehend unerforschten Raumkrankheit ist, eine Auswirkung der Schwerelosigkeit.

Nach etwas mehr als zwei Tagen Reise und einer weltweit ausgestrahlten Fernsehübertragung, bei der die Crew den Fernsehzuschauern eine »Führung« durch das Schiff gibt und in einem spannenden Augenblick der gesamten Menschheit erstmals einen Blick aus der Ferne des Weltalls auf ihren Planeten ermöglicht, erreicht Apollo 8 die Umgebung des Mondes. Den Erdtrabanten hat die Besatzung während des gesamten Fluges wegen der speziellen Lage des Raumschiffs nicht gesehen. Als das Schiff nach 55 Stunden Reise in den Wirkungsbereich der Gravitation des Mondes gerät, ist auch das eine Premiere – wie beinahe alles an diesem Flug. Apollo 8 ist eine Mission der Rekorde. Zum ersten Mal befinden sich Menschen im Schwerefeld eines anderen Himmelskörpers. Das Command Service Module ist in diesem Moment exakt 62 377 Kilometer vom Mond entfernt.

Nach einer letzten Kurskorrektur, die das Schiff auf das Einschwenken in den Mondorbit vorbereitet, ist es nach 69 Stunden Flug so weit: das Hauptriebwerk des rückwärtsfliegenden CSM zündet. Exakt vier Minuten und 13 Sekunden lang bremst es Apollo 8 so ab, dass das Schiff von der Gravitation angezogen in eine Mondumlaufbahn einschwenkt. Für die Crew sind es »die längsten vier Minuten ihres Lebens«. Zu Recht, denn geht das Manöver schief, könnte die Besatzung den Mondflug mit dem Leben bezahlen. Eine zu kurze Zündung würde das Schiff ohne Aussicht auf Rückkehr in den freien Raum hinter dem Mond stürzen lassen, eine zu lange Brenndauer zum Absturz auf den Mond führen. Apollo 8 befindet sich zum Zeitpunkt der Zündung bereits hinter dem Mond und damit ohne Funkkontakt zur Erde. Und auch in Houston weiß jeder der im Kontrollzentrum anwesenden Controller, worauf es nun ankommt: Steht der Funkkontakt nach präzise 35 Minuten wieder, so hat die Zündung geklappt. Dann ist das CSM in der richtigen Umlaufbahn.

Über eine halbe Stunde lang herrscht gespannte Stille am Funk. Dann versucht der CapCom wieder, Kontakt aufzunehmen: »*Apollo 8, Houston. Over.*« Noch einmal vergehen endlose acht Minuten, dann ertönt Lovells Stimme kristallklar: »*Go ahead, Houston, this is Apollo 8. Burn complete.*« – Zündung abgeschlossen.

Jetzt ist auch der Mond zu sehen, direkt unter dem Schiff zieht die anthrazitgraue und auf dieser Seite sonnenbeschienene Landschaft so plastisch und greifbar nah unter den kleinen Luken vorbei, dass die Männer zunächst beinahe sprachlos sind vor Staunen: Das ist ein ganz anderer Mond als der liebliche, goldene Himmelskörper, den sie von der Erde aus kennen. Lovell versucht eine erste Beschreibung: »*Der Mond ist im Wesentlichen grau, keine Farbe; er sieht aus wie aus Mörtel oder wie grauer Strandsand. Wir sehen jede Menge Details. Das Meer der Fruchtbarkeit ist genauso gut zu sehen wie von der Erde aus, aber der Kontrast zu den umgebenden Kratern ist nicht so groß ...*«

Da eine der wichtigsten Aufgaben von Apollo 8 die Erkundung und Erfassung der künftigen Landeplätze von Apollo, vor allem aber des Apollo 11-Landeplatzes im südwestlichen Teil des »Meeres der Ruhe« ist, hat man den Flug so geplant, dass das Raumschiff diese Gegend zu einer Zeit optimaler Beleuchtung passiert. Vor allem William Anders fotografiert die nächsten 20 Stunden unablässig, er wird über 700 Aufnahmen von der Oberfläche des Mondes zurück zur Erde bringen.

Nachdem Borman das Schiff während des dritten Umlaufs aus navigatorischen Gründen gewendet hat, fliegt Apollo 8 nun mit der Spitze voran um die Rückseite des Trabanten. Kurz darauf erlebt die Crew den ersten Aufgang der Erde hinter einem anderen Himmelskörper. Ein weiß-blaues Juwel, halb von der Sonne beschienen, steigt langsam über der unwirklich kargen, grauen Mondlandschaft auf, und es dauert einige Sekunden, bis die überraschte Crew reagiert. »*Die Kamera!*«, ruft Lovell dann aufgeregt, beinahe atemlos. Auch Anders ist von dem Anblick gefangen, witzelt aber: »*Hey, fotografier das nicht, das steht nicht im Flugplan!*« Auch der sonst so strenge Kommandant ist hingerissen von dem grandiosen Schauspiel. In diesen Sekunden entsteht das berühmt gewordene Bild des Erdaufgangs über dem Mond, das noch Jahrzehnte später an beinahe jedem Postkartenstand auf der Welt zu kaufen sein wird und als Ikone der in den 70er-Jahren langsam auf-

Während der Mission Apollo 8 sahen Menschen zum ersten Mal einen Erdaufgang mit eigenen Augen. Dieses Schwarz-Weiß-Bild machte Frank Borman, kurz bevor der Film gewechselt und die Szene in einem berühmten Farbfoto festgehalten wurde.

kommenden Umweltbewegung und eines neuen Bewusstseins gilt, was unseren Heimatplaneten betrifft.

Seltsamerweise wird lange Zeit nicht klar sein, welcher der drei Astronauten den Finger am Auslöser der Hasselblad hatte, als die Jahrhundertaufnahme entstand. Viele Jahre wird Borman behaupten, er sei der Fotograf auch der farbigen Aufnahmen, später aber wird klar, dass es Anders war – nachdem der Kommandant die ersten monochromen Aufnahmen geschossen hatte.

So aufregend und spannend es auch ist, den Mond aus der niedrigen Umlaufbahn zu betrachten, zu kartografieren und per Radarmessung der Flughöhe seine ungewöhnlichen Massekonzentrationen zu ermitteln – irgendwann sind die Astronauten so müde, dass sie beginnen,

Fehler zu machen. Anders und Lovell protestieren, als der Commander durchgreift und die beiden resolut wie ein strenger Vater ins Bett schickt. Aber Borman lässt nicht mit sich handeln. Die Bänder der Bordgespräche – die Konversation ist am Funk nicht zu hören – haben diese Szene konserviert: »*Ich will, dass du deinen Hintern jetzt ins Bett bewegst! Jetzt! Geh' ins Bett, mach schon! Ich scherze nicht, geh' jetzt ins Bett!*« Dann fügt er noch fürsorglich hinzu: »*Ich weiß, wie's mir vorhin ging, und ich weiß, wie's euch jetzt geht, Jungs.*«

Borman hält Wache, und als später wieder alle wach sind, beginnen die Vorbereitungen für eine weitere Fernsehübertragung zur Erde. Apollo 8 befindet sich im neunten Umlauf um den Mond. Auf der Erde ist es Heiligabend 1968, und Borman stellt vor der Kamera den Zuschauern auf der Erde seine Besatzung vor und spricht über seine Eindrücke. Er nennt den Trabanten eine »gewaltige, einsame und bedrohliche Ausdehnung des Nichts« und spricht davon, dass der Mond wohl »kein sehr einladender Ort ist, um darauf zu leben oder zu arbeiten«. Für Lovell ist die Einsamkeit des Mondes »Ehrfurcht einflößend« und er erklärt, dass erst der Mond ihn begreifen lässt, dass die Erde »eine grandiose Oase in der weiten Wüste des Weltalls« ist. Anders wiederum erklärt, wie sehr ihn die Sonnenaufgänge und Sonnenuntergänge beeindrucken, und ist fasziniert davon, wie die langen Schatten das Relief der Landschaft betonen.

Ihren Höhepunkt erreicht die Übertragung, als Borman, Lovell und Anders den Fernsehzuschauern jeweils eine Passage der Schöpfungsgeschichte (»Genesis«) aus der Bibel vorlesen, während die Kamera den Flug über die Mondlandschaft verfolgt: »Und Gott nannte das Licht Tag und die Finsternis nannte er Nacht. Da ward aus Abend und Morgen der erste Tag ...« Als Borman die dritte Passage vorgelesen hat, schließt er die beeindruckende Weihnachtsfeier über dem Mond mit einem Weihnachtsgruß »an die ganze Menschheit«. Die Zeremonie wird der NASA später noch Ärger einbringen, als die atheistische Aktivistin Madalyn Murray O'Hair die Bibelstunde aus dem All publikumswirksam, kleinlich (und erfolglos) vor Gericht bringt, um der Behörde in Zukunft »das öffentliche Beten im Weltraum zu untersagen«. Als Apollo 8 am ersten Weihnachtstag bereits wieder auf der Rückreise zur Erde ist, finden Borman, Lovell und Anders in einem Nahrungscontainer noch eine Überraschung ihres Chefs Deke Slayton: echten Truthahn, für Amerikaner das obligatorische Weihnachtsessen, sowie drei kleine Fläschchen Brandy. Borman allerdings, ganz der strenge Kommandant, verbietet seiner Crew, diese im All zu öffnen. Nach einer Reise der Rekorde kehrt Apollo 8 am 27. Dezember 1968 zur Erde zurück. Sechs Minuten vor dem Wiedereintritt in die Lufthülle der Erde sehen die Astronauten ein letztes Mal den Mond aus dem Weltraum: er geht in diesem Moment fahl über dem leuchtend weißen Band der Atmosphäre auf.

Wenig später stürzt die Kapsel, eingehüllt in ein Meer aus leuchtendem Plasma und Flammen, mit beinahe 40 000 Kilometern pro Stunde dem Pazifik entgegen. Fast 3000 Grad heiß wird der Hitzschild dabei und die Belastung für die Astronauten steigt bis auf die sechsfache Erdbeschleunigung an. Nachdem in sieben Kilometer Höhe der erste Stabilisierungsfallschirm aus der Oberseite der Kapsel schießt und die Geschwindigkeit unter die Schallgeschwindigkeit sinkt, dauert es nur noch vier Minuten, bis Apollo 8 an drei riesigen Fallschirmen hängend in den Pazifik fällt und sich erst einmal auf den Kopf dreht. Kopfüber hängt die Crew in den Gurten, bis die Kapsel sich aufrichtet, Borman ist es wieder zum Erbrechen übel. Es dauert noch knapp eineinhalb Stunden, dann steht er auf dem Deck des Flugzeugträgers Yorktown und sieht aus, als hätte er bereits alle Strapazen abgeschüttelt.

Beinahe eine Million Kilometer hat das Schiff zurückgelegt und noch nie waren Menschen so weit von ihrem Heimatplaneten entfernt. Nie zuvor haben sie ihre Heimat als ganzen Planeten im Weltraum gesehen oder die Rückseite des Mondes mit eigenen Augen betrachten können. »*Time Magazine*« ehrt die Crew mit dem Titel »herausragendste Persönlichkeiten des Jahres« und zum ersten Mal kommt nun sogar

Anerkennung von den Russen, die sonst immer nur eisig geschwiegen haben: Apollo 8 sei eine außergewöhnliche »Leistung der amerikanischen Wissenschaft und Technologie« und die Astronauten »mutige Männer«. In einem Nebensatz deutet Boris Petrow, Vorsitzender des russischen Intercosmos-Programms, an, dass die Russen das Rennen zum Mond aufgegeben haben. Die Sowjetunion würde »natürlich die Erforschung des Mondes mithilfe automatischer Raumschiffe fortsetzen«, um dann sibyllinisch hinzuzufügen, dass dies allerdings »bemannte Flüge nicht ausschließe«. Lob und Erklärung werden in den USA dennoch als erstes Eingeständnis der Russen gewertet, den Mond nicht mehr bemannt vor ihnen erreichen zu können.

Nach dem spektakulären Erfolg von Apollo 8 und dessen weltweiter Beachtung ist Apollo 9 kein echter PR-Knüller. Die ganze Welt wartet nun gespannt auf den ersten Landeversuch, muss sich aber noch in Geduld üben. Zwei technische Vorbereitungsflüge stehen in den nächsten fünf Monaten noch an, und nur wenn beide erfolgreich sind, kann an eine Landung gedacht werden. James McDivitt, David Scott und Rusty Schweickarts Flug ist von seiner Aufgabenstellung her allerdings alles andere als langweilig: Zum ersten Mal soll die endlich ausgelieferte Mondfähre ausgiebig getestet werden. Im Vakuum des Alls muss sie nun ihre Feuertaufe bestehen.

Apollo 9 soll damit einen großen Teil der Manöver für die Mondlandung im Erdorbit durchspielen. Bevor an eine Landung auch nur gedacht werden kann, müssen die komplexen Rendezvous- und Koppelmanöver geübt werden. Das ist vor allem deshalb wichtig, weil die Mondfähre beim Start der Rakete nicht an das Schiff angekoppelt, sondern noch mit gefalteten Landebeinen im unteren Teil der dritten Raketenstufe geparkt ist. Das Kommandomodul muss an sie andocken und sie aus der dritten Stufe herausholen. Apollo 11 soll in sieben Monaten starten, aber noch ist dieser Vorgang kein einziges Mal geübt worden.

Bereits drei Stunden nach dem Start haben McDivitt, Scott und Schweickart das komplexe Manöver mit Bravour absolviert und wei-

sen nach, dass sich die Apollo-Fahrzeuge im All einander problemlos annähern und andocken können. Bei dem insgesamt zehn Tage währenden Flug soll auch ein großer Teil der Ausrüstung getestet werden, etwa der neue Apollo-Raumanzug und das Rucksack-Versorgungssystem, wie es auch die erste Crew auf dem Mond tragen wird. Zu diesem Zweck steigt Schweickart, den von Beginn des Fluges an wie bereits Borman die Raumkrankheit plagt, am vierten Tag der Mission in einem spektakulären Manöver aus dem LM in den Weltraum aus. Nur mit einem acht Meter langen Nylonseil gesichert soll Schweickart eigentlich bis zur Luke des Kommandomoduls schweben und dort in das CM einsteigen – als Übung für den Notumstieg, sollte der interne Zugang zwischen den beiden Schiffen durch den Tunnel doch einmal versagen. Da Schweickart noch immer unter Übelkeit leidet, entfällt dieser zweite Teil der *Extravehicular Activity* (EVA), aber er bleibt insgesamt über eine Dreiviertelstunde im Freien. Sein Kollege David Scott filmt ihn dabei aus der offenen Luke des Mutterschiffs.
Am fünften Tag der Mission muss die Mondfähre beweisen, dass sie auch allein flugfähig ist. Das LM mit McDivitt und Schweickart an Bord löst sich vom Mutterschiff und entfernt sich in den nächsten Stunden bis zu 180 Kilometer. Dann wird, so wie es bei der Rückkehr von der Mondoberfläche geschehen soll, das Landegestell abgeworfen und die Mondfähre muss sich, vom Rendezvous-Radar gesteuert, auf die Suche nach dem Mutterschiff machen. Auch dieses Manöver verläuft ohne Probleme und die Simulation endet, als McDivitt und sein Copilot das LM nach etwa sechseinhalb Stunden wieder andocken. Nach seinem Abwurf vom Hauptschiff wird das LM »Spider« (zum ersten Mal während des Programms dürfen die Astronauten den Schiffen Namen geben) später in der Atmosphäre verglühen, nachdem sein Triebwerk von der Erde aus nochmals zu Testzwecken gezündet wurde. Die Crew von Apollo 9 bleibt noch weitere fünf Tage im Weltraum, wo sie fast 1400 Fotos der Erdoberfläche macht und probeweise einen Langzeitaufenthalt simuliert, wie er bald schon Realität werden soll.

Nur acht Wochen nach dem Start von Apollo 9 steht Apollo 10 auf der Startrampe. Innerhalb von sieben Monaten ist es der vierte Start einer Saturn-Rakete. Gene Cernan, der beinharte, aber witzige Texaner, der bereits mit Gemini 9A im All war, ist der Pilot der Mondfähre. Bei seinem Gemini-Flug hat Marineflieger Cernan einige der dramatischsten Minuten des gesamten amerikanischen Raumfahrtprogramms durchlebt, als er während seines zweistündigen Außeneinsatzes mit einem überhitzten Raumanzug kämpft, der so starr ist, dass er sich kaum bewegen kann. Außerdem behindert ihn ein beschlagenes Visier. Schließlich schafft er es mit einem Puls von 195 und mit allerletzter Kraft gerade noch zurück ins Schiff, ohne ohnmächtig zu werden. Cernan kennt die Gefahren des Raumflugs deshalb wie kein zweiter US-Astronaut und auch bei Apollo 10 wird er seinem Herzen wieder Höchstleistungen abverlangen.
Die Mission soll die allerletzte Generalprobe sein, bevor die NASA Apollo 11 für den ersten Landeversuch zum Mond schicken wird. Mit seiner Mondfähre »Snoopy« koppelt Cernan vom Mutterschiff »Charlie Brown« ab, ganz so, wie es für die Landung vorgesehen ist. Außerdem wird Apollo 10, und dies ist der zweite wichtige Teil der Mission, den voraussichtlichen Landeplatz für Apollo 11 noch einmal aus geringerer Höhe erkunden und fotografieren.
Alles soll wie bei einer wirklichen Mondlandung ablaufen. »Snoopy« soll bis knapp über den Mond absinken, sich der Kraterlandschaft auf 14 Kilometer nähern – etwas höher, als ein Verkehrsflugzeug über der Erde fliegt – und dann durchstarten und zum Hauptschiff »Charlie Brown« zurückkehren. Zu einer echten Landung ist »Snoopy« allerdings nicht in der Lage, denn noch arbeiten Ingenieure an einigen technischen Details und auch die Landesoftware des Bordcomputers ist nicht fertig. Beinahe zum Greifen nahe ist der Mond, als Kommandant Tom Stafford und Gene Cernan den Anflug schließlich wie geplant abbrechen und zum Mutterschiff zurückkehren wollen, nachdem alle Manöver einwandfrei und sicher geklappt haben. Als letzten Test soll

die Mondfähre jetzt noch zeigen, wie sie durchstartet, etwa wenn ein Landeanflug abgebrochen werden muss. Dazu wollen Stafford und Cernan auch das Reserve-Navigationssystem AGS (*Abort Guidance System*) testen, das im Fall eines Defekts des Primärsystems PGNS die Mondfähre zurück zum Mutterschiff bringen soll.

Als die beiden Astronauten die Checkliste für das Durchstartmanöver abarbeiten, greift Cernan an das Instrumentenbrett und stellt die Navigationssteuerung wie geplant auf Backup-System um. Durch Hunderte von Übungen im Simulator des LM ist er so vertraut mit der Mondfähre, dass er nicht einmal mehr hinsehen muss, als er den Schalter betätigt. Einen Moment später aber greift auch Stafford zu demselben Schalter und stellt ihn ein zweites Mal um. Er ist sich sicher, dass Cernan dies noch nicht getan hat. Jetzt ist die Navigationssteuerung im falschen Modus für das vorgesehene Manöver, aber keiner der beiden bemerkt es. Bereit, die Abstiegsstufe abzuwerfen und zum CSM zurückzukehren, zünden Cernan und Stafford die kleinen Sprengladungen mit einem Druck der Taste »*Abort Stage*« am Instrumentenbrett – in der Gewissheit, den richtigen Modus gewählt zu haben.

Cernan in seiner spannenden Autobiographie: »*Genau in diesem Moment brach die Hölle los, Snoopy drehte durch! ›Gimbal Lock, Kardansperre!‹, schrie Tom, und ich fluchte, ›Hurensohn!‹ – über das offene Mikro. ›Was zum Teufel ist passiert?‹ Auf einen Schlag fingen wir an zu springen, gingen in einen Sturzflug über und begannen uns zu drehen, und das alles, während wir mit 5000 Sachen in weniger als 14 Kilometern Höhe dahindonnerten. Wenn man die verdammten Berge berücksichtigt, die uns wie mit vermoderten Zähnen angrinsten, war es sogar noch viel niedriger.*

*Da er dachte, wir wären jetzt im AGS-Modus, schrie Tom: ›Lass uns auf Pings umschalten!‹ und betätigte den Schalter noch einmal – wieder zurück auf AGS. ›Gottverdammt‹, jetzt waren die Computer total verwirrt und damit auch nutzlos. Das Radar, das unser Mutterschiff ›Charlie Brown‹ suchen sollte, fand nun ein viel größeres Ziel, den Mond. Und da*

*wollte es unbedingt hinfliegen – anstatt zur wartenden ›Charlie Brown‹. Jetzt war wirklich alles Kraut und Rüben und ich sah die Mondoberfläche in meinem Fenster rotieren, dann nur die Kante des Mondes, dann Schwärze, dann wieder den Mond, nur dass er dieses Mal aus der anderen Richtung kam. Wir waren total außer Kontrolle.*
*›Okay‹, ich keuchte nur noch. ›Lass uns .... Lass uns die Zündung auf AGS durchführen!‹ Irgendwie mussten wir die Rotation zum Stillstand bringen! Fünf Sekunden darauf schickte Tom einen neuen Satz Herzinfarkte an Mission Control in Houston, wo die Controller wegen der vielen blinkenden Warnungen auf ihren Bildschirmen bereits alle aufgesprungen waren. Er schrie: ›Wir sind in Schwierigkeiten.‹ Houston hatte keine Ahnung, was passierte, und so schnell, wie das alles ging, konnten sie uns sowieso nicht helfen.«*
Dann greift Tom Stafford ein und beendet die unheimliche Karussellfahrt. Geistesgegenwärtig übersteuert er die Computer und stabilisiert das LM von Hand. Innerhalb von 15 Sekunden hat sich »Snoopy« achtmal um seine Längsachse und gleichzeitig auch mehrfach um seine Querachse gedreht. Cernan, der zu diesem Zeitpunkt 5000 Flugstunden auf Düsenjägern und 200 Landungen auf Flugzeugträgern vorweisen kann, hat kein Problem zuzugeben, dass er sich »zu Tode erschrocken hat«. Nach dem Zwischenfall fliegt die Mondfähre stabil und sicher zum Mutterschiff, das Andocken und der Rest der Mission verlaufen wie am Schnürchen.
Die beiden LM-Piloten von Apollo 10 werden diese dramatischen Sekunden knapp über dem Mond nie vergessen und über Jahrzehnte immer wieder gebannten Zuhörern auf der ganzen Welt erzählen. Zwei Sekunden später, so hat man hinterher berechnet, und »Snoopy« wäre verloren gewesen und unweigerlich auf den Mond gestürzt. Zwei Astronauten wären ums Leben gekommen, noch vor der ersten Landung. Nach der Tragödie von Apollo 1 wäre das Mondprogramm zum Stillstand gekommen, für lange Zeit auf Eis gelegt worden. Trotz des Zwischenfalls weist Apollo 10 nach, dass der Anflug des LM auf den Mond

möglich ist und die Technik zuverlässig und präzise funktioniert. Der Fehler war eindeutig auf menschliches Versagen zurückzuführen.
Als die Crew Tage später auf dem Deck des Flugzeugträgers »Princeton« steht, ist dort eigens ein Transparent für den im Mondorbit fluchenden Cernan angebracht, den die ganze Welt am Funk hören konnte: *Apollo 10: Nur für ein erwachsenes Publikum!*
Nach der Auswertung der Flugdaten gibt die NASA nun grünes Licht. Noch während Apollo 10 im All ist, transportiert auf dem Cape in Florida einer der gigantischen *Crawler* den 150 Meter hohen Startturm mit einer weiteren Saturn V zum Startplatz nahe dem Strand. Zwei Monate nach der Wasserung des Command Module »Charlie Brown« werden drei Astronauten der NASA in das Schwesterschiff von »Charlie Brown«, die »Columbia«, steigen und wieder in Richtung Mond aufbrechen. Dann wird sich endgültig zeigen, was Apollo kann.

## Apollo 11: Tag der Ankunft

*»Houston, Tranquility Base here. The Eagle has landed.«* Buzz Aldrin

*»Das ist ein kleiner Schritt für einen Menschen, aber ein gewaltiger Sprung für die Menschheit.«* Neil Armstrong

*»Ich wusste, dass ich auf eine Art und Weise allein war, wie noch kein Mensch es jemals zuvor gewesen war.«* Mike Collins

### Im Mondorbit, 19. Juli 1969

Nach drei Tagen freiem Fall durch den leeren Raum ist Apollo 11 bis in die unmittelbare Umgebung des Mondes gelangt. Wie von einem unsichtbaren Gummiband gezogen, hat die Gravitation der Erde das Schiff auf seiner Reise immer weiter abgebremst. Als es 350 000 Kilometer von der Erde und nur noch 38 000 Kilometer vom Mond entfernt ist, erreicht es den Punkt, an dem sich die hohe Schwerkraft der Erde und diejenige des 81-mal leichteren Mondes gegenseitig aufheben. Dann plötzlich zerreißt das Band und wie an einem anderen, am

Mond befestigten Gummiband beginnt das Raumschiff im selben Augenblick wieder zu beschleunigen und immer schneller auf den Erdtrabanten zuzustürzen. Jetzt kommt es darauf an, dass das Raumschiff zu einem exakt berechneten Zeitpunkt einen bestimmten Abstand zum Mond erreicht, damit dieser es durch seine Gravitation einfangen kann. Damit dies gelingt, muss aber nicht nur der Abstand stimmen, sondern auch die Geschwindigkeit. Ist das Raumschiff zu schnell, fliegt es am Mond vorbei, ohne dass dessen schwache Anziehung eine Chance hätte es einzufangen. Das Schiff würde dann hinter dem Mond weit ins All hinausfliegen, bevor es auf dem absteigenden Ast seiner parabelförmigen Bahn auch ohne jeglichen Antrieb wieder zurück zur Erde käme. Um das Schiff auf die für ein Einschwenken in den Mondorbit richtige Geschwindigkeit abzubremsen, ist ein Bremsmanöver notwendig und zu diesem Zweck fliegt das Raumschiff auch mit dem Haupttriebwerk voran. Den Mond können die drei Männer deshalb nicht sehen. Alle Fenster der konischen Kapsel zeigen in die andere Richtung, zur Erde. Und dann, ganz plötzlich, das Schiff ist gerade dabei, hinter dem Mond zu verschwinden, taucht Apollo 11 in den Schatten des Mondes ein.

Gene Cernan, Kommandant von Apollo 17, wird sehr viel später in einem Dokumentarfilm berichten, wie es sich anfühlt, plötzlich den Einfluss des Mondes zu spüren, nachdem das Schiff drei Tage lang rückwärts auf den Trabanten zugeflogen ist. 37 Jahre nach seinem Flug reißt der 73-Jährige die Augen weit auf und schildert mit Ehrfurcht in der Stimme den Moment, in dem das Schiff in den Mondschatten eintaucht: »*Und dann … bist du plötzlich im Schatten des Mondes.*«

Es ist jetzt Samstag, der 19. Juli 1969. Zwischen der Übermittlung jeder Menge technischer Details wie den aktuellen Zündungsdaten für den Computer findet sich Zeit, die drei Mondfahrer mit den neuesten Nachrichten von der Erde zu versorgen. Neben Sportergebnissen und privaten Informationen zu ihren Familien werden den Astronauten auch Schlagzeilen aus der ganzen Welt vorgelesen: »Apollo 11 ist auch in Russland wichtigstes Thema der Schlagzeilen. Die *Prawda* nennt Neil den Zaren des Schiffes … Deutschland hat den kommenden Montag bereits zum ›Apollo-Tag‹ ausgerufen. In Bayern werden die Kinder am Montag schulfrei haben. Deutschen Postbeamten wird ausdrücklich erlaubt, Kofferradios mit zur Arbeit zu bringen, und in Frankfurt werden Fernsehgeräte an öffentlichen Plätzen aufgestellt … BBC London will ein spezielles Warnsignal im Radio übermitteln, falls sich die Zeit für den Ausstieg auf dem Mond ändert … Der Papst hat sich ein eigenes Farbfernsehsystem in seiner Sommerresidenz einrichten lassen, obwohl das Fernsehen in Italien noch schwarz-weiß ist … Es folgt zur Unterhaltung das Horoskop einer bekannten Houstoner Astrologin (›Neil neigt dazu, die Welt durch eine rosa Brille zu sehen.‹).«

Dann geht es weiter mit endlosen Reihen von Navigationsdaten, die für das wichtige Bremsmanöver in den Computer eingegeben werden müssen: »*LOI 1, SPS G&N: 62710, plus 098, minus 019, GET ignition 075 49 4965, minus 28897, minus 03944, minus 00686. Roll 358, pitch 226, 347; 01692, plus 00610; ….* (so geht es noch einige Zeilen weiter) … *Readback. Over.*« Es ist nur eine von vielen solchen Anweisungen während des gesamten Fluges, für jedes Manöver gibt es neue Daten. Alle müssen präzise notiert, zur Sicherheit noch einmal komplett wiederholt und dann präzise und ohne Tippfehler in den Steuerungscomputer eingegeben werden.

In Houston, Texas ist es der Mittag des 19. Juli, in Mitteleuropa bereits früher Abend, als Apollo 11 hinter dem Mond verschwindet und der Computer gefüttert mit den neuesten Daten das Programm für das sechsminütige Bremsmanöver aktiviert, das die Geschwindigkeit des Raumschiffes von 8400 auf 5800 Stundenkilometer verringern wird. Zuvor haben die Astronauten geprüft, ob ihr Schiff präzise ausgerichtet ist, da sonst der Schub des Triebwerks nicht nur wie gewünscht bremsen, sondern das Schiff sofort aus der auf den Bruchteil eines Grades vorausberechneten Bahn schleudern würde. Das Manöver klappt exakt wie im Flugplan beschrieben. Beinahe 76 Stunden nach dem

Start ist Apollo 11 nun ein künstlicher Satellit des Mondes, der seinerseits seit dem Start der Mondfahrer am 16. Juli beinahe 300 000 Kilometer im All zurückgelegt hat.

Das seltsame Gespann aus dem geschossähnlichen Kommandoteil und dem Mondlandemodul, das sich wie eine bizarre Spinne aus knittrigem Alublech an seiner Spitze festklammert, befindet sich nach dem Bremsmanöver auf einer starken Ellipse um den Mond. Um in eine stabile kreisförmige Bahn zu gelangen, ist an einem präzise berechneten Punkt des Mondorbits eine weitere Zündung des Triebwerks nötig, auch diese vom Navigationscomputer aus den Bahndaten berechnet. 360 Jahre, nachdem Johannes Kepler die ersten beiden seiner berühmten Gesetze zu den Planetenbahnen in seinem Werk »*Astronomia Nova*« veröffentlicht hat, verwenden Menschen seine Erkenntnisse zum ersten Mal in der Praxis für den Anflug auf einen fremden Himmelskörper.

Die Männer im Dunkeln arbeiten während der nächsten vier Stunden hoch konzentriert an den Vorbereitungen zum *Circularization*-Manöver, bei dem äußerste Präzision gefragt ist: Schaltet der Computer das Triebwerk nur zwei Sekunden zu spät ab, wird Apollo aus dem fein justierten Gleichgewicht des Orbits fallen und mit mehreren Tausend Stundenkilometern wie ein Meteorit auf den Mond stürzen, dort »einen schönen neuen Krater hinterlassen«, wie einer der Astronauten einmal lakonisch bemerkte. Die Männer sind auf der Hut, sie wissen, dass der gefährlichste Teil der Mission noch bevorsteht. Was das Gefährlichste an der ganzen Mission sei, hat ein Reporter Michael Collins noch vor dem Start gefragt. »*Das, was wir bei den Vorbereitungen übersehen haben*«, antwortet er. Das Manöver klappt problemlos und 80 Stunden nach dem Start befindet Apollo 11 sich auf einer nahezu kreisförmigen Bahn, 100 bis 120 Kilometer über dem Mond.

Wann immer die Männer eine Sekunde Zeit haben, starren sie gebannt aus den Luken auf die graue Oberfläche, versuchen die Landestelle im Meer der Ruhe auszumachen – und haben dabei ganz unterschiedliche Empfindungen. Die Zeitungen auf der Erde schreiben blumig von den neuen Entdeckern, machen Armstrong, den Kommandanten, zu einem neuen Kolumbus. Für derartig epische Gedanken haben die drei früheren Testpiloten in ihrer engen Kapsel keine Zeit, Collins ausgenommen sind sie auch keine ausgesprochenen Schöngeister. Ihre Motivation ist, den Auftrag zu erfüllen, den Präsident Kennedy ihnen acht Jahre zuvor erteilt hat, und dieser ist eindeutig: Der erste Mensch auf dem Mond soll ein Amerikaner, nicht ein Russe sein.

Erst Jahre später, als das Erlebte sie immer wieder einholt und sie schon längst Zielscheibe und Projektionsfläche der Fantasien von Millionen Menschen geworden sind, die immer blumigere und tiefer schürfende Einsichten über das Betreten des Mondes von ihnen verlangen – erst dann beginnen viele der Astronauten, sich zum ersten Mal wirklich Gedanken darüber zu machen, wie der Mond auf sie wirkte und ob sie eigentlich auch mal Angst hatten. Natürlich lässt der Mond die nervenstarke Crew von Apollo 11 nicht unberührt: die Männer beobachten fasziniert die steingraue Wüste, die schroff abfallenden Kraterhänge, tiefen Täler und Lavarillen, vor allem aber immer wieder die Erde.

Keiner der inzwischen mehrere Hunderttausend Kilometer von der Erde entfernten Mondfahrer kann den Blick von seinem Heimatplaneten abwenden, der wie ein leuchtendes, blau-weißes Juwel, viermal so groß wie der Vollmond von der Erde aus, hinter dem eiskalten grauen Koloss aufgeht, alle zwei Stunden einmal. Die Crew ist während dieser ersten zehn Umläufe um den Mond zu beschäftigt, um dessen Oberfläche präzise zu studieren, versucht aber den Landeplatz am südlichen Rand des Meeres der Ruhe zu identifizieren. Aus dieser Höhe wirkt die Gegend nicht gerade einladend, vor allem während der ersten Umläufe, als die noch tief stehende Sonne den vorgesehenen Landeplatz ALS-2 (*Apollo Landing Site 2*) gefährlich aussehen lässt. Kraterränder und Gebirge werfen messerscharfe lange Schatten auf die bizarr zerklüftete graphitgraue Landschaft.

Mit dem lieblichen Vollmond, so wie sie ihn von der Erde kannten, hat dieser Mond nicht viel gemeinsam. Als Collins die vorgesehene Landestelle im Meer der Ruhe zum ersten Mal sieht, ist er beunruhigt. Er behält seine Meinung für sich, will Armstrong und Aldrin nicht beunruhigen. Etwas flau ist ihm dennoch zumute. Sollte die Landung schiefgehen, »Eagle« dort zu Bruch gehen, in einen Krater stürzen oder bei der Kollision mit einem Felsen umkippen – niemand könnte seinen beiden Kameraden helfen, selbst wenn sie das Unglück überleben sollten. Sollte der »Adler« in ein paar Stunden, nach einer missglückten Landung, beschädigt auf dem Mond stehen, so würde er mit der »Columbia« allein zur Erde zurückkehren. Die Mondfähre muss intakt bleiben und so auf dem Mond aufsetzen, dass der Rückstart möglich ist. Collins verdrängt die dunklen Gedanken augenblicklich, es hat einfach keinen Sinn mehr, sich jetzt zu viele Gedanken über die Unwägbarkeiten der Mission zu machen.

Den Landeplatz ALS-2 hat die NASA fast ausschließlich nach Sicherheitskriterien ausgewählt. Bei diesem ersten Besuch geht es vor allem darum, sicher auf dem Mond zu landen und anschließend zur Erde zurückzukehren. Natürlich hat Apollo 11 auch wissenschaftliche Experimente an Bord, aber anders als bei späteren Missionen wird die Landestelle in erster Linie nach technischen Kriterien gewählt. Werden sie eine feste Oberfläche vorfinden? Selbst 1969 gibt es noch vereinzelt die Meinung, dass der Mondstaub eine viele Meter dicke Schicht ist, in der das LM versinken wird.

ALS-2 ist die zweite von drei möglichen Landestellen, ein Gebiet etwa 40 Kilometer nordwestlich des auch von der Erde aus mit einem kleinen Amateurteleskop identifizierbaren Kraters Moltke, und erfüllt die vielfältigen Bedingungen der NASA offenbar am besten: Hier scheint es keine übermäßige Häufung großer und damit gefährlicher Krater zu geben und zudem scheint das Gelände an keiner Stelle eine größere Neigung als zwei Grad aufzuweisen. Im Anflugsektor, wenn das Raumschiff bereits sehr niedrig fliegt, ragen keine hohen Gebirge auf und es gibt auch keine schroff abfallenden Täler, Rillen oder andere Geländeformationen, die das Landeradar durcheinanderbringen könnten.

ALS-2 hat weitere Vorteile: Er befindet sich an einer Stelle der Mondoberfläche, die von der Mondfähre mit dem geringsten Energieaufwand erreichbar ist – ganz in der Nähe des Mondäquators. Da der Startplatz in Florida nicht sehr weit nördlich des Erdäquators liegt, die Saturn V diesem in Drehrichtung der Erde in etwa folgte und die Ebene des Mondäquators nur wenige Grad über derjenigen des Erdäquators liegt, fliegt Apollo 11 nach dem Einschwenken in den Mondorbit ohnehin fast von selbst auf dem Breitengrad um den Mond, der zu ALS-2 führt.

An der Ostküste der USA ist es halb neun Uhr morgens am 20. Juli, in Mitteleuropa der frühe Nachmittag, als Mondfährenpilot Edwin Aldrin und Kommandant Neil Armstrong sich nach dem zehnten Mondumlauf durch den schmalen Verbindungstunnel in die Mondfähre zwängen, deren Systeme aktivieren und damit beginnen, das Abdockmanöver vorzubereiten. Aldrin beginnt sogleich damit, das Navigations- und Steuerungssystem des LM zu testen, das sie auf dem vorausberechneten Weg zur Landestelle bringen wird. Armstrong filmt ihn während dieser ersten Minuten, und so entsteht ein filmisches Dokument, das bis heute nichts von seiner Faszination eingebüßt hat. Sonnenlicht flutet die Kabine des LM und Aldrin in seinem weißen Raumanzug schwebt im Cockpit der Mondfähre.

Der Anflug wird weitgehend automatisch erfolgen, aber Armstrong kann auch eingreifen und die Mondfähre mithilfe des Backup-Systems AGS manuell fliegen, sollte dies notwendig werden. Aldrin überprüft die Ausrichtung der Trägheitsplattform, die mithilfe ihrer Kreisel und Beschleunigungsmesser die beiden Navigationssysteme mit den notwendigen Daten über die Lage im Raum in Relation zum einprogrammierten Flugweg versorgt. Wenn das Schiff auf unter zehn Kilometer Höhe gesunken ist, wird der Computer zusätzlich mit Daten des Landeradars versorgt werden, das die Oberfläche des Mondes abtastet, und bei Bedarf das Haupttriebwerk schwenken und die Steuerdüsen zünden, um das LM auf Kurs zu halten. Nachdem diese Vorbereitungen abgeschlossen sind, schließen die beiden Männer ihre Raumanzüge an die lebenserhaltenden Systeme der Mondfähre an, richten die Antennen des Schiffs neu auf die Tracking-Antennen auf der Erde aus und überprüfen die Sprechfunkverbindung mit dem Mutterschiff. Dann, Apollo 11 umkreist den Mond gerade zum 13. Mal, befestigen Armstrong und Aldrin die Seile, die sie wie ein Gurtzeug auf dem Boden der Fähre fixieren werden, an ihren Anzügen. Bereit zum Abdocken!

Im Kontrollraum des Mission Control Center in Houston leitet Flight Director Gene Kranz die entscheidende Phase von Apollo 11 ein. Dazu holt er sich von jedem der Systemspezialisten an den Konsolen des Kontrollraums die Zustimmung zum Abkoppeln vom Mutterschiff, wobei er die Rufzeichen der Ingenieure an den Bildschirmen benutzt. Stakkatoartig fragt Kranz sie nacheinander ab, ohne Verzögerung gibt jeder der Spezialisten sein Einverständnis: »*Retro? Go! Fido? Go! Guide? Go! Control? Go! Telcom? Go! GNC? Go! Eecom? Go! Surgeon? Go! …*«

Nachdem jeder der Techniker und auch der Arzt (*Surgeon*), der an einer eigenen Station die biometrischen Daten der Astronauten überwacht, seine Zustimmung gegeben haben, weist Kranz seinen CapCom Charlie Duke an, die Freigabe an die Astronauten durchzugeben.

Kontrollzentrum: »*Apollo 11, hier ist Houston. Wir sind ›Go‹ zum Abdocken.*«

Armstrong: »*Roger, … verstanden.*«

Der Mission Timer zeigt 99 Stunden und 22 Minuten an, als die beiden Schiffe hinter dem Mond verschwinden. In 50 Minuten werden sie außerhalb der Funkreichweite des Kontrollzentrums voneinander abkoppeln und dann, wenn alles geklappt hat, vier Minuten später in enger Formation aus dem Funkschatten herauskommen und Vollzug melden. Als es so weit ist, drückt Collins in der »Columbia« eine Taste. Durch die Kraft einiger starker Federn werden die beiden Schiffe ein paar Meter auseinandergedrückt. Armstrong stabilisiert die Mondfähre mit ein paar kurzen Salven der kleinen Steuerdüsen und meldet,

»Der Adler hat Flügel« Die Mondfähre kurz nach dem Abdocken vom Mutterschiff, 100 Kilometer über dem Erdtrabanten. Zweieinhalb Stunden später wird »Eagle« im Meer der Ruhe landen.

für seine Verhältnisse ungewohnt poetisch, Vollzug: *»Der Adler hat Flügel.«*

Vom Mutterschiff aus inspiziert der nun allein in der »Columbia« zurückbleibende Michael Collins die Mondfähre und meldet: *»Ein schönes Fluggerät, Eagle, ... außer dass ihr auf dem Kopf steht.« »Somebody's upside down! – Wer steht hier auf dem Kopf!«*, meint Armstrong nur und: *»See you later!«* In zweieinhalb Stunden, so der minutiös ausgearbeitete Flugplan, soll »Eagle« auf dem Mond aufsetzen. Hunderte Male haben Armstrong und Aldrin im LM-Simulator den Landeanflug in jedem Detail geprobt. Aber selbst im Simulator, ohne die Gewissheit, dass ein Fehler die Katastrophe bedeuten und sie das Leben kosten wird, haben die Astronauten den komplexen Anflug zum Mond immer wieder auch verpatzt. Armstrong hat beinahe 1000 Stunden Training absolviert, davon allein 285 Stunden im Simulator der Mondfähre. Und dennoch kann niemand mit Gewissheit sagen, wie die Sache heute ausgehen wird.

Jedem der Beteiligten ist klar, dass das Unternehmen buchstäblich bis zur letzten Sekunde abgebrochen werden kann. Klappt es bei Apollo 11 nicht mit der Landung, gibt es noch zwei Chancen, zwei weitere Flüge bis zum Jahreswechsel 1969-70, um Kennedys Versprechen einzuhalten. Dann wird es eben die Crew von Apollo 12 sein oder sogar erst die von Apollo 13, die für immer in die Geschichtsbücher eingehen wird. Bis zum Ende der Dekade, hatte der junge Präsident versprochen, und dieses Ziel ist der NASA heilig, ebenso wichtig wie der Vorsprung vor den Russen. Ein zu großes Risiko wird man deshalb bei Apollo 11 nicht eingehen. Alle Beteiligten wissen allerdings auch: auf Sicherheit spielen ist ebenfalls keine Option, denn ohne Risiko keine Landung auf dem Mond!
Bei jedem Flug treten kleinere Defekte in den Tausenden von Systemen auf, ebenso unvorhersehbare Pannen, Softwarebugs und Materialfehler. Manchmal versagt die Technik, obwohl sie am Boden Hunderte von Prüfläufen ohne Probleme absolvierte. Oder Daten werden falsch übermittelt oder falsch eingegeben. Murphy's Law lauert überall und trotz vielfacher Qualitätskontrollen lassen sich selbst banale Fehler nie ganz vermeiden. Zu wissen, wie weit man gehen darf, ohne das Leben der Astronauten zu riskieren – hier liegt das Geschick von Besatzung, Flight Director und Controllern! Ein kleines Leck in einer Leitung? Das Risiko wird nach sorgfältiger Analyse eingegangen. Ein ausgefallenes Instrument? Wird wahrscheinlich in Kauf genommen. Eine Fehlfunktion eines der mehrfach redundanten Systeme? Kommt darauf an, was es ist. In den *Back Rooms* des Kontrollzentrums sitzen Hunderte von Technikern, Analytikern, Computerspezialisten, Physikern, Mathematikern. Sollte etwas schiefgehen, werden sie versuchen, in kürzester Zeit das Risiko abzuschätzen und eine konkrete Empfehlung abzugeben, die der CapCom an die Crew weiterleitet – oder aber, wenn sie sicher sind, dass eine Fortsetzung des Landeanflugs in die Katastrophe führt, dem Flight Director empfehlen, das Unternehmen abzubrechen. Armstrong selbst glaubte vor dem Start nur an die fünfzigprozentige Chance einer erfolgreichen Landung bei diesem ersten Versuch und er

weiß, dass in der kritischen Phase des Abstiegs nur wenige Sekunden Zeit für die Analyse oder das Beheben von Fehlern bleiben.
Der Treibstoff der Abstiegsstufe ist aus Gewichtsgründen sehr knapp bemessen, er reicht gerade eben für einen erfolgreichen und störungsfreien Anflug, dazu ein paar Prozent Reserve. Geht etwas schief, so bleibt keine Zeit und der verbleibende Treibstoff muss für den Wiederaufstieg in den sicheren Orbit und den Weg zurück zum Mutterschiff eingesetzt werden. Für die Männer auf der Erde, im Schnitt 26 Jahre alt, bedeutet das, sie müssen im Ernstfall für jedes technische Problem innerhalb von Sekunden eine fundierte Antwort haben. Kann das Problem sofort behoben werden? Wie gefährlich ist es? *Go*? oder *Abbruch*?
Wer heute Abend – die entscheidende Phase der Landung findet zur besten Hauptsendezeit in Amerika statt – »*Abbruch!*« in das Mikrofon seines Headsets schreit, dessen Name wird auch in die Geschichte eingehen, nur nicht so, wie er sich das vorgestellt hat. Bei den Simulationen für die Landung hat es Flight Director Gene Kranz selbst getroffen, kurz vor dem Start von Apollo 11. Ein Computerproblem tauchte auf dem Display des Navigationscomputers auf wie aus dem Nichts. Und obwohl der Fehler – ein blinkendes »*1202*«, das eine Überlastung des Bordcomputers signalisierte – in seiner Natur eher unkritisch war, reagierte der Flight Director falsch. Voreilig brach er die simulierte Landung ab. Für den Perfektionisten Kranz war es eine echte Niederlage, als ihm einer der Spezialisten kurze Zeit später klarmachte, dass er den Anflug gefahrlos hätte fortsetzen können. Eine 500 Millionen Dollar teure Mission zerstören, dazu die Träume einer ganzen Nation und die von zwei Astronauten. Der Gedanke, dass ihm so etwas bei Apollo 11 passieren könnte, ist die reinste Tortur für den toughen Ex-Militärpiloten.
Ein *Abort* ist aber alles andere als unwahrscheinlich. Im Simulator der Mondfähre gingen nicht nur dieser eine, sondern immer wieder Anflüge schief. Selbst das Dream-Team aus dem supercoolen Armstrong und dem analytischen Genie »Dr. Rendezvous« – wie Aldrin wegen seiner

unglaublich fundierten physikalischen und technischen Kenntnisse, vor allem was Kopplungsmanöver im All betrifft, genannt wird – verpatzt die eine oder andere Landung. Mal spielt das Radar verrückt, mal der Computer des LM. Für eine gelungene Landung aber muss alles passen: Die Astronauten müssen in Hochform sein. Triebwerke, Computer, Radar, der Sprechfunk, alles muss perfekt funktionieren!
Ist schon aus einer niedrigen Erdumlaufbahn im Notfall kaum Rettung möglich, hier oben am Mond darf keines der lebenswichtigen Systeme versagen, keiner der Piloten einen krassen Fehler machen, sonst wird das Meer der Ruhe das Meer der *letzten* Ruhe. Niemand wagt es auszusprechen – aber so kann der erste Versuch der Menschheit, den Mond zu betreten, auch ausgehen: die Überreste von zwei Amerikanern in den pulverisierten Trümmern einer zerschellten Mondfähre. Über Jahre wäre der Blick hinauf zum Mond ein Alptraum, dem Erdtrabanten würde für Jahrhunderte das Bild des Killers anhaften, der seine ersten Besucher umbrachte. Wer würde dann so bald einen weiteren Versuch wagen? Die Astronauten schaffen es zumeist, solche Gedanken vollständig zu verdrängen. Als Testpiloten sind sie es gewohnt, morgens ihre Familien zu verlassen, um wenig später provisorisch zusammengeschraubte und nie vorher getestete Düsenjäger zu erproben, und wahrscheinlich gehört vor allem diese Fähigkeit zu den wirklich unabdingbaren Charaktereigenschaften jedes Astronauten.
Den »Stoff, aus dem die Helden sind« *(»The Right Stuff«)* nennt der Schriftsteller Tom Wolfe dieses moderne Heldentum in seinem später verfilmten Buch, das versucht zu zeigen, wie die Männer gestrickt sind, die eine hohe Wahrscheinlichkeit akzeptieren können, noch vor dem Mittagessen in einem Feuerball in der Wüste oder an Bord eines Raumschiffs sterben. Nur wenige Astronauten denken während der Flüge darüber nach, was es für Leib und Leben bedeutet, in diesen angesichts der Mächtigkeit des Universums und der Feindseligkeit des Weltraums lächerlichen Dosen aus Alufolie und Stahl mit Tausenden von Stundenkilometern um eine unbekannte Welt zu kreisen.

Neben dem sensiblen Collins, der Jahrzehnte später freimütig zugibt, »*sich immer Sorgen gemacht zu haben*«, ist Alan Bean von Apollo 12 einer der wenigen Astronauten, der sogar das Wort *Angst* ausspricht: »*Ich habe mich immer für einen der ängstlicheren Astronauten gehalten, und wenn ich aus dem Fenster* (der Kommandokapsel) *sah, dachte ich, wenn diese Scheibe jetzt rausfliegt, bin ich in einer Sekunde tot. Da draußen, nur einen Zoll weit entfernt, ist der Tod.*«

Das letzte Foto vor dem Sinkflug zur Mondoberfläche. Nachdem sich die beiden Schiffe getrennt haben, entfernen sie sich langsam voneinander. Links neben dem großen Krater ist das in dieser Phase kurzzeitig niedriger fliegende Kommandomodul zu sehen.

Eineinhalb Stunden nach dem Abdocken. »Columbia« ist längst außer Sicht. Bis zu einem Abstand von 100 Kilometern hat der nun einsame Pilot des Mutterschiffs den auf einer niedrigeren Bahn vorauseilenden »Adler« noch gesehen, jetzt ist er allein. Nicht der »einsamste Mensch« des Sonnensystems, wie manche Zeitungen schreiben (Collins genießt in Wahrheit die Ruhe), aber doch ziemlich allein, vor allem wenn sich das Schiff hinter dem Mond befindet und er auch die Erde nicht mehr sehen kann. Armstrong und Aldrin leiten jetzt über der Rückseite des Mondes das erste Bremsmanöver ein. Der 30 Sekunden lange *DOI Burn (Descent Orbit Insertion)*, die Triebwerkszündung für das Verlassen des Orbits in eine niedrigere Umlaufbahn, aus der dann genau auf der gegenüberliegenden Seite des Mondes der Endanflug eingeleitet wird, ist ein spannender Moment, auch wenn es jetzt noch nicht um Sein oder Nichtsein geht. Auch aus dem niedrigen Orbit könnte das CSM das LM im Extremfall noch retten, indem es selbst seine höhere Bahn verlässt und an das Mondschiff ankoppelt.

Das Haupttriebwerk des LM bremst das immerhin 15 Tonnen schwere Gefährt so ab, dass es in eine neue elliptische Bahn absteigt, deren niedrigster Punkt nur noch 17 Kilometer über der Oberfläche liegt. Der Computer steuert das Triebwerk und der Autopilot, ganz ähnlich dem eines Verkehrsflugzeugs, sorgt für die richtige Fluglage. Nahezu gemeinsam tauchen Mondfähre und Mutterschiff aus dem Funkschatten auf, haben wieder freie Sicht auf die Erde. »Eagle« eilt auf seiner nun schon niedrigeren Bahn »Columbia« bereits etwas voraus, dafür aber hat das Mutterschiff etwas früher Sicht zur Erde und auch Funkkontakt. Collins: »*Houston, Columbia – ich verstehe euch einwandfrei – ihr mich auch?*« CapCom: »*Roger, einwandfrei – wie ist die Zündung gegangen?*« Kurz darauf hat auch die Mondfähre Funkkontakt. »Eagle«: »*Houston, Eagle, wie ist die Verständigung?*« CapCom: »*Einwandfrei, wir warten auf euren Bericht über die Zündung.*«

43 Minuten nach Beginn des Bremsmanövers, es sind nur noch fünf Minuten bis zum Beginn des Endanflugs, bricht die Kommunikation

mit »Eagle« ab. Die Antenne hat keine freie Sicht zur Erde, ein abstehendes Teil des Raumschiffs ist im Weg. Kurz darauf reißt auch der Datenstrom der Telemetrie ab, noch wichtiger als der Sprechfunk. In weniger als fünf Minuten beginnt der Abstieg mit der *PDI (Powered Descent Initiation)* genannten langen Bremszündung, die das LM steil zum Mond hinunterfallen lassen wird. Spätestens dann muss die Verbindung stabil sein. »Columbia« muss für einen Moment als Relaisstation herhalten, Collins soll die nächste Nachricht an »Eagle« weiterleiten: Houston schlägt vor, das Mondschiff zehn Grad nach rechts zu drehen, um der Antenne so freie Sicht zur Erde zu ermöglichen. Collins gibt auch die Freigabe für die zweite Bremszündung weiter: *»Eagle, hier Columbia – sie haben euch das Go für den Abstieg gegeben.«* Kurz darauf steht die Verbindung zwar wieder, aber sie wird während der nächsten Minuten immer wieder aussetzen.

Zwei Stunden und 21 Minuten nach dem Abdocken, 1400 Kilometer bis zum Ziel, geplante Flugzeit noch 22 Minuten: »Eagle« hat seit der DOI-Zündung beinahe den halben Mond umkreist und nähert sich dem niedrigsten Punkt der neuen elliptischen Umlaufbahn. Der Bordcomputer steuert das Schiff jetzt bereits im Programm P63. Es ist das erste von drei hintereinander ablaufenden, vom M.I.T. entwickelten Programmen des Bordcomputers für den Anflug und es wird »Eagle« mehr oder weniger automatisch bis ins Zielgebiet bringen. Mit fast 6000 Stundenkilometern Geschwindigkeit überfliegen Armstrong und Aldrin in 15 Kilometern Höhe den westlichen Rand des Mare Fecunditatis (Meer der Fruchtbarkeit). Mit den Landebeinen voraus und den Kabinenfenstern zur Mondoberfläche hinab ausgerichtet, entscheidet der Kommandant, dass der Anflug fortgesetzt wird. Der Computer wird jetzt den ersten Teil der Landesequenz einleiten, ein Bremsmanöver, das den größten Teil der hohen Geschwindigkeit abbauen soll. Aber zuerst muss Armstrong manuell bestätigen, dass er fortfahren möchte. Es ist eine letzte Sicherheitsbarriere: Sollte ein wichtiger Parameter vom Soll abweichen, könnte der Kommandant das Raumschiff für einen

weiteren Umlauf in dem hohen Orbit belassen und später einen neuen Versuch wagen. Sollte hingegen während dem nun anstehenden Abstieg zur Oberfläche etwas schiefgehen, bliebe nur noch der Abbruch – und dieser wäre endgültig.
Armstrong vergewissert sich, dass Aldrin die kleine Filmkamera gestartet hat, die im rechten Fenster montiert ist und den Anflug aufzeichnen soll. Dann drückt er die *Proceed*-Taste. Ventile öffnen sich, Treibstoff und Oxidator strömen in die Brennkammer, wo sie sofort explosionsartig miteinander reagieren. »*Zündung*«, sagt Armstrong fast gleichzeitig mit Aldrin. Zunächst können sie es kaum spüren, so sanft setzt der Schub ein. Während der Computer den kardanisch aufgehängten Raketenmotor präzise am Schwerpunkt des LM ausrichtet, läuft das Triebwerk mit nur zehn Prozent seines Schubs. Dann setzt ein tiefes Grollen ein und die Kabine beginnt zu vibrieren, das Triebwerk läuft zu voller Leistung hoch. 550 Kilometer bis zur Landestelle. Wenn alles klappt, dann steht der »Adler« in 12 Minuten auf dem Mond.
Mit immer weiter abnehmender Geschwindigkeit verringert sich auch der Abstand zur Mondoberfläche. Mit den Füßen voraus und den Blick senkrecht nach unten gerichtet, stürzen Armstrong und Aldrin um den Mond herum auf das Meer der Ruhe zu. Noch 500 Kilometer. Aldrin ist kurz mit einer schwankenden Stromspannung beschäftigt, führt die Abweichung aber auf eine fehlerhafte Anzeige zurück. Als das LM die Grenze des Mare Tranquillitatis überfliegt und Armstrong und Aldrin entlang ihres Anflugkorridors – den sie in Anspielung auf die berühmte Fernstraße US-1 nennen – das Timing mithilfe der unter ihnen vorbeiziehenden Krater und Gebirge überprüfen, bemerkt Armstrong, dass Höhe und Sinkrate stimmen, sie ihre Checkpunkte aber etwa drei Sekunden zu früh überfliegen. Bei einer Geschwindigkeit von beinahe 5500 Kilometern pro Stunde bedeutet das, dass sie etwa drei Meilen »zu lang« landen werden, wie Piloten es nennen, wenn sie zu spät aufsetzen.
Drei Minuten nach Beginn des Bremsmanövers passiert »Eagle« den Krater Maskelyne. Der Funkverkehr wird nun ständig durch stati-

sches Rauschen unterbrochen, auch die Datenübertragung zur Erde, wo die Controller jeden Parameter des LM an ihren Konsolen überwachen, setzt immer wieder aus. Plötzlich ist das Rauschen weg und Armstrong hört den CapCom wieder ganz klar: »*You are Go to continue powered descent.*« Für Armstrong ist dieses Okay für den weiteren Sinkflug der Moment, den Lander um seine Längsachse zu drehen, sodass die beiden Fenster wieder nach oben ins All zeigen. Die sonnenbeschienene graue Landschaft dreht sich weg, bis beide Fenster vollständig schwarz sind. Auch wenn der Computer steuert, jetzt ist es ein echter Blindflug, auf dem Rücken liegend, mit den Füßen voran, 3400 Stundenkilometer schnell.

Den Mond können die beiden jetzt nicht mehr sehen – aber während das LM in das Zielgebiet rast, haben sie nun die Erde mitten im Blickfeld. Bis sich die Fähre wieder in die Vertikale aufrichten und ihnen einen Blick auf die Landestelle ermöglichen wird, müssen sie darauf vertrauen, dass der Autopilot sie präzise ins Ziel steuert. Aldrin: »*Ich hab' die Erde genau im Fenster.*« Allerdings hat er nun kaum mehr Zeit, den Anblick zu genießen, da er für Armstrong ununterbrochen und höchst konzentriert die Werte abliest, die der Computer liefert.

46 000 Fuß Höhe, 14 Kilometer. Zum ersten Mal erfasst das Landeradar die Oberfläche des Mondes und wird aktiv. Mit dem lautlosen und weichen Flug ist es jetzt vorbei: Die Daten des Radars werden vom Computer zur Einhaltung der korrekten Fluglage direkt in Steuerbefehle für die 16 kleinen Korrekturdüsen des »Adlers« umgesetzt. Immer wieder erzittert das Schiff unter den kurzen Zündungen. Erstaunlich oft, findet Armstrong, zünden die kleinen Raketenmotoren, um das LM in der richtigen Lage zu halten. Obwohl Armstrong und Aldrin ihre Helme aufhaben, ist der Lärm ohrenbetäubend. Durch die dünnen Außenwände klingen die kurzen Impulse der Korrekturdüsen so, wie wenn man in einem Blechfass sitzt, das von außen mit einem Hammer bearbeitet wird. Gleichzeitig schlingert das Schiff leicht hin und her.

12000 Meter. Die Astronauten haben nun zwei Höhenangaben auf dem Computerdisplay: zum einen den Wert, den der Bordcomputer aus den Bahndaten und den Informationen des Trägheitsnavigationssystems berechnet, zum anderen die Messungen des Radars, das die Oberfläche mit Mikrowellen abtastet und aus ihrer Reflexion die Höhe über Grund errechnet. Die Differenz zwischen den beiden Werten (»Delta H«) beträgt weniger als 1000 Meter, ist im normalen Bereich. Zehn Kilometer Höhe. Aldrin beschließt, den präziseren Wert des Radars in den Computer zu laden und den Autopiloten ab jetzt mit diesem Wert steuern lassen. Noch bevor er dazu kommt, Houston darüber zu informieren, leuchtet eine gelbe Warnlampe in Augenhöhe auf. »*Programmalarm!*«, meldet Armstrong von links mit nur leichter Anspannung in der Stimme … »*Es ist ein 1202*«, fügt er hinzu, nachdem er den Code vom Display des Computers abgelesen hat. »*Zwölf-Null-Zwei*«, bestätigt Aldrin. Eine Computerstörung? In dieser kritischen Phase?

An seiner Konsole in Houston glaubt Flight Director Gene Kranz – zur Feier des Tages trägt er heute eine neue weiße Weste (die seine Frau mit Silberfäden bestickt hat) – seinen Ohren nicht zu trauen. Genau die gleiche Computerstörung, die bereits in den Simulationen aufgetaucht war. Auch CapCom Duke hat schon begriffen: » …derselbe, den wir im Training hatten!« »Twelve-oh-two« bedeutet, dass der Rechner durch zu viele eingehende Daten überlastet ist. Nach dem Auftauchen genau dieses Fehlercodes hat Kranz damals den Anflug fälschlicherweise abgebrochen, nachdem der 26-jährige Controller Steve Bales, zuständig für den Computer des LM, ihm dazu geraten hatte. Das war voreilig, denn es stellte sich bald heraus, dass der Rechner in diesem Zustand zwar am Rande seiner Kapazität arbeitet, aber seinen Hauptjob, nämlich die Steuerung des Schiffes, weiter zuverlässig erledigt. »*1202*« ist kein Grund zum Abbruch, das haben ihm seine Spezialisten nach der Übung damals eingeschärft.

Es ist genau diese peinliche Erfahrung aus dem Training, die die Mission Apollo 11 in diesem kritischen Moment rettet. Denn jetzt, beim realen Anflug, benötigen die Spezialisten nur zehn Sekunden, um den richtigen Schluss aus der alarmierenden Anzeige zu ziehen. »*Gebt uns eine Erklärung für den 1202-Alarm*«, insistiert Armstrong bereits. Bales hat schon sein blaues Manual mit den Computer-Codes aufgeschlagen, aber der Software-Experte Jack Garman, der sich eine Liste aller Fehlermeldungen unter die Plexiglasscheibe seines Tisches im *Back Room* gelegt hat, hat schon die Antwort: »*Ist ok!*«, instruiert er Bales. Dieser entscheidet sich als verantwortlicher »*Guido*« (Guidance Officer) sofort gegen einen Abbruch und gibt die Nachricht an den CapCom Charlie Duke weiter: »*We are Go on that alarm!*« – »Wir können fortfahren!« Nur wenn die Störung andauern sollte, meint Garman, droht Gefahr. Der Computer könnte dann seine Arbeit einstellen und sie müssten abbrechen. Der CapCom sendet die gute Nachricht an die Crew und Aldrin löscht die Warnung des Computers, die aber in den nächsten Minuten immer wieder auftauchen und die Crew während des Anflugs ablenken wird.

Viele Jahre später wird klar, warum der Computer in dieser Phase des Anflugs protestierte. Aldrin hat, wie er selbst erklärt, entgegen den Anweisungen der Checkliste (er hält die Programmierer des M.I.T. in diesem Punkt für etwas engstirnig) das in der Abstiegsphase eigentlich nicht benötigte Rendezvous-Radar in Betrieb gelassen. Aldrin will sichergehen, dass »Eagle« im Falle eines Abbruchs so schnell wie möglich zum Mutterschiff zurückfindet. Er weiß, dass das Hochfahren des Systems nach dem Einschalten immer etwas dauert und genau darum lässt er das Rendezvous-Radar eingeschaltet. Der Computer allerdings wird nun mit den Daten der beiden Systeme regelrecht überschwemmt und beginnt Warnungen auszusenden. Glücklicherweise stürzt der Rechner nicht ab und erledigt seine primären Aufgaben weiter zuverlässig. 30 Sekunden später reduziert der Computer die Triebwerksleistung auf 60 Prozent und leitet so die letzte Phase des Anflugs ein.

25 000 Fuß, 7000 Meter Höhe. Der Timer am Instrumentenbrett zeigt exakt 102 Stunden, 39 Minuten und 34 Sekunden seit dem Start in Florida, als der Computer die Triebwerksleistung auf 60 Prozent reduziert und das Schiff beginnt, sich mithilfe der Steuerdüsen langsam weiter aufzurichten. »*Wow*«, staunt Aldrin, als er die hohe Verzögerung bemerkt und beinahe wieder schwerelos wird. »... *Man kann es richtig spüren, wenn es die Leistung rausnimmt ... besser als im Simulator.*« Die Vorwärtsgeschwindigkeit des LM nimmt nun rapide ab. »Eagle« ist bereits sehr nahe am geplanten Zielgebiet, das jetzt genau vor ihren Augen liegt. Der letzte Teil des Anflugs beginnt. Ein weiteres Mal protestiert der Computer gegen die Datenflut, wieder ein *1202*-Alarm. Niemand im Kontrollzentrum schlägt einen Abbruch vor und auch der Kommandant verschwendet keinen Gedanken daran, in dieser Phase noch aufzugeben.
Eine halbe Minute später: »Eagle« ist 6500 Meter hoch und immer noch über 1300 Stundenkilometer schnell. CapCom: »*Sieben Minuten* (Anm.: nach Beginn der Zündung), *alles sieht gut aus*!« Aldrin bespricht einige Details bezüglich der Antennenstellung und Datenübertragung mit Houston. Der CapCom bestätigt: »*Roger. Wir haben jetzt guten Empfang.*«
Während die Fähre sich, immer noch mit hoher Vorwärtsgeschwindigkeit, aufrichtet, sieht Armstrong offenbar die Mondoberfläche von unten in sein Blickfeld steigen. Auf der Erde sind nur durch Nebengeräusche und Störungen deformierte Bruchstücke zu hören: »... *das Fenster .... Blick aus dem Fenster ...* «. Aldrin versucht, den Computer etwas zu entlasten, indem er Navigationsdaten vom Kontrollzentrum anfordert, anstelle sie vom Bordrechner ausgeben zu lassen. Er weiß: Wenn der Computer jetzt ausfällt, dann war es das mit der Landung! Vierzig Sekunden vergehen. 5000 Meter über dem Mare Tranquillitatis, weniger als 20 Kilometer bis zur Landestelle. Ohne dass es jemand ausspricht, ist jetzt klar, dass Armstrong und Aldrin die Landung unbedingt wagen wollen. Waren sie im Simulator noch darauf bedacht,

jeden Anflug bei Problemen rechtzeitig abzubrechen – jetzt, wo es ums Ganze geht, sind sie anders gepolt: bis ans Limit gehen, abgebrochen wird nur im äußersten Notfall. Aldrin später: »*Im Training wirst du daraufhin ausgebildet, in einer bestimmten Situation die richtige Reaktion zu zeigen – wenn es aber keine Simulation mehr ist, willst du alles tun, um landen zu können.*«

Das Triebwerk hat ganze Arbeit geleistet und die Fähre weitgehend abgebremst. In vier Kilometern Höhe ist das LM mit beinahe 1000 Stundenkilometern noch schnell wie ein Airbus im Reiseflug, mit dem Unterschied, dass sein Flug ein rein ballistischer ist: Triebwerksschub gegen Gravitation, dazu die 16 Steuerdüsen für die Fluglage. Würde in dieser Phase das Triebwerk den Dienst versagen, so fiele die Mondfähre wie ein Stein in Richtung Oberfläche und es gäbe nur eine Möglichkeit zur Rettung: Armstrong würde den rechten der beiden auf dem Instrumentenbrett gelb-schwarz eingefassten Schalter mit der Aufschrift »*Abort Stage*« drücken. Sofort würde das Unterteil der Fähre samt Landebeinen abgesprengt und der obere Teil könnte zum Mutterschiff zurückkehren. Aldrin fragt, wie weit es noch bis zum *Pitchover*-Punkt ist, der Stelle, an der sich das Schiff für die Landung aufrichten wird: »*Give us an estimated pitchover time please, Houston.*« »*Dreißig Sekunden bis P64*«, kommt Dukes Antwort ohne Verzögerung. 2800 Meter. »Eagle« ist jetzt so niedrig wie ein Verkehrsflugzeug im Endanflug auf einen Flughafen, mit über 800 Stundenkilometern aber dreimal so schnell.

Den Punkt, an dem dies geschieht, haben die Missionsplaner *High Gate* getauft. Ist er erreicht, wird die Fähre sich beinahe vollständig in die Vertikale aufrichten. Wenige Sekunden später, die 2000 Höhenmeter sind unterschritten, hört man Armstrong bereits bestätigen: »*P64 … 129 Fuß pro Sekunde … High Gate.*« Die Bremsphase ist nun vorbei, die Software für die Anflugphase startet. Haben Armstrong und Aldrin bis zu diesem Moment den Mondhorizont nur im unteren Teil der beiden dreieckigen Scheiben gesehen, so liegt nun das gesamte Landegebiet vor ihnen; grau mit tiefschwarzen, scharfen Schatten von Gebirgen, Rillen und Kraterrändern. Zum ersten Mal hat die Crew nun eine Chance, die voraussichtliche Landestelle zu sehen, zu der sie der Autopilot bringen wird.

Armstrong, der diesen Check eigentlich früher hätte durchführen sollen, aber durch die ständigen Warnungen des Rechners und den dazugehörigen Funkverkehr abgelenkt war, schaltet kurz um auf die manuelle Steuerung, testet, ob diese auch anspricht, und übergibt das Schiff sofort wieder dem Computer. Greift er nun nicht mehr ein, so wird die Automatik am *Low Gate*-Punkt, 500 Fuß über dem Boden, auf P65 umschalten und die Fähre automatisch landen. 1000 Meter über der Landestelle kommt die offizielle Landefreigabe aus Houston, so wie Piloten das eben gewöhnt sind. Duke: »*Eagle, Houston – you're Go for landing.*« »*Roger. Go for landing. 3000 feet*«, antwortet Aldrin pflichtgemäß. Das Umschalten in den Anflugmodus bedeutet für den Computer eine zusätzliche Aufgabe, da der Kommandant in diesem Modus die Möglichkeit hat, den Landeplatz bei Bedarf rein nach Optik zu verlegen.

Die Prozedur, die sich das M.I.T. zu diesem Zweck ausgedacht hat, ist ebenso genial wie einfach: Aldrin sagt dem Kommandanten den auf dem Display des Computers angezeigten Landewinkel an, Armstrong blickt durch eine in seine Scheibe geätzte Gradskala des *Landing Point Designator* (LPD) auf die Mondlandschaft und kann so präzise abschätzen, wo der Autopilot das Schiff in den Mondstaub setzen wird. Ist der Ort, den der Autopilot anfliegt, nicht geeignet für eine sichere Landung, so kann Armstrong mit dem Joystick-ähnlichen Controller in der rechten Hand den Landepunkt des Autopiloten verlegen, einfach indem er den Steuerknüppel in die gewünschte Richtung drückt. Sofort ändert sich die Anzeige des Computers und der Kommandant kann den neuen Landeplatz durch das Visier überprüfen.

Der Autopilot des LM bietet auch die Möglichkeit, das Mondschiff vollautomatisch zu landen. Aktiviert der Kommandant kurz vor der Landung nicht den halb automatischen P66-Modus, springt der Rechner automatisch in das Programm P65 und steuert das LM ohne jegliche Hilfe der Astronauten. Keiner der sechs Kommandanten, die jemals ein LM auf dem Mond gelandet haben, wird diese Möglichkeit jedoch nutzen, zum einen, weil sich die Fähre dann nicht zu der wirklich günstigsten Stelle steuern lässt, vor allem aber: »Soll ich meinen Enkelkindern erzählen, dass mich der Autopilot auf den Mond gebracht hat?« (Gene Cernan, Apollo 17). Für Neil Armstrong stellt sich diese Frage am 20. Juli 1969, während des ersten Anflugs von Menschen auf einen anderen Himmelskörper, erst gar nicht, er hat wirklich handfeste Gründe, die Flugbahn bis zum Mondboden selbst zu bestimmen.

102 Stunden, 42 Minuten und 19 Sekunden nach dem Start von Cape Kennedy. Die letzte Phase des Anflugs beginnt mit einer weiteren Warnung des Computers.

Aldrin: »*Programmalarm ... 1201.*«

Armstrong: »*1201.*« Und zu Aldrin: »*2000 ... 50.*« (Sinkrate in Fuß pro Sekunde)

Duke: »*Roger. 1201. ... Alarm ... es geht weiter ... gleicher Typ! ... Es geht weiter!*«

Aldrin: »*2000 Fuß.*«

Armstrong: »*Gib' mir ein LPD!*«

Aldrin: »*47 Grad.*«

Armstrong (zu Aldrin): »*47 ... die Gegend sieht nicht schlecht aus ... okay ... 1000 mit 30 ist gut ... was ist das LPD?*«

Duke: »*Eagle, sieht gut aus. Ihr seid Go.*«

Dann plötzlich wieder Aldrin: »*1202.*«

Duke: »*Roger, 1202, haben wir.*«

Aldrin: »*35 Grad, 35 Grad... 750* (Höhe in Fuß), *wir kommen mit 22 runter* (Sinkrate).«

Armstrong (zu Aldrin): »*Okay ...*«

In diesem Augenblick schaltet Armstrong den Autopiloten von »*Auto*« auf »*Attitude Hold*«, den Modus, in dem er ihn von Hand übersteuern kann, dieser aber für ein sicheres Einhalten der Fluglage und des Sinkflugs sorgt. Da in dieser Betriebsart der Bordcomputer weniger ausgelastet ist, werden die Warnungen des Rechners nun seltener.

Armstrong (zu Aldrin): »*Ziemlich felsige Stelle!*«

Aldrin: »*600 Fuß, runter mit 19.*«

Armstrong: »*Ich werde jetzt …*«

Armstrong greift zum ersten Mal manuell in die Steuerung ein, womit der halb automatische *Attitude Hold*-Modus (*P66*) startet, der es ihm ermöglicht, den Kurs zu ändern. Um einen mit Felsbrocken in der Größe von Autos übersäten Krater zu überfliegen, kippt er das LM wie einen Hubschrauber nach vorne und fliegt ein Stück in Richtung Westen. Mit der linken Hand betätigt er den kleinen Kippschalter, mit dem er die Sinkrate beeinflussen kann. »Klickt« er nach oben, sinkt das Schiff langsamer, drückt er ihn nach unten, geht es schneller abwärts.

Aldrin: »*540 Fuß, sinken mit … LPD ist 30 … sinken mit 15 … 400 Fuß, sinken mit 9 … 58 vorwärts* (64 Stundenkilometer Vorwärtsgeschwindigkeit).«

Armstrong: »*Kein Problem!*«

Aldrin: »*350 Fuß, sinken mit 4 … 330 Fuß, sinken dreieinhalb. Okay, du bist mit der Vorwärtsgeschwindigkeit am Anschlag … 300 Fuß, sinken dreieinhalb … 47 vorwärts* (50 km/h) … *Mach langsamer! … Eineinhalb sinken, lass sie runter! … 270 Fuß.*«

Armstrong: »*Okay, wie sieht's mit dem Sprit aus?*«

Aldrin: »*Acht Prozent.*«

Armstrong: »*Okay!… Hier … das sieht wie eine gute Stelle aus.*«

Aldrin: »*Ich sehe einen Schatten … 250 … runter mit zweieinhalb … 19 vorwärts.*«

Aldrin: »*… Warnlampen für Höhe und Geschwindigkeit sind an …*«

(Offenbar hat das Landeradar den Kontakt zum Boden verloren und der Computer bekommt in diesem Moment keine sauberen Daten.)

Aldrin: »*Jetzt kommen wir schön runter!*«

Armstrong: »*Wir werden genau über diesem Krater sein.*«

Kurz vor dem Aufsetzen: Kommandant Neil Armstrong schaltet eben den Autopiloten in den halb manuellen Modus. Special Effects-Designer John Knoll (»Krieg der Sterne«) erstellte fotografisch präzise am Computer einen fiktiven Blick über Kommandant Armstrongs Schulter in den letzten Sekunden vor der Landung von Apollo 11.

Aldrin: »*… 200 Fuß, viereinhalb sinken.*«

Unterhalb von 200 Fuß über dem Mondboden befindet sich das LM in der *Dead Man's Curve*: wenn in dieser Situation das Triebwerk ausfällt, sind die Astronauten tot; die Zeit reicht in dieser geringen Höhe nicht, um die Abstiegsstufe abzusprengen, das Triebwerk zu zünden und durchzustarten. Das LM würde unweigerlich auf dem Mond zerschellen.

Aldrin: »*Fünfeinhalb sinken … fünf Prozent … 75 Fuß … sechs vorwärts … und sieht gut aus!*«

Duke: »*60 Sekunden!*«

Jetzt wird es eng. Der Treibstoff der Abstiegsstufe geht zur Neige. Wenn Armstrong nicht innerhalb der nächsten 60 Sekunden landet, muss er den Anflug abbrechen.

Aldrin: »*40 Fuß. Sinken mit zweieinhalb, wir wirbeln etwas Staub auf … 30 Fuß, sinken mit zweieinhalb …*«

Armstrong berichtet später, dass er sich entscheidet, wo er landen wird, als er unter die 30-Fuß-Marke kommt, und dass er das LM aus dieser Höhe auch auf den Mond hätte fallen lassen. Seiner Meinung nach hätte das Landegestell dies ausgehalten.

Aldrin: »*Schatten … 4 vorwärts … 4 vorwärts … driften etwas nach rechts … 20 Fuß … runter mit einem halben.*«

Duke: »*30 Sekunden* (Treibstoffreserve).«

Aldrin: »*Driften etwas vorwärts … das ist gut!*«

Aldrin: »*Contact Light* (ein blaues Licht am Instrumentenbrett).«

Dann schwebt die Fähre noch einmal etwas nach links und setzt im nächsten Moment so sanft auf, dass die beiden Astronauten es kaum spüren.

Aldrin: »*Ok! Triebwerk aus … ACA out of Detent.*«*

Armstrong: »*Out of Detent … Auto.*«

* Der Kommandant soll den Steuerknüppel (»ACA«) aus der Neutralstellung in eine Position bringen, die der Neigung der Mondfähre auf der Mondoberfläche entspricht, um so das Feuern der Lagetriebwerke zu beenden.

Houston: »*Wir sehen, dass ihr unten seid, Eagle!*«

»Eagle«: »*Houston, Tranquility Base hier. Der Adler ist gelandet!*«

Houston: »*Roger, Twan ... Tranquility*«, CapCom Duke ist so aufgeregt, dass er das Wort kaum hervorbringt, »*wir sehen, dass ihr unten seid. Hier sind ein paar Jungs, die gerade begonnen haben, blau anzulaufen. Jetzt atmen wir wieder. Danke!*«

Es ist der 20. Juli 1969, genau 15:17 Uhr in Houston, in Deutschland ging vor einer Stunde die Hauptausgabe der Tagesschau zu Ende. Auch in den Nachrichten ging es nur um die Landung. Europa steht eine lange Fernsehnacht bevor.

Im Wohnzimmer eines Hauses in Nassau Bay bei Houston jubelt eine Frau: »*They did it! They did it!*« Es ist Aldrins Frau Joan, die mit Familienmitgliedern und Freunden vor dem Fernsehgerät sitzt. 400 000 Kilometer entfernt, 50 Kilometer nördlich des Kraters Moltke im Südosten des Mare Tranquillitatis, lobt in diesem Augenblick gerade ihr Mann seinen Kommandanten, fast wie ein Fluglehrer seinen Schüler: »*Sehr weich gelandet!*«

Das LM ist etwa 60 Meter westlich des in der letzten Phase überflogenen Kraters niedergegangen. Nun, da das Triebwerk erloschen ist, haben die Vibrationen völlig aufgehört. Nur noch ein paar Pumpen sind zu hören. Ohne Verzögerung beginnen Armstrong und Aldrin damit, das Schiff wieder abflugbereit zu machen. Trotz der weichen Landung könnte das LM während Anflug oder Landung beschädigt worden sein und bevor es nicht gründlich durchgecheckt ist und die Bodenkontrolle ihr Okay für einen längeren Aufenthalt gegeben hat, müssen sie darauf vorbereitet sein, innerhalb kürzester Zeit wieder zu starten. Sollten einer der Tanks des Aufstiegstriebwerks oder das Helium-Drucksystem für die Treibstoffzufuhr leck sein, zählt jede Sekunde. Während des simulierten Countdowns justieren die beiden Astronauten auch die Trägheitsplattform neu, was wegen der Schwerkraft nötig ist, die nun auf die empfindlichen Kreisel einwirkt. Wenige Sekunden nach dem Aufsetzen ist die Fähre wieder startbereit.

Armstrong weiß, dass er eine butterweiche Landung hingelegt hat und ein Schaden unwahrscheinlich ist. Aber es gibt auch noch andere Risiken als etwa ein abgeknicktes Landebein: Was, wenn das LM langsam in den Mondboden einsinkt oder an Stabilität verliert? Nur ein sofortiger Rückstart könnte die beiden Männer retten, wenn das LM begänne umzukippen. Das Schiff aber scheint gerade aufgesetzt zu haben, die ersten Beobachtungen ergeben, dass es mit nur viereinhalb Grad leicht rückwärts geneigt neben einem größeren Krater steht. Aber sicher ist sicher! Noch weiß niemand, ob der Mond nicht doch eine tödliche Gefahr in sich birgt. Präsident Nixon hat für den Fall einer Tragödie einen fertigen Text seines Redenschreibers Bill Safire auf seinem Schreibtisch im Weißen Haus: »Das Schicksal hat bestimmt, dass die Männer, die zum Mond flogen, auf dem Mond bleiben werden, um sich dort zur letzten Ruhe zu legen ....« Im letzten Absatz des Dokuments empfiehlt Safire dem Präsidenten, eine symbolische Beerdigung auf der Erde durchzuführen, nachdem der Funkkontakt mit den sterbenden Astronauten eingestellt wurde.
Armstrong und Aldrin arbeiten ruhig und konzentriert ihre Checklisten ab. Immer wieder können sie natürlich der Versuchung nicht widerstehen und blicken durch die beiden dreieckigen Bullaugen. Das LM wirft wegen der tief stehenden Sonne den langen tiefschwarzen Schatten einer großen vierbeinigen Spinne über die unwirkliche Landschaft. Der Himmel über der grauen Steinwüste erscheint wegen des hohen Kontrasts zwischen dem sonnenbeschienenen Boden und der Schwärze des Alls sternenlos.
Eine Minute nach dem Aufsetzen kommt der erlösende Funkspruch aus Houston: »*Eagle, you are stay for T1.*« – alles okay mit dem Schiff, sie können erstmal bleiben. 12 Minuten haben Armstrong und Aldrin nun noch für einen Alarmstart Zeit, sollten sie »Columbia« im Mondorbit so schnell wie möglich erreichen müssen. Steht das LM länger als 12 Minuten auf dem Mond, werden sie einen weiteren Umlauf des Mutterschiffs abwarten, um zurückkehren zu können.

Das erste Foto nach der Landung. Einige Bilder machte die Apollo 11-Crew sofort nach dem Aufsetzen durch die Fenster des LM – für den Fall, dass wegen eines technischen Defektes ein sofortiger Rückstart notwendig gewesen wäre.

Houston informiert Collins, der hoch oben über dem Trabanten ruhig seine Bahn zieht, über die erfolgreiche Landung, aber dieser hat die ganze »Show« mitgehört: *»Fantastic!«*, ruft er seinen Kollegen aus der Umlaufbahn zu. Nachdem Houston soeben die Genehmigung für einen längeren Aufenthalt *(»Stay for T2«)* erteilt hat, ist wieder Armstrongs Stimme im Kontrollzentrum zu hören. Der Kommandant entschuldigt sich beinahe für die nervenaufreibenden letzten Sekunden des Anflugs: *»Houston, das mag euch wie eine sehr lange Endphase* *vorgekommen sein. Die automatische Zielführung brachte uns direkt in einen Footballfeld-großen Krater mit vielen mächtigen Felsblöcken und Steinen … ich musste manuell über dieses Feld voller Felsblöcke fliegen, um eine einigermaßen gute Stelle zu finden.«*

Niemand weiß, wo genau das LM gelandet ist, und auch CSM-Pilot Mike Collins wird es nicht gelingen, die Landestelle auszumachen. Aus 110 Kilometern Höhe mithilfe der Optik des Sextanten die zehn Meter große Fähre inmitten der unruhigen Landschaft aus Tausenden von Kratern zu suchen, ist so, wie wenn man aus einem Verkehrsflugzeug mit einem einfachen Fernglas nach einem in Manhattan geparkten Smart Ausschau hält. Hinzu kommt, dass das CSM mit beinahe 6000 Stundenkilometern um den Mond fliegt und Collins deshalb während jedes Umlaufs nur wenige Minuten Zeit hat, nach einem winzigen silbernen Punkt zu suchen. »*Die Jungs, die meinten, wir würden nicht genau feststellen können, wo wir uns befinden, sind heute die Gewinner!*«, flachst Armstrong im Meer der Ruhe.

Der Commander beginnt, die Landschaft um das LM zu beschreiben: *»Aus dem linken Fenster sieht man eine relativ flache Ebene mit einer ziemlich großen Zahl von Kratern, die so in der Größenordnung von eineinhalb bis 15 Meter liegen … Tausende kleiner Krater! … Da ist ein Hügel im Blickfeld, genau auf unserem Flugweg … es ist schwer zu schätzen, aber er könnte eine halbe Meile oder eine Meile weg sein …«*.

Durch das Fehlen jeglicher Atmosphäre – diese Erfahrung werden alle Apollo-Astronauten machen – ist die Sicht so grenzenlos klar, sind die Konturen so scharf und die Kontraste so stark, dass den Besatzungen unwirklich erscheint, was sie sehen, und eine Beurteilung von Höhen und Entfernungen unmöglich ist.

Das LM steht seit einer halben Stunde auf dem Mond und die beiden Männer sind noch immer mit der Technik beschäftigt, als Armstrong einfällt, dass sich direkt über seinem Kopf das kleine rechteckige *Docking Window* für das Koppelmanöver der Schiffe befindet. Direkt über sich sieht er die Erde am Himmel stehen, ein prächtiges blau-

weißes Juwel, viermal so groß wie der Vollmond von der Erde aus. *»Ich sehe auf die Erde«*, erzählt er, ungewohnt mitteilsam, CapCom Charlie Duke in Houston, *»sie ist groß, leuchtend hell und schön.«*
Obwohl die Landschaft auf den ersten Blick nicht viel anders aussieht als eine der Wüsten im Westen der USA, ist der Blick hinaus für Armstrong und Aldrin unglaublich spannend. Sie müssen sich immer wieder vergegenwärtigen, dass diese graue Wüste vor ihren Augen, ein paar Meter unter ihrer Kabine aus dünnem Alublech, *wirklich der Mond ist.* Jahre ihres Lebens haben sie mit dem Training, der Konstruktion der Schiffe, in Labors, Flugsimulatoren, Schulungsräumen, Montagehallen und Hörsälen verbracht. Hunderte von technischen Besprechungen haben sie absolviert, den tragischen Rückschlag von Apollo 1 verarbeitet, über Jahre ihre Ehefrauen und Kinder vernachlässigt. Aber jetzt sind sie hier.
Der Missionsplan sieht für die Zeit nach der Landung eine längere Ruhepause vor. Aber die Plan ist in diesem Punkt absurd: Eben auf dem Mond gelandet, sollen sie nun schlafen? Die Ruhepause ist ursprünglich eingefügt worden, um den Astronauten im Fall von technischen Problemen eine flexiblere Zeitplanung zu ermöglichen. Jetzt aber, wo klar ist, dass »Eagle« auf dem Mond genauso gut funktioniert wie in Grummans Montagehalle, kann der Plan etwas abgeändert werden. Ausgefallen ist allein der Mission Timer am Instrumentenbrett, der die seit dem Start von der Erde abgelaufene Zeit anzeigt. Die können die Astronauten sich aber auch über Funk geben lassen und außerdem haben sie ja die Armbanduhren.
Vier Stunden nach dem *Touchdown* im Meer der Ruhe – am Funk heißt die Fähre jetzt *Tranquility Base* – beginnen Armstrong und Aldrin mit dem, wie sie später anmerken werden, schwierigsten Teil des Außenbordeinsatzes: dem Anlegen der Anzüge. Die A7L-Raumanzüge der Firma ILC Dover für den Mond haben mit Kleidung im eigentlichen Sinne wenig zu tun. Vielmehr handelt es sich um anlegbare Raumschiffe, mit beinahe allen typischen Systemen von solchen.

Wie die Kabinen von »Eagle« oder »Columbia« steht das Innere des Anzugs unter Druck. Wäre dies nicht der Fall, würde das Blut der Astronauten im Vakuum bereits bei Körpertemperatur kochen – ein sekundenschneller Tod. Und wie das Raumschiff sind sie mit Kühl-, Ventilations- und Sprechfunksystemen ausgestattet, die sich in dem auf der Erde massigen, auf dem Mond aber leichten Rucksack namens PLSS *(Portable Life Support System)* befinden. Die äußerst effektive Kühlung für den Astronauten besteht aus einer »Unterwäsche« mit eingewobenem Gefäßsystem aus Kunstoffröhren, durch die Kühlwasser strömt. Und das beim Atmen entstehende Kohlendioxid wiederum wird durch einen entsprechenden Filter aus der Atmosphäre des Anzugs entfernt. Sogar einen Mikrometeoritenschild haben die Anzüge: es ist die oberste seiner vielen Schichten. Der aus Polycarbonat gefertigte Helm, unter dem der Kopf frei beweglich ist, wird wie die Handschuhe mit bajonettartigen Verschlüssen befestigt. Gegen die auf dem Mond äußerst aggressive Sonneneinstrahlung ist das Visier des mit einer Stoffkappe abgedeckten Helms mit Gold beschichtet.
Diese Anzüge, die eher Maschinen sind, anzulegen, ist eine, vor allem in der Enge der Mondfähre, äußerst mühsame Prozedur, die mit höchster Sorgfalt durchgeführt werden muss. Hilfreich ist die geringe Schwerkraft: Der gesamte Anzug hat eine Masse von 82 Kilogramm, wiegt auf dem Mond aber nur ein Sechstel davon, rund 14 Kilogramm. Jetzt verbinden Armstrong und Aldrin noch die diversen Schläuche für Atemluft und Elektrik mit den blau und rot eloxierten Anschlüssen, befestigen die kleine Steuereinheit für Anzug und Sprechfunk auf der Brust und schließlich sind sie bereit.
Als Houston das Okay gibt, wird die Atmosphäre des LM zischend in das Vakuum abgelassen. Der rechts stehende Aldrin versucht nun, die rechteckige Luke in Kniehöhe nach innen zu öffnen. Da der Innendruck der Fähre noch nicht weit genug abgesunken ist, gelingt dies nicht auf Anhieb. An dem fragilen Griff zerren will er nicht, also zieht Aldrin sachte an einer Ecke der Tür. Durch das entstehende Leck ent-

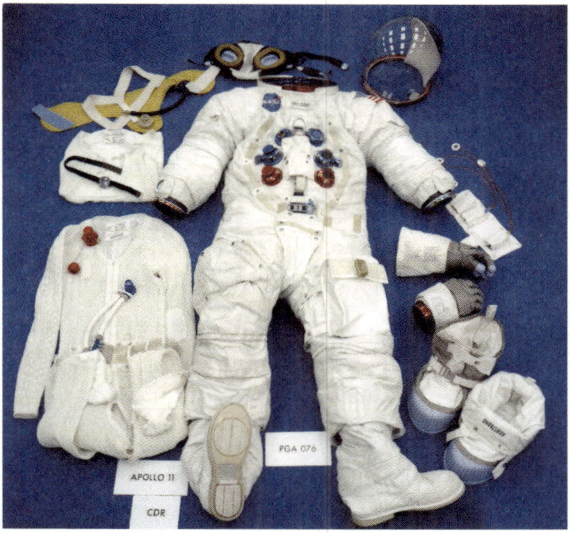


Der »A7L«-Mondanzug des Apollo-Programms. Insgesamt 25 Lagen Material schützen den Träger dieser »Raumschiffe zum Anziehen« vor Mikrometeoriten und extremen Temperaturen zwischen minus 160 und plus 130 Grad Celsius. Preis eines Anzugs: circa zwei Millionen Dollar.

weicht sofort der Rest an Luft, die Klappe lässt sich nun leicht öffnen. »*Die Luke geht auf!*«, funkt der Kommandant zur Erde, und diesmal ist in seiner Stimme Aufregung zu spüren.

Auf den Knien rutschend, zwängt Armstrong sich rückwärts durch die enge Öffnung, bis er auf der kleinen Plattform zwischen Luke und Leiter ankommt. Tagelang in engen Raumschiffen eingeschlossen, verschlagen ihm die Weite der Landschaft und der Panoramablick den Atem. Es dauert ein paar Sekunden, bis er sich an die surreale Optik gewöhnt. Dann zieht er an einem D-förmigen Griff außen am LM. Über ein Stahlseil betätigt, öffnet sich schräg unter ihm eine Klappe in der Abstiegsstufe wie eine kleine Zugbrücke. An ihr ist eine schwarzweiße Fernsehkamera befestigt, die nun aktiviert wird und die ersten schemenhaften Bilder zur Erde schickt. Da das Bild von seinem Format her nicht für das öffentliche TV-Netz geeignet ist, nimmt es eine Fernsehkamera im Kontrollzentrum von einem Monitor ab, was die ohnehin dürftige Qualität weiter verschlechtert. Innerhalb von Sekunden gehen die geisterhaften Bilder des Kommandanten auf der Leiter um die Welt, mindestens 600 Millionen Menschen rund um den Globus sind in diesem Augenblick Zeuge. Vor den Schaufenstern von Fernsehgeschäften in den USA (in Deutschland ist es mitten in der Nacht) bilden sich Trauben von Menschen, die es nicht nach Hause geschafft haben oder keinen Fernseher besitzen. Die Menschheit hält buchstäblich den Atem an.

Es ist 3 Uhr 56 mitteleuropäischer Zeit, beste Fernsehzeit in den USA, als Armstrong vorsichtig von der letzten Stufe der Leiter in den Landeteller der Fähre steigt. Seine Landung ist so sanft gewesen, dass die Teleskopbeine des LM nicht wie vorgesehen eingefedert sind. Die letzte Sprosse der Leiter liegt deshalb in einem Meter Höhe. Armstrong, der auch deshalb hier steht, weil er noch nie etwas dem Zufall überlassen hat, will absolute Gewissheit und vergewissert sich kurz, dass der Aufstieg kein Problem sein wird, erst danach macht er sich daran, den Mond zu betreten: *»Ich bin jetzt am Fuß der Leiter. Die Landeteller sind nur einen oder zwei Inch eingesunken, obwohl die Oberfläche sehr, sehr feinkörnig aussieht. Es ist fast wie Puder.«* Und ein paar Sekunden später: *»Ich trete jetzt vom LM herunter.«*

Eine automatische Kamera am LM dokumentiert, wie Neil Armstrong am 20. Juli 1969 als erster Mensch seinen Fuß auf den Mond setzt.

Im nächsten Augenblick berührt die dicke blaue Gummisohle seines mit Teflon überzogenen Stiefels den Mondboden. Schemenhaft kann man Armstrong auf den verwaschenen, zitternden Fernsehbildern ausmachen. Erst auf dem Weg zum Mond hat er entschieden, was er sagen wird, und sich die Worte, die er nun ausspricht, kurz bevor er den Raumanzug angezogen hat, noch einmal eingeprägt: *»Das ist ein kleiner Schritt für einen Menschen, aber ein gewaltiger Sprung für die Menschheit.«*

Armstrong selbst empfindet den Triumph im Grunde seines Herzens als Teamleistung, das wird er später oft betonen. Sich selbst hält er nur für den privilegierten Ausführenden – einer musste den Job ja machen! Die extreme Überhöhung seiner Person, die er nur dafür genießt, dass er ein paar Minuten vor Aldrin in den Mondstaub tritt, und die ihn ein Leben lang beinahe wie eine Bürde verfolgen wird, ist ihm zuwider – auch wenn er sich natürlich nicht gegen den Auftrag, als erster Mensch einen anderen Himmelskörper zu betreten, gewehrt hat. Armstrong selbst wird daher nie zur Bildung seiner eigenen Legende beitragen. Nach dem Flug von Apollo 11 übernimmt er einen Lehrauftrag als Aerodynamik-Professor und hält sich als Berater der NASA bewusst im Hintergrund. Einmal, Jahrzehnte nach Apollo 11, wird er dann doch die Contenance verlieren und sich juristisch (allerdings vergebens) um die Rückgabe einiger Haare bemühen, die sein Friseur in Lebanon, Ohio für 3000 Dollar an einen Sammler verkauft hat. Fakt ist, dass dieser Schritt in den Staub des Mondes ihn schlagartig zu einem der berühmtesten Menschen der Erde macht. Absolut zu Unrecht, wie er meint.

Als er mit beiden Beinen auf dem Mond steht, kümmert Armstrong sich als Erstes um das *Contingency Sample* – eine erste Probe Mondstein und -staub, die er sofort in einer Tasche seines Anzugs verstauen muss. Sollte jetzt noch etwas Unvorhergesehenes geschehen und sie müssten starten – ein kleines Stück vom Mond hätten sie dabei.

Eine Viertelstunde, nachdem der Kommandant ausgestiegen ist, folgt ihm der Pilot der Mondfähre. Armstrong fotografiert Aldrin beim Aussteigen mit der zum Schutz gegen die Strahlen der Sonne silbern beschichteten Mittelformat-Hasselblad und witzelt, Aldrin solle sie nicht aus dem LM aussperren. Als der Copilot schließlich ebenfalls auf dem Mond steht, ist er ebenso überwältigt von dessen karger monochromer Schönheit wie der Kommandant. *»A magnificent desolation!«*, ruft er aus, *»eine großartige Einöde!«*

An die geringe Gravitation gewöhnen beide sich schnell. Immer allerdings sind die Astronauten auf der Hut, wegen der großen Masse des Rucksacks nicht nach hinten umzukippen. Mühe bereitet ihnen der »Mondspaziergang« nicht. Aldrin beginnt bald mit seinen auf der Erde nicht simulierbaren Geh- und Laufübungen zur Ermittlung der

Neil Armstrong fotografiert Buzz Aldrin während des Aussteigens aus der Mondfähre und scherzt, dieser solle »sie ja nicht aussperren«.

Buzz Aldrin auf dem Mond. Im goldbeschichteten Visier seines Helms spiegeln sich Fotograf Neil Armstrong und ein Teil der Mondfähre. Im unteren Teil des Bildes: einer der abgeknickten Fühler eines der Landebeine.

optimalen Fortbewegungsart bei verminderter Gravitation. Als optimal erweist sich bald eine Art hoppelnder Gang.

Aldrin hoppelt, rennt, macht Känguru-Sprünge und zwischendurch berichtet er analytisch über die Vorteile der verschiedenen Methoden: *»Der Känguru-Hüpfer funktioniert, aber man kommt vielleicht nicht ganz so gut vorwärts wie mit der klassischen Methode, einen Fuß vor den anderen zu setzen.«*

Als die beiden Astronauten eben die US-Flagge aufgestellt haben, läutet das Telefon auf dem Mond. Es ist Washington: Präsident Nixon hat sich aus dem Oval Office über Funk mit Armstrong und Aldrin verbinden lassen. Apollo 8-Kommandant Frank Borman hat Nixon geraten, das Gespräch kurz zu halten – aus Respekt vor John F. Kennedy, dessen Vermächtnis Apollo 11 ist. Nixon bezeichnet das Gespräch als den »historisch bedeutendsten Telefonanruf, der je vom Weißen Haus aus geführt wurde«, und spricht davon, dass die Menschheit in dieser kostbaren Sekunde vereint sei, vereint auch im Gebet für die sichere

Rückkehr der beiden Astronauten zur Erde. Armstrong und Aldrin bedanken sich und salutieren vor den »Stars and Stripes«. Dann machen sie sich schnell wieder an die Arbeit. Den Präsidenten werden sie am Donnerstag auf dem Flugzeugträger sehen, auf dem Mond sind sie nur noch kurze Zeit.

Einige Zeit verbringen sie damit, die mitgebrachten wissenschaftlichen Instrumente aufzustellen, darunter ein passives Seismometer und eine Apparatur zur Messung der Auswirkungen von Mondstaub auf die zurückgelassenen Messgeräte. Eines der Geräte, die sie an diesem Tag im Juli 1969 auf dem Mond platzieren, ist noch heute in Betrieb. Das *Lunar Laser Ranging Experiment*, so die offizielle Bezeichnung, besteht aus einem Alugehäuse mit 100 Glasprismen, die eintretendes Licht zur Strahlungsquelle reflektieren. In regelmäßigen Abständen werden die drei Reflektoren (Apollo 14 und 15 setzen Vorrichtungen gleicher Art ab) von Wissenschaftlern zweier Observatorien in Texas und im französischen Grasse mit Lasern beschossen. Die für die wenigen reflektierten Photonen gemessene Rücklaufzeit gibt präzisen Aufschluss über die momentane Entfernung des Mondes. Laser und Elektronik sind mittlerweile so weit fortgeschritten, dass der Messfehler weniger als zwei Zentimeter beträgt.

Außerdem führen Armstrong und Aldrin noch einige Experimente zum Verhalten des Mondstaubs in der verringerten Gravitation durch und hängen vorübergehend eine Folie auf, die Partikel des Sonnenwindes einsammelt und später auf der Erde ausgewertet wird. Im Gegensatz zu den nachfolgenden Apollo-Missionen ist die Zeit, die Armstrong und Aldrin auf der Mondoberfläche zubringen dürfen, extrem knapp kalkuliert. Die wenigen letzten Minuten, bevor Mission Control sie zum LM beordert, nutzt Armstrong zu einem Ausflug an den Rand des *East Crater*, 60 Meter vom LM entfernt. Einen Moment lang überlegt er, in den Krater zu klettern, entscheidet sich aber dagegen. Was, wenn er in dem sperrigen Raumanzug nicht mehr herauskäme?

Nach zweieinhalb Stunden ist der erste *Moonwalk* des Apollo-Programms vorüber und die beiden Astronauten klettern in ihr Schiff, mit dem sie bald den Mond wieder verlassen werden. Zurück lassen sie einen kleinen Beutel mit verschiedenen Gegenständen: ein Aufnäher der Apollo 1-Mission mit den Namen von Grissom, White und Chaffee, zwei silberne, in der UdSSR gefertigte Gedenkmünzen für die toten Kosmonauten Gagarin und Komarow, einen kleinen goldenen Olivenzweig (dessen ebenfalls zum Mond gebrachte Reproduktionen sie später ihren Frauen schenken werden) sowie eine Silikonscheibe von der Größe einer Münze mit fotografisch verkleinerten Botschaften aus 73 Ländern der Erde.

Links: Buzz Aldrin fotografiert den müden, aber euphorischen Neil Armstrong in der Mondfähre kurz nach dem »Mondspaziergang«, der in Wirklichkeit harte Arbeit war.

Oben: Neil Armstrong im Dezember 2003.

Armstrong hat zusätzlich in einer Tasche seines Raumanzugs etwas zum Mond gebracht, was den sonst vollkommen unsentimentalen Flieger bis heute freut. Sechzig Meilen von der Farm, auf der er 1930 geboren wurde, hatten Orville und Wilbur Wright in Dayton, Ohio, drei Jahrzehnte zuvor ihren Fahrradladen. Dort hatten sie das erste motorgetriebene Flugzeug der Welt entwickelt, das 1903 in den Dünen von Kitty Hawk an der amerikanischen Ostküste zum Jungfernflug abhob und das sie später auf den Wiesen rund um Dayton erprobten und weiterentwickelten.

Als Armstrong an diesem Julitag 1969 auf dem Mond steht, hat er zwei kleine Teile dieses »Wright Flyer« aus dem Jahr 1903 dabei: ein paar Quadratzentimeter des Leinenstoffs seiner Bespannung und ein Stück Holz vom linken Propeller. Beides ist heute in der Apollo-Ausstellung des Washingtoner *National Air and Space Museum* zu bewundern. An einem Bein der Landefähre ist außerdem eine Plakette befestigt: »Hier setzten Menschen vom Planeten Erde zum ersten Mal ihren Fuß auf den Mond. Juli 1969. Wir kamen in friedlicher Absicht für die ganze Menschheit.«

Als Armstrong und Aldrin die beiden Kisten mit Mondsteinen an Bord geschafft und die Luke geschlossen haben, befreien sie sich von ihren Rucksäcken. Später werden sie die Luke noch einmal öffnen, um die beiden massiven Teile auf die Mondoberfläche zu werfen und dazu auch alles andere, was nicht mehr gebraucht wird: eine der Hasselblad-Kameras, verbrauchte $CO_2$-Filter sowie die Stiefel für den Mond. Dabei haben die Astronauten ihre Helme auf und werden über

Schläuche vom Schiff aus mit Sauerstoff versorgt. Dann wird die Luke endgültig geschlossen und das LM unter Druck gesetzt. Der nun überall in der Kabine verteilte Mondstaub, der beinahe klebrig ihre Anzüge bedeckt hatte, reagiert in der Sauerstoffatmosphäre des Schiffs und riecht wie die nasse Asche eines Lagerfeuers. Anschließend legen sie eine Ruhepause ein, versuchen zu schlafen.

Die erste Übernachtung von Menschen auf dem Mond fällt nicht sonderlich komfortabel aus. Beide Männer, vom Mondstaub geschwärzt, als kämen sie direkt aus einer Kohlengrube, haben zum Schutz ihrer Lungen Helme und Handschuhe der Raumanzüge angelassen und atmen über Schläuche frischen Sauerstoff aus der Klimaanlage des Schiffs. Aldrin rollt sich zwischen staubigen Ausrüstungsgegenständen im engen Fußraum vor der Luke ein, Armstrong legt sich einen Meter darüber auf die Abdeckung des Triebwerks, einen Zylinder von etwa 75 Zentimetern Durchmesser. Seine Beine hängen in einer provisorischen Schlaufe quer durch die Kabine, das Seil hat er an einem Handgriff befestigt.

Panorama-Montage der Landestelle von Apollo 11 im Mare Tranquillitatis. Im Vordergrund der »East Crater«, 60 Meter östlich des LM, und der Schatten Armstrongs. Wenige Sekunden vor der Landung hat der Kommandant diesen Krater noch überflogen.

Die Männer schlafen kaum. Obwohl die Mondoberfläche selbst im Sonnenlicht kochend heiß ist, beträgt die Temperatur in der so gut wie möglich abgedunkelten Kabine nur noch 16, 17 Grad. Dazu kommen blinkende (und nicht dimmbare) Leuchten und Anzeigen am Instrumentenbrett und die hellen Beschriftungen aus (radioaktivem) Phosphor. Obwohl die Crew die beiden Fenster mit den rollbaren Abdeckungen verschlossen hat, bleibt es zu hell in der Kabine, um einzuschlafen. Es ist die Erde, die jetzt stört: Durch die Optik des Navigationsteleskops fällt ihr greller Lichtschein »hell wie eine Glühbirne« (Armstrong) mitten in die Kabine. Nicht einmal eine provisorische Abdeckung der Optik hilft. Hinzu kommt der Lärm einer Kühlmittelpumpe, die ganz in der Nähe von Armstrongs Kopf in der Struktur des Schiffs verborgen ist. Auch sie hält ihn die längste Zeit der vorgesehenen sieben Stunden wach. Erst gegen Ende der *Rest Period* dämmert er, wie die Daten der Sensoren an seinem Körper dem Kontrollzentrum zeigen, für zwei Stunden etwas weg, richtig schlafen wird er aber nicht.
Mike Collins, der dritte Mann, hat es dagegen richtig gemütlich. In seiner 22 Grad warmen Kabine, die er noch einige Stunden für sich alleine hat, schläft er tief und fest, während »Columbia« wie ein Uhrwerk alle zwei Stunden einmal den Mond umrundet.
Als die Schlafperiode, die eigentlich keine war, zu Ende ist, machen Armstrong und Aldrin ihr Schiff startklar. Aldrin hat während des Einsteigens mit dem sperrigen Rucksack ausgerechnet den Sicherungsschalter abgebrochen, der das Triebwerk der Aufstiegsstufe scharf macht. Nach Absprache mit Houston steckt er einen nicht leitenden Filzstift (den er heute noch besitzt!) in das Loch am Instrumentenbrett und betätigt so den Schalter. Dreizehn Stunden nach dem Schließen der Luke, der Mission Timer in Houston zeigt 124 Stunden und 22 Minuten, trennen eine paar kleine Sprengladungen das Oberteil der »Eagle« von seiner Abstiegsstufe. Eine Sekunde später zündet das Triebwerk und katapultiert Neil Armstrong und Buzz Aldrin zurück

in den Orbit, wo »Eagle« drei Stunden und 45 Minuten später problemlos an »Columbia« andockt.
Der Rest der Reise verläuft völlig problemlos. Zur Mittagszeit (Houston) des 24. Juli wassert »Columbia« nach einer Gesamtflugzeit von 195 Stunden und 36 Minuten 1500 Kilometer südwestlich von Honolulu im Pazifik, beinahe exakt in der Mitte der irdischen Wasserhalbkugel und nur 24 Kilometer vom Bergungsschiff entfernt, dem Flugzeugträger »Hornet«. Armstrong, Aldrin und Collins müssen drei Wochen in Quarantäne verbringen, haben so etwas Zeit, sich auf den Trubel vorzubereiten, der über sie hereinstürzen wird. Es folgen riesige Paraden und Empfänge in New York und Mexico, aber auch ein Besuch bei der Queen in London.

24. Juli 1969: »Columbia«, das Command Module von Apollo 11 wird von einem Hubschrauber an Bord des Flugzeugträgers USS Hornet gehoben.

So hat sich das keiner der drei wirklich vorgestellt, und sie, die kurz vorher noch einfache Luftwaffenpiloten waren, sind teilweise auch überfordert. Als Aldrin einmal die für ihn noch unbegreiflichen Reaktionen der Leute bemerkt, meint er, in Anspielung darauf, dass sie selbst

Das Command Module von Apollo 11 ist heute eine amerikanische Reliquie und wird im *National Air and Space Museum* in Washington D.C. jedes Jahr von Millionen von Besuchern bestaunt.

kaum etwas von der Euphorie auf der Erde mitbekommen haben, zu Armstrong: »*Wir haben die Sache verpasst!*«

Aldrin wird Alkoholprobleme bekommen, sich später aber wieder erholen und ein angesehenes Mitglied der wissenschaftlichen Raumfahrtgemeinde werden. Armstrong wird auf die für ihn typische Art reagieren und sich weigern, auf Prominentenpartys den »*First Man on the Moon*« zu geben. Allein Collins ist bis heute der unbeschwerte, jungenhafte Typ geblieben. Er wird Direktor des *National Air and Space Museum* in Washington D.C., wo auch sein Raumschiff »Columbia« ausgestellt ist, jedes Jahr von Millionen von Menschen bestaunt.

Der zweite Mann auf dem Mond, Buzz Aldrin, im Sommer 2007 als Besucher auf dem Pariser Aerosalon in Le Bourget.

Einige Zeit nach ihrer Rückkehr zur Erde steht Steve Bales, der Computerspezialist aus dem Kontrollzentrum, der durch seine schnelle Reaktion während der Landephase Apollo 11 vor dem Abbruch bewahrte, mit den drei Astronauten im Rosengarten des Weißen Hauses, um dort vom Präsidenten die *Medal of Freedom* zu bekommen. Die Bilder der Zeremonie werden direkt auf die großen Bildschirme von Mission Control in Houston übertragen. Daneben die Worte, mit denen der ermordete Präsident Kennedy das Unternehmen Mondlandung in Gang setzte: »Ich glaube, diese Nation sollte es sich zum Ziel setzen, bis zum Ende dieses Jahrzehnts einen Menschen auf dem Mond landen zu lassen und ihn sicher wieder zur Erde zurückzubringen.« John F. Kennedy, 25. Mai 1961. Auf einem zweiten Bildschirm daneben die militärisch knappe Erfolgsmeldung: »Mission ausgeführt, 24. Juli 1969.«

# Vergessene Reisen – und eine Portion Glück: Apollo 12 bis 17

*»Mein Vater wurde kurz nach dem ersten Flug der Brüder Wright geboren. Er konnte es kaum glauben, dass ich auf dem Mond war. Aber mein Sohn Tom war gerade fünf, und er hielt das nicht für eine so große Sache.«* Charlie Duke, Apollo 16

**1970 und 1972: Oceanus Procellarum, Fra Mauro-Gebiet, Hadley-Rille, Descartes-Hochplateau, Taurus Littrow-Tal**

Bereits kurz nach der ersten Landung eines Apollo-Raumschiffs im Meer der Ruhe scheint das Mondprojekt seine Faszination einzubüßen. Der Blaue Planet geht zur Tagesordnung über und das weltweite Interesse der Fernsehzuschauer lässt stark nach. Saßen bei der ersten Landung noch alle vor dem Gerät, sind es jetzt zumeist nur noch die raumfahrtbegeisterten Familienmitglieder.

Für Apollo aber ist noch lange nicht Schluss. Der Wettlauf zum Mond ist entschieden, die NASA kann sich jetzt auf die Erforschung des Erdtrabanten und die Weiterentwicklung ihrer Technik konzentrieren. Die Namen der Apollo 11-Astronauten Armstrong und Aldrin werden viele Menschen nie vergessen, aber wer Alan Bean, Eugene Cernan oder John Young sind, wissen heute nur noch Raumfahrtspezialisten. Dennoch sind auch die Flüge von Apollo 12 bis 17 allesamt extrem spannende Forschungsabenteuer, jedes davon mit atemberaubenden und dramatischen Momenten.

Vier Monate nach Apollo 11 startet am 14. November 1969 Apollo 12, eine Mission, auf der viel gelacht wird, was vor allem am Temperament der »*Moonwalker*« Al Bean und Pete Conrad liegt, die trotz ihrer Professionalität immer zu Scherzen aufgelegt sind. Dick Gordon ist der Pilot des Kommandomoduls. Dabei beginnt der Trip alles andere als komisch: Eine halbe Minute nach dem *Lift-off* der Saturn V schlägt während eines Regensturms ein Blitz in der Rakete ein und setzt große Teile der Elektronik außer Betrieb. 15 Sekunden später kommt es zu

einem zweiten Einschlag, der die Trägheitsplattform des Navigationssystems in der Kommandokapsel augenblicklich lahmlegt.
Kommandant Pete Conrad: »*Der Flug verlief während der ersten 36 Sekunden extrem normal, wurde dann aber sehr interessant*«. Was Conrad nach dem Flug in einem Briefing mit »*sehr interessant*« umschreibt, ist eine der kritischsten Situationen des Apollo-Programms. Das Instrumentenbrett des Raumschiffs ist von blinkenden Warnleuchten übersät, »*wie ein Weihnachtsbaum*« (Conrad). Die Brennstoffzellen und damit die Stromversorgung setzen für einige Sekunden ebenso aus wie die Datenübertragung von der Rakete zu Mission Control. Als die Daten wieder fließen, sind sie unleserlich verworren.
Im Kontrollzentrum hat der für die elektrischen Systeme zuständige Controller John Aaron nur wenige Sekunden, um eine Lösung zu finden, der Abbruch der Mission droht. Als *Eecom* (*Electrical, Environmental and Consumables Manager*) kennt er die Systeme wie kaum ein anderer und sofort hat er auch einen Verdacht. Etwas Ähnliches ist bereits im Jahr zuvor während einer Simulation geschehen: »*Flight!*«, ruft er seinen Chef, Flight Director Gerry Griffin, »*versuchen Sie SCE auf Aux!*« Griffin hat keine Ahnung, wovon Aaron spricht, und auch keine Zeit nachzufragen, aber im Vertrauen auf seinen Spezialisten leitet er den Rat sofort an Al Bean in der himmelwärts donnernden Rakete weiter. Der SCE-Schalter ist ein obskures Detail der Elektrik, das kaum jemand kennt, aber Bean findet ihn tatsächlich sofort. Griffin hat das »*Abort*« beinahe schon auf den Lippen, als alle Telemetriedaten plötzlich wieder fehlerfrei bei Mission Control ankommen. Dort wird schnell erkannt, dass die Rakete einwandfrei funktioniert. Auch das Navigationssystem ist von dem Blitzschlag nicht betroffen. Es gelingt der Crew, die Brennstoffzellen wieder in Gang zu setzen, und auch die Trägheitsplattform des Kommandomoduls lässt sich ohne weitere Probleme neu kalibrieren. Eine Sorge bleibt: Was, wenn die pyrotechnischen Ladungen zum Öffnen der Bremsfallschirme durch die Blitze beschädigt wurden? Ohne sie wird die Kapsel bei der Rückkehr zur

Erde mit 500 Stundenkilometern im Meer aufschlagen, die Besatzung sterben. Da es keine Möglichkeit gibt, das System während des Fluges zu prüfen, wird der Flug fortgesetzt. An den Fallschirmen landen muss die Kapsel in jedem Fall – ob jetzt gleich nach einem Abbruch oder am Ende der Mission, so die kühle Kalkulation.

Die Landung der »Intrepid« am Rand des Oceanus Procellarum, weniger als 200 Meter von der Landestelle der 31 Monate vorher dort gelandeten Sonde »Surveyor 3«, wird das Paradebeispiel für eine Präzisionslandung. Die Landschaft zeichnet sich durch relativ wenige Krater und Felsblöcke aus. Wie *Statio Tranquillitatis* (Apollo 11) liegt der Landeplatz von Apollo 12 flugmechanisch und spritsparend leicht erreichbar nahe dem Äquator. Später wird er *Statio Cognitium* heißen (nach diesem Teil des Oceanus Procellarum), für Conrad bleibt er »*Pete's Parking Lot*«. Die Landung gelingt auch deshalb so genau, weil die NASA zum ersten Mal eine auf dem Dopplereffekt basierende neue Radartechnik einsetzt.

Nach dem Aussteigen zum »Mondspaziergang« dann die erste Panne von Tragweite: Als Bean die neue Farbfernsehkamera zum Aufstellungsort trägt, hält er sie versehentlich mit der Linse in die Sonne und der empfindliche Bildsensor der Kamera ist augenblicklich zerstört. Die Live-Übertragung vom Mond endet, bevor sie begonnen hat, und so ist Apollo 12 die einzige Mission, von der es keine Fernsehbilder gibt. Kameras scheinen Beans Sache nicht zu sein: Der Spaßvogel hat einen Selbstauslöser für die Hasselblad-Mittelformatkamera an Bord geschmuggelt, den er benutzen will, um Conrad und sich selbst vor der Surveyor-Sonde zu fotografieren – und die Auswerter der Mission vor ein Rätsel zu stellen: Wer hat dieses Bild gemacht? Der Gag misslingt, denn Bean verlegt den Selbstauslöser, und als er später wieder auftaucht, ist es zu spät für die Aktion. Am Ende der Mission wird Bean noch einige belichtete Filme auf dem Mond vergessen und bei der Wasserung im Pazifik schließlich noch von einer Filmkamera k.o. geschlagen, die sich aus ihrer Halterung löst. Der Lunar Module Pilot ist kurzzeitig betäubt und erleidet eine Platzwunde, die später mit sechs Stichen genäht werden muss.

Mit an Bord von Apollo 12 sind auch vier Playmates. Dave Scott und Jim Irwin von der Backup Crew haben Miniaturen von vier Ausklappbildern aus dem »*Playboy*« in die kleinen Checklisten in den Ärmeln von Al Beans und Pete Conrads Raumanzügen geschmuggelt, was Bean, als er auf dem Mond zum ersten Mal darin blättert, einigermaßen in Erstaunen versetzt: »*Ich rannte sofort rüber zu Pete und zeigte ihm die Bilder, … und er zeigte mir seine!*« Die vier »*Playboy*«-Centerfolds von 1969 haben keine Ahnung, dass ihre Aktfotos mit Apollo 12 auf dem Mond sind, sie werden es erst einige Zeit später erfahren. Die Bilder hat die Ground Crew auch mit Kommentaren im »*Playboy*«-Stil versehen: »Haben Sie interessante Hügel und Täler gesehen?« Am Funk verraten sie darüber kein Wort. Bean würde sich zwar am liebsten vor Lachen krümmen, aber er bleibt still und denkt an den Ärger, den ihnen puritanische Amerikaner wegen der »Verschwendung von Steuergeldern für unmoralische Zwecke« machen könnten.

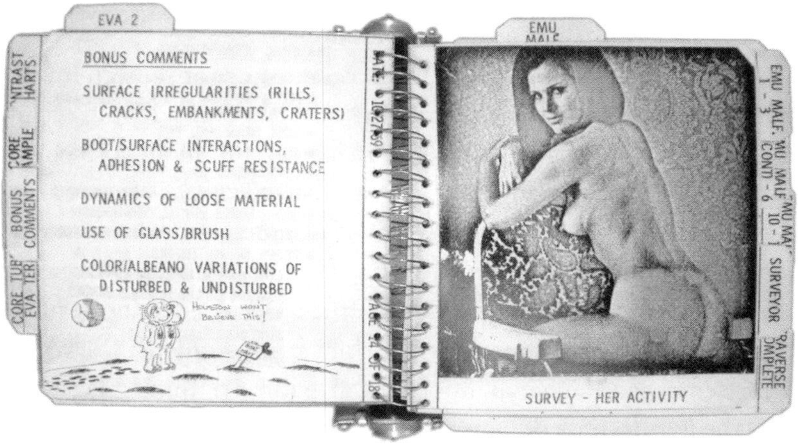


Spaß auf dem Mond: Als Alan Bean auf der Mondoberfläche die am Ärmel seines Anzugs befestigte Checkliste aufschlägt, entdeckt er erstaunliches Bildmaterial. Auch die Checkliste seines Kommandanten Pete Conrad wurde von der Ground Crew mit »Playmates« und Peanuts-Cartoons präpariert.

Zwischen den beiden Exkursionen versuchen Conrad und Bean zu schlafen. Trotz der neuen Hängematten, die sie in der engen Kabine über Kreuz verspannen, dämmern sie in den sperrigen Raumanzügen nur kurz weg: Die laut surrenden Pumpen des Kühlsystems verhindern mehr Erholung. Die Anzüge ausziehen wollen sie auch nicht. Sie befürchten, die Reißverschlüsse könnten durch Verunreinigungen mit Mondstaub versagen.

Bei ihrem zweiten Ausflug legen Conrad und Bean beinahe einen Kilometer zu Fuß zurück. Nach zwei Stunden Arbeit besuchen sie die Sonde »Surveyor 3«, die leicht schräg in einem nahe gelegenen Krater steht. Es ist einer der Höhepunkte des Außenbordeinsatzes und Conrad und Bean demontieren die Kamera des Landers für eine genaue Untersuchung auf der Erde. Sie ist heute im *National Air and Space Museum* in Washington D.C. ausgestellt. Neben den Experimenten zur seismischen Aktivität, zu Sonnenwind und Magnetfeld sammeln der dritte und der vierte Mann auf dem Mond bei ihren Außenbordeinsätzen, die beinahe acht Stunden dauern, über 34 Kilogramm an Gestein. Dick Gordon macht in der Zwischenzeit aus dem Orbit stereoskopische Aufnahmen von der Mondoberfläche.

Als es darum geht, den Mond zu verlassen, ist der ansonsten immer gesellige Bean plötzlich in sich gekehrt, still. Als Conrad ihn fragt, ob er sich Sorgen wegen des Triebwerks macht, gibt Bean dies mit einem knappen »*Yep*« zu. Darauf Conrad: »*Das macht jetzt auch keinen Sinn, dass du dir Sorgen machst, Al. Wenn's nicht klappt, werden wir das erste dauerhafte Denkmal des Raumfahrtprogramms.*« Am 24. November 1969 kehrt Apollo 12 sicher zur Erde zurück. Der Wiedereintritt in die Atmosphäre und das Öffnen der Fallschirme funktionieren wie vorgesehen, entgegen einiger Befürchtungen hatte der Blitzschlag beim Start die Pyrotechnik des Landesystems nicht beschädigt.

Das Kommandomodul »Yankee Clipper« ist heute im *Virginia Air and Space Center* ausgestellt. Al Bean konvertiert einige Zeit nach seinem Ausstieg bei der NASA zum Künstler, heute ist er ein begehrter

Maler von Apollo-Motiven. Pete Conrad stirbt 1999 nach einem Motorradunfall, den er in einem kalifornischen Ort mit dem indianischen Namen »Ojai« erleidet – zu Deutsch: Mond.

Zwei Anflüge, zwei fast perfekte Landungen. Die NASA fühlt sich schon beinahe wie eine routinierte Mondlandefirma. Bei den Fernsehzuschauern macht sich Langeweile breit und große amerikanische TV-Netzwerke steigen aus den Übertragungen aus. Die Mondspaziergänge wollen sie in Zukunft noch zeigen, aber Live-Reportagen aus dem Raumschiff hält man bereits für zu langweilig. Dann schlägt bei der Mission Apollo 13 das Schicksal zum ersten Mal zu und jede Fernsehanstalt weltweit ist sofort wieder an Bord.

Nach einem Bilderbuchstart am 11. April 1970, gefolgt von einem zu früh abschaltenden Triebwerk, das aber keine Gefahr für die Mission darstellt, ist der Mond für Commander Jim Lovell endlich zum Greifen nah. Bereits 16 Monate zuvor war er mit Apollo 8 zum ersten Mal in der Umgebung des Mondes gewesen, diesmal aber soll er als fünfter Mensch den Mond auch betreten. Für ein anderes Crewmitglied, Ken Mattingly, kommt das Aus bereits vor dem Start: Er ist über den erkrankten Charlie Duke, Ersatzpilot des LM, mit dem Rötelnvirus in Kontakt gekommen, und weil die NASA verhindern muss, dass Mattingly im All erkrankt, nimmt Jack Swigert seinen Platz ein. Mattingly allerdings, so stellt sich später heraus, war gar nicht infiziert.

Die ersten beiden Tage der Mission – der insgesamt fünften Reise zum Mond, die in der dritten Landung auf dem Erdtrabanten gipfeln soll – verlaufen nahezu ereignislos. Am Beginn des dritten Tages steht eine TV-Übertragung aus dem Schiff an. Obwohl die Fernsehsender sich desinteressiert zeigen und ihr Hauptabendprogramm nicht für die mittlerweile gewohnten Bilder aus dem All unterbrechen wollen, beginnt die Crew mit der Übertragung – in der Hoffnung, dass einige Stationen Ausschnitte davon in den Spätnachrichten bringen könnten. Um ihre Männer sehen zu können, sind die Frauen der Astronauten mit einigen ihrer Kinder in das Kontrollzentrum gekommen, wo sie sich die Übertragung gemeinsam mit den Controllern ansehen. Sie sind an diesem Abend das einzige Publikum, als Lovell, Haise und Swigert ihre Raumschiffe vorstellen und die üblichen Tricks mit der Schwerelosigkeit vorführen.

Dann, urplötzlich – nach 55 Stunden Flug, 322 000 Kilometer von der Erde entfernt und kurz vor dem Erreichen des Mondes – explodiert ohne Vorwarnung und mit einem lauten Knall der Sauerstofftank Nummer zwei im Servicemodul. Ursache ist die schadhafte Isolierung eines Drahtes. Es kommt zu einer starken Vibration des gesamten Schiffes. Innerhalb von Minuten ist klar, dass Apollo 13 nie auf dem Mond landen wird und es nur noch um die Rettung der Crew geht. Um 2 Uhr 08 trifft am 14. April 1970 Lovells berühmt gewordener Funkspruch: »*Houston, we've had a problem here!*« auf der Erde ein, und die erste Einschätzung der Lage ist, dass die Besatzung kaum eine Chance hat, zu überleben.

John Young von der Reservecrew ist sich sogar sicher, dass diese Apollo-13-Besatzung im All bleiben wird. Der im ebenfalls beschädigten Tank Nummer eins verbliebene Sauerstoff reicht nur noch für zwei Stunden, und da dieser nicht nur zum Atmen, sondern auch für die Stromerzeugung benötigt wird, scheint die Lage zunächst aussichtslos: Batteriestrom *und* Atemluft können keinesfalls bis zurück zur Erde reichen, aber auf keines von beidem kann verzichtet werden. Darüber hinaus ist unklar, inwieweit die Detonation auch das Haupttriebwerk beschädigt hat.

Als die Fernsehsender von der Explosion erfahren, sind sie schlagartig zurück an Bord – Apollo 13 hat sich innerhalb weniger Minuten zum Thriller entwickelt, den sich kein Programmdirektor entgehen lassen will.

Der Druck im verbliebenen Tank sinkt kurz nach der Explosion so schnell, dass die Stromversorgung innerhalb kurzer Zeit zusammenbrechen wird. Zusätzlich zu den drei Brennstoffzellen im Servicemodul gibt es drei Batterien in der Kommandokapsel, deren 120 Ampere Energie für den Wiedereintritt benötigt werden. Eineinhalb Stunden sind seit der Explosion vergangen, als Controller und Crew gemeinsam beschließen, die angekoppelte Mondfähre als Rettungsboot zu nutzen, so wie das bereits einmal im Training gemacht wurde, ohne dass irgendjemand diese Übung so richtig ernst genommen hatte.

Improvisierte Manöver und Checklisten werden erstellt und es kristallisiert sich eine Strategie heraus, die das Leben der drei Männer retten könnte. Sauerstoff ist in den verschiedenen Tanks des LM (und in den nicht mehr benötigten Flaschen für die Mondausflüge) ausreichend vorhanden. Schlechter sieht es mit dem Wasser aus, das dringend zur Kühlung der elektronischen Systeme benötigt wird. Die Astronauten können zwar Säfte trinken und feuchte Nahrung zu sich nehmen, aber dennoch beginnen sie bald zu dehydrieren. Lovell wird auf dem sechs Tage dauernden Flug beinahe sieben Kilogramm Gewicht verlieren.

Noch bevor sie in die Mondfähre umziehen, müssen sie die Navigationsplattform der Mondfähre ausrichten. Eigentlich könnte dies mithilfe des Navigationsteleskops des LM geschehen; wegen des Schwarms reflektierender Trümmer, die das Schiff seit der Explosion umgeben, ist aber kein Stern eindeutig identifizierbar. Also muss Fred Haise die Lagedaten des Mutterschiffs Lovell durch den Dockingtunnel hindurch vorlesen (eine Datenverbindung zwischen den beiden Systemen gibt es nicht). Lovell tippt sie in den Computer der Mondfähre ein. Als er fertig ist, werden alle Systeme des Kommandomoduls, dem langsam der Strom ausgeht, abgeschaltet. Als Letzter zieht dann auch Haise in die nur »zwei Telefonzellen« große Mondfähre um, deren lebenserhaltende Systeme nun drei Männer auf einem weiten Rückweg zur Erde versorgen müssen.

Um das Gespann auf einen Kurs zur Erde zu bringen, muss die Flugbahn so modifiziert werden, dass Apollo 13 auf einer *Free Return*-Bahn, also allein mithilfe der Mondgravitation, zurück zur Erde kommt. Dazu sollen die beiden Schiffe am Mond vorbeifliegen, von seiner

Gravitation eingefangen und zur Erde zurückgeschleudert werden. Die notwendige Kurskorrektur müsste eigentlich mit dem Haupttriebwerk erfolgen. Da niemand weiß, ob das Triebwerk bei der Explosion in Mitleidenschaft gezogen wurde, entscheidet sich Houston dazu, alle Manöver nur noch mit dem Abstiegstriebwerk der Mondfähre durchzuführen. 61 Stunden nach dem Start wird das Schiff mit dessen Hilfe auf die richtige Bahn versetzt. Nun hat Mission Control 18 Stunden Zeit für die nächste Entscheidung: Wenn das Schiff nach dem *Pericynthion* (größte Annäherung an den Mond) wieder hinter diesem hervorkommt, kann es zwei Stunden später mit einer weiteren Zündung so beschleunigt werden, dass sich die Gesamtdauer des Fluges beträchtlich verkürzen ließe.

Fünfeinhalb Stunden lang diskutieren Systemspezialisten und Missionsplaner, dann steht fest: Auch für diese Zündung soll das Triebwerk der Mondfähre eingesetzt werden. Außerdem wird bestimmt, dass das Triebwerk fünf Minuten lang feuern soll. Es wird einer der kritischsten Augenblicke der Rettungsaktion, denn das Schiff muss präzise in Richtung Erde ausgerichtet sein, bevor es beschleunigt wird. Ohne die Explosionstrümmer wäre dies mit dem Teleskop der Mondfähre kein Problem. In Windeseile entwickeln die Mathematiker auf der Erde eine Methode, bei der Commander Lovell die Sonne als Bezugsstern verwenden kann, und so gelingt es schließlich, Mondfähre und Mutterschiff korrekt auszurichten.

Währenddessen ergibt sich ein weiteres Problem: Die Atemluft in der Mondfähre reichert sich zu sehr mit $CO_2$ an, da die Filterpatronen ihres Luftreinigungssystems nicht für die lange Flugzeit ausgelegt sind. Das Mutterschiff »Odyssee« hat genügend solcher Lithiumhydroxid-Filter an Bord – nur sind diese rund und passen nicht in die quadratischen Einschübe des Systems der Mondfähre »Aquarius«, und in dieser müssen die drei Männer leben. Sogar ein paar passende Reservefilter gibt es, aber leider werden sie in einem Fach außen an der Abstiegsstufe aufbewahrt; nur auf dem Mond könnte man sie holen, während des Fluges wäre dazu ein extrem gefährlicher Ausstieg aus dem havarierten Schiff notwendig.

In der berühmtesten Bastelstunde der Geschichte bauen Ingenieure im Kontrollzentrum mit Schere und Klebeband bewaffnet einen Adapter aus Pappe, Plastiktüten und Schläuchen – alles Materialien, die an Bord des havarierten Schiffs vorhanden sind – und schicken die Bauanleitung per Sprechfunk in Richtung Mond. Die »Mailbox«, wie die Astronauten den Pappkasten mit integriertem Filter nennen, befestigen sie provisorisch am Luftreinigungssystem der Mondfähre. Sie funktioniert und sofort sinkt der $CO_2$-Pegel. Über ein provisorisches Kabel, das sie durch den Dockingtunnel legen, laden sie die Batterien des Hauptschiffs, deren Strom sie während der Landephase benötigen werden. Als auch die Triebwerkszündung gelingt, sieht es zum ersten Mal seit Beginn der Krise tatsächlich so aus, als ob die Crew von Apollo 13 es lebend zur Erde zurück schaffen könnte. Der Rückflug in dem dunklen, eiskalten Schiff, an dessen Metallwänden sich Kondenswasser niederschlägt, ist eine Tortur für die drei. Haise zieht sich durch die unhygienischen Verhältnisse sogar eine schmerzhafte Harnwegsinfektion zu und bekommt Fieber. Das Trinkwasser muss auf die Menge eines kleinen Glases pro Mann und Tag rationiert werden.

Nach 5 Tagen und 23 Stunden Reise stürzt »Odyssee« in den Pazifischen Ozean, wo die völlig erschöpfte, aber glückliche Crew vom Flugzeugträger »Iwo Jima« geborgen wird. Kurz vor dem Wiedereintritt in die Erdatmosphäre sind sie wieder in das Mutterschiff umgestiegen, haben dieses aktiviert, die rettende Mondfähre abgestoßen und schließlich das durch die Explosion stark in Mitleidenschaft gezogene Servicemodul abgesprengt. Mit Schaudern haben die Astronauten durch die Luken beobachtet, wie der große, auf der Seite vollständig aufgerissene silberne Zylinder mit der großen Triebwerksglocke langsam von ihnen wegtrieb. Wäre die Explosion geschehen, während sich zwei von ihnen auf der Mondoberfläche befanden – keiner der drei hätte eine Überlebenschance gehabt!

Nachdem, kurz vor der Rückkehr zur Erde, das Service Module (SM) von Apollo 13 abgeworfen wurde, ist aus der Kabine das ganze Ausmaß der Explosion im Versorgungsteil deutlich zu sehen.

Einige Zeit nach der glücklichen Landung erhält North American eine offizielle Rechnung von Grumman über die »Abschleppkosten«. Die Mondfähre habe das defekte Kommandomodul 400 001 Meilen weit abgeschleppt (»4 Dollar für die erste Meile, 1 Dollar für jede weitere«), außerdem fielen Posten wie »50 Pfund Sauerstoff (à 10 Dollar), Schlafgelegenheiten für zwei Mann (ohne Fernsehen, aber mit Radio, Klimaanlage und Aussicht) sowie ein Zusatzbett für 8 Dollar pro Nacht an«. Das Wasser würde allerdings »nicht berechnet«. Gesamtbetrag: 312 421,24 Dollar. »Wegen Regierungsauftrags« falle keine Mehrwertsteuer an. North American lässt seinen Steuerberater die Rechnung »prüfen«, anschließend erklärt der Pressesprecher des Unternehmens mit Pokermiene, Grumman solle, bevor man Rechnungen verschicke, bedenken, dass North American bisher für keinen Transport einer Landefähre zum Mond etwas berechnet habe.

Neuneinhalb Monate nach dem Apollo 13-Drama kehrt mit Apollo 14 beinahe wieder Raumfahrt-Routine ein. Al Shepard, der 1961 mit seinem 15-Minuten-Flug das Raumfahrtzeitalter für die USA eingeläutet hat und bisher wegen Fluguntauglichkeit infolge einer Erkrankung des Innenohrs von den Flügen zurückgestellt war, bekommt mit 47 Jahren doch noch eine Chance, als Kommandant von Apollo 14 den Mond zu betreten. Stu Roosa und Ed Mitchell werden ihn begleiten. Shepard ist unter den Kollegen wegen seiner im Job oft eisig-ambitionierten, humorlosen Art gefürchtet. Aber er ist auch ein cooler Astronaut: »*Warum behebt ihr jetzt nicht mal euer kleines Problemchen und zündet diese Kerze an?*«, hat er damals am Funk gedrängt, nachdem er bereits drei Stunden in der engen Mercury-Kapsel auf dem Rücken liegend festgezurrt auf den Start warten musste.
Shepards Mondfährenpilot (wie bei allen anderen Missionen steuert in Wirklichkeit der Kommandant die Mondfähre) ist Ed Mitchell, der seltsamste unter den zwölf *Moonwalkern*. Auf dem Mond unternimmt er (ohne Erfolg) ein privates parapsychologisches Experiment in der Absicht, mit einem Menschen auf der Erde in Kontakt zu treten. Eineinhalb Jahre nach Apollo 14 scheidet Mitchell dann aus der NASA aus, um ein privates Institut zur Erforschung von Bewusstseinsveränderungen zu gründen. Jahrzehnte nach seinem Flug zum Mond macht er – zu diesem Zeitpunkt schon ein alter Mann – mit bizarren Äußerungen zu UFOs und anderen esoterischen Themen auf sich aufmerksam, die aus dem Munde eines promovierten Naturwissenschaftlers zumindest seltsam klingen. In einem BBC-Radiointerview versteigt er sich sogar zu der Aussage, der angebliche UFO-Absturz von Roswell, New Mexico, im Jahr 1947 sei »die Wahrheit« und die NASA habe mitgeholfen, dieses »wichtigste Ereignis der Menschheit« zu verschleiern. Von der Raumfahrtbehörde aber kommt nur ein lauwarmes Dementi, wohl um einen ihrer größten Helden nicht zu demontieren: »Wir teilen seine Meinung nicht in allen Punkten.«

Dass die Raumfahrtbehörde, die sonst großen Wert auf die Loyalität ihrer Mitarbeiter legt, hier so tolerant reagiert, erklärt sich zweifelsohne aus den Leistungen des *Lunar Module*-Piloten Anfang 1971, als er viel dazu beiträgt, die Mission zu einer der wissenschaftlich erfolgreichsten zu machen. Am 5. Februar setzt das LM »Antares«, es ist die achte gebaute Mondfähre, auf dem ursprünglich für Apollo 13 vorgesehenen Landeplatz im Fra Mauro-Hochland auf, obwohl es während des Fluges drei ernste Pannen gegeben hat.

Ed Mitchell (links) und Mercury-Veteran Al Shepard (»Icy Commander«) waren vielleicht die beiden exzentrischsten Astronauten des Apollo-Programms. Sie flogen Ende Januar 1971 gemeinsam zum Mond und landeten in der eigentlich für Apollo 13 vorgesehenen Region Fra Mauro. Apollo 14 war die wissenschaftlich erfolgreichste der ersten drei Landungen.

Kurz nach dem Start schlug fünfmal hintereinander das erste Andockmanöver fehl, erst beim sechsten Versuch rastete der Mechanismus ein. Im Mondorbit dann stand die Mission zwei weitere Male auf Messers Schneide: Zunächst (so stellt man später fest) verursacht ein kleiner Rest von Lötzinn im Gehäuse eines Schalters im LM einen Kurzschluss in der Elektronik. Als dieses Problem (mit 80 Eingaben in den Bordcomputer zu seiner Umprogrammierung) gelöst ist, funktioniert in der kritischen Phase des Anflugs das Landeradar nicht, weshalb die für den Navigationscomputer und den Autopiloten essenziellen Höhendaten eine Zeit lang fehlen. Ed Mitchell wird später sagen, dass sein »*Icy Commander*« Shepard den Landeanflug wohl aber auch ohne das Radar fortgesetzt hätte – selbst gegen die ausdrücklichen Vorschriften der NASA. Simulationen zeigen später, dass Shepard in diesem Fall keine Chance gehabt hätte, die Oberfläche zu erreichen. Wieder einmal kommt jedoch eine schnelle improvisierte Lösung per Funk zu Hilfe. Nachdem Shepard die elektrische Sicherung des Radars herausgezogen und wieder hineingedrückt und das System so neu gestartet hat, springt das Radar doch an – Sekunden vor dem Kommando zum Abbruch. Kaum steht das LM sicher auf dem Boden und der Staub hat sich gelegt, fragt Mitchell seinen Chef, was er denn nun gemacht hätte, wäre das Radar nicht aktiv geworden. »*Das wirst du nie erfahren*«, sagt Shepard nur.

Das Fra Mauro-Gebiet südlich des Mare Imbrium ist der Überrest einer großen Wallebene und hätte eigentlich das Ziel von Jim Lovells Apollo 13 sein sollen. Da Fra Mauro geologisch erfolgversprechender zu sein scheint als das ursprünglich vorgesehene Landegebiet von Apollo 14 im Mare Serenitatis, wird der Plan geändert. Shepard und Mitchell stellen in der Fra Mauro-Region während ihrer beiden Exkursionen aus dem LM neue seismische Studien an und sammeln 45 Kilogramm Mondgestein. Am zweiten Tag auf dem Mond wollen sie einen nahe gelegenen Krater besuchen, dessen Rand sie aber nicht finden, und gegen Ende der Unternehmung verlaufen sie sich sogar. Zum ersten Mal kommt für den Transport von Werkzeug ein Handwagen zum Einsatz, aber dieser bewährt sich nicht sonderlich. Dennoch sind die beiden Außenbordeinsätze von Apollo 14 mit beinahe neuneinhalb Stunden Gesamtlänge ein voller Erfolg.

Im Sommer 2008 ist Ed Mitchell der einzige Überlebende der Apollo 14-Mission. Kommandant Alan Shepard ist 1998 an Leukämie gestorben, der Pilot des CM »Kitty Hawk«, Stuart Roosa, bereits 1994 an einer Erkrankung der Bauchspeicheldrüse.

Dave Scott, Al Worden und Jim Irwin fliegen im Juli 1971, zwei Jahre nach der ersten Landung von »Eagle«, mit Apollo 15 einen der spektakulärsten Landeplätze des Programms an. Als erste der drei *J Missions* sind sie mit einer leistungsfähigeren Mondfähre ausgestattet. »Falcon« (Falke) hat sogar ein Auto an Bord, das den Astronauten einen größeren Aktionsradius ermöglichen soll. Das *Lunar Roving Vehicle* (LRV) der Firma Boeing mit vier einzeln elektrisch angetriebenen Rädern und zwei lenkbaren Achsen ist extrem kompakt gefaltet in der Abstiegsstufe der Mondfähre untergebracht und kann innerhalb von 20 Minuten mit wenigen Handgriffen in Betrieb genommen werden.

Das Zielgebiet des »Falken« liegt, auch dies eine Premiere, zum ersten Mal nicht in einem der Maria, sondern mitten auf dem lunaren Hochland, in unmittelbarer Nähe eines 100 Kilometer langen gewundenen Canyons namens Hadley-Rille. Der Landeplatz befindet sich direkt hinter einer mächtigen Bergkette der Mond-Apenninen. Der Anflug ist eine besondere Herausforderung, da er nicht im typischen flachen 15-Grad-Winkel der früheren Missionen ablaufen kann. Vielmehr ist ein steilerer 26-Grad-Anflugwinkel nötig, um an die geplante Stelle zu kommen.

Die mit Spannung erwartete Landung klappt ohne Probleme: »Falcon« setzt zwei Kilometer östlich der Hadley-Rille auf, nur wenige Meter nördlich eines Kraters mit dem Namen Index. Wegen der höheren Masse von LM-10 ist auch die Düse des stärkeren Triebwerks etwas länger, und so achtet David Scott penibel darauf, das Triebwerk schon beim ersten Kontakt der Landefühler abzustellen. Etwas unsanft schlägt die Fähre nach einem freien Fall von 1,7 Metern auf dem Mond auf und bleibt mit zehn Grad Schräglage stehen. Im ersten Augenblick sind die Astronauten etwas besorgt über die Neigung, bald aber ist klar, dass das LM sicher und fest steht.

Nachdem die Crew ihre Landecheckliste abgearbeitet hat, wagt Scott einen ersten Blick aus der oberen Luke der Raumfähre, auch um eine geplante Serie von Panorama-Aufnahmen zu machen. Was er sieht, verschlägt ihm den Atem: wenige Kilometer südlich der Landestelle überragt das beinahe 4000 Meter hohe Massiv des Mount Hadley die

Ebene. Seine Flanke liegt im tiefschwarzen Schatten, aber die oberste Linie des Gebirgskamms ist beleuchtet. Scott kann vom Dach des LM aus auch die meisten der Krater auf seiner Karte identifizieren.

Mit mehr Vorräten sowie leistungsfähigeren Systemen und Raumanzügen ausgestattet, können Scott und Irwin beinahe drei Tage im Mount Hadley-Delta verbringen und erkunden in drei insgesamt über 18 Stunden dauernden Außenbordeinsätzen systematisch das abwechslungsreiche und geologisch interessante Gebiet mit dem Rover. Allerdings sollen sie sich nicht weiter entfernen, so die NASA-Vorschrift, als sie im Falle einer Autopanne zu Fuß zurücklegen können.

In der ersten Nacht auf dem Mond muss Mission Control Scott und Irwin wecken, als die Telemetriedaten ein Leck im Schiff anzeigen: Sauerstoff entweicht aus der Kabine. Schnell stellt sich heraus, dass das Ablassventil für den Urin nicht ganz dicht ist, ein Fehler, der rasch behoben ist. Nach der Schlafpause machen die beiden mit dem Rover einen ersten Ausflug, der sie ein Stück nach Süden zum Elbow Crater bringt, anschließend besuchen sie noch die Flanke des Gebirgsmassivs, wo sie den einzigen Felsbrocken einsammeln, den sie dort finden können. Den Rest dieses ersten Tages verbringen sie mit dem Aufstellen von Experimenten und Geräten. Als die Astronauten nach sechseinhalb Stunden in ihr enges Domizil zurückkehren, sind sie, vor allem wegen der anstrengenden Bohrarbeiten mit falsch konstruiertem Werkzeug, fix und fertig.

Auch bei ihrer nächsten Exkursion haben sie mit dem Bohrer Probleme. Nachdem Scott mit aller Gewalt versucht hat, diesen so tief in den harten Untergrund zu treiben, wie das die Geologen auf der Erde von ihnen verlangen, hat er anschließend für mehrere Wochen Schmerzen in den Fingern. Wieder besuchen sie auch das Mount Hadley-Massiv, dieses Mal aber besteigen sie sogar seine Flanke, wo Irwin einen kleinen Felsbrocken entdeckt, der es als »Genesis-Rock« zu Berühmtheit bringt. Die Analyse im Labor auf der Erde wird zeigen: es ist mit viereinhalb Milliarden Jahren die älteste Probe, die Apollo-

»Falcon« (Falke), die Mondfähre von Apollo 15 an ihrer Landestelle nahe der Hadley-Rille in den Mond-Apenninen. Apollo 15 war die neunte bemannte und die erste der sogenannten »J«-Missionen. »Falcon« blieb beinahe drei Tage auf dem Mond.

Astronauten vom Mond brachten, und stammt aus den Urzeiten des Sonnensystems.

Nach einem Ausflug an die Hadley-Rille während ihrer dritten Exkursion kehren Scott und Irwin zur Mondfähre zurück, wo Scott, kurz bevor sie zum letzten Mal einsteigen müssen, zu Ehren Galileo Galileis noch schnell zeigt, dass Objekte im Vakuum unabhängig von ihren Massen gleich schnell zu Boden fallen. In einer eindrucksvollen Szene, die man sich noch heute im Internet ansehen kann, lässt Scott seinen Geologenhammer und eine Falkenfeder fallen und bestätigt so auf eindrucksvolle Weise Galileis Theorie, die dieser selbst nie im Experiment nachprüfen konnte.

Nahe der Landestelle im Mount Hadley-Delta fand die Apollo 15-Crew diesen heute als »Genesis-Rock« bezeichneten Stein, dessen Alter auf viereinhalb Milliarden Jahre geschätzt wird. Das große Bild zeigt den kleinen Felsen an seiner Fundstelle links neben dem Stativ als Teil eines größeren Brockens.

Nach dem Andocken an das CM »Endeavour« im Mondorbit bekommt der völlig übermüdete Irwin, der nach dem letzten Außenbordeinsatz 23 Stunden lang nicht geschlafen hat, massive Herzrhythmus-Störungen, die sogar so bedenklich werden, dass einer der Ärzte in Houston meint, auf der Erde würde er Irwin sofort in ein Krankenhaus einweisen lassen. Allerdings, so fügt der Arzt hinzu, sei der reine Sauerstoff im Kommandomodul optimal für Irwin und etwas Besseres als die Schwerelosigkeit gäbe es für das gestresste Herz auch auf der Erde nicht.

Der tief religiöse Irwin, der nach seiner Astronauten-Karriere Prediger wird, erholt sich zunächst schnell, und auch sein EKG zeigt keine Auffälligkeiten. Dennoch hat er zwei Jahre später während eines Handballspiels einen ersten Herzinfarkt, an einem weiteren stirbt er 1991 im Alter von nur 61 Jahren.

Auf dem Mond zurück lassen Scott und Irwin die kleine Aluminiumfigur »Fallen Astronaut« des belgischen Künstlers Paul Van Hoeydonck und dazu eine Plakette mit den Namen von 14 verstorbenen amerikanischen Astronauten und russischen Kosmonauten.

John Young, Kommandant von Apollo 16, und Charlie Duke, CapCom bei Neil Armstrongs und Buzz Aldrins historischer erster Landung, steigen am 20. April 1972 in ihre Mondfähre »Orion« um, die sie zu ihrem Landeplatz auf dem Descartes-Hochland bringen soll. Ursprünglich haben die Missionsplaner von einer Landung im Krater Tycho weit in der südlichen Hemisphäre geträumt, aber nachdem die Flugdynamiker Tycho wegen zu hohen Treibstoffverbrauchs ausschließen, entscheidet man sich für das zentrale Hochland.

Abermals droht ein technischer Defekt die Mission scheitern zu lassen, diesmal im Mutterschiff »Casper«, gesteuert von Ken Mattingly: Eine Baueinheit der Triebwerkssteuerung ist defekt. Das Problem ist eigentlich kritisch genug, um die Landung platzen zu lassen. Da sie bereits abgekoppelt haben, als der Fehler auftaucht, jagen die beiden Schiffe im Formationsflug um den Mond, während Techniker in Houston die Störung analysieren. Schließlich kommen sie zu dem Schluss, dass der Defekt nicht lebensbedrohlich ist, und gestatten der Crew, den Anflug fortzusetzen. Erst jetzt darf »Casper« sich von »Orion« entfernen und den Sinkflug beginnen. Wegen der stundenlangen Warteschleife muss die Mission allerdings um einen Tag verkürzt werden.

Ohne weitere Probleme landet »Orion« mit Young und Duke am 21. April 1972 um 2 Uhr 23 UTC (Weltzeit) im Descartes-Gebiet und bleibt dort für zwei Tage und 23 Stunden stehen. Über 20 Stunden lang halten sich die beiden Astronauten außerhalb der Mondfähre auf und unternehmen ausgedehnte Fahrten mit dem Lunar Rover. Dabei finden sie unter anderem heraus, dass das ursprünglich für vulkanisches Gebiet gehaltene Gelände in Wirklichkeit vor allem aus Impaktgesteinen besteht. Zur Erde zurück bringen sie davon unter anderem einen beinahe 12 Kilogramm schweren Brocken. Auch einen Geschwindigkeitsrekord für den Mond stellen Young und Duke auf: 18 Stundenkilometer erreicht ihr Lunar Rover im Verlauf einer waghalsigen Fahrt, bei der manches Mal alle vier Räder in der »Luft« sind.

Dieses Polaroid-Foto seiner Familie ließ Apollo 16-Astronaut Charlie Duke an der Landestelle auf dem Descartes-Hochplateau zurück.

*»Ach ja ... Wenn du eine Erde gesehen hast, hast du sie doch alle gesehen«*, meint Geologe Jack Schmitt während der Mission Apollo 17 auf dem Mond scherzhaft, nachdem ihn Kollege Gene Cernan wiederholt aufgefordert hat, endlich einmal nach oben zu sehen und die Erde zu bewundern. Es ist nur ein Spaß, aber er kennzeichnet die Routine, die sich bis Dezember 1972 in das Mondprogramm eingeschlichen hat.

Fünf Stunden nach dem Start gelingt der Crew von Apollo 17 das bis heute schönste Bild der voll beleuchteten Erde aus dem Weltall. Als »*Blue Marble*« (»Blaue Murmel«) wird es seither weltweit vermarktet. Dennoch wird das Bild meistens in der »falschen« Orientierung präsentiert, denn Jack Schmitt hielt die Hasselblad-Kamera während der Aufnahme so, dass sich die Antarktis oben befand.

Seit Langem ist klar, dass Apollo 17 der letzte Mondflug sein wird. Für Gene Cernan, Harrison Schmitt und Ron Evans ist der Flug deshalb nicht weniger spannend. Nur Kommandant Cernan, der den größten Teil der Reise bereits bei der Generalprobe mit Apollo 10 hinter sich gebracht hat, ist vielleicht nicht ganz so beeindruckt von der Gewalt des Starts, der Schwerelosigkeit, dem Eindruck der unendlichen Leere des Alls und dem näher kommenden Mond.

Mit Schmitt ist bei Apollo 17 zum ersten Mal ein Wissenschaftler an Bord eines Mondfluges. Seine Qualifikation und der gegen Ende des Programms zunehmende Druck aus Politik und wissenschaftlicher Gemeinde, endlich auch mal einen *echten* Wissenschaftler zum Mond zu schicken und nicht immer nur zu (gelegentlich etwas unwilligen) Hilfsgeologen ausgebildete Flieger, hat den Ausschlag gegeben.

Der Landeanflug von Apollo 17 ist der vielleicht spektakulärste, was die Landschaft betrifft, in die er führt. Das Taurus Littrow-Tal am südöstlichen Rand des Mare Serenitatis ist auf allen Seiten von hohen Bergen umgeben. Die Landestelle liegt etwa 30 Kilometer südlich des Kraters Littrow. Als Cernan das LM zwischen den Bergen hindurch steuert, stockt ihm beinahe der Atem. Das 2500 hohe Meter hohe Nordmassiv und das sogar noch höhere südliche Massiv bilden gemeinsam mit der »wie an den Himmel gemalten Erde« (Cernan) ein eindrucksvolles Szenario.

Nur 70 Meter von den geplanten Koordinaten schwebt die Apollo 17-Mondfähre »Challenger« noch für wenige Augenblicke an diesem 11. Dezember 1972. Sekunden später, in Houston ist es 13 Uhr 56, blinkt zum letzten Mal in diesen dreieinhalb Jahren Mondlandung die

Oben: Im Jahr 2008 überquert die japanische Mondsonde Kaguya die Landestelle von Apollo 17 im Taurus Littrow-Tal. Links das »Südmassiv«, oben das »Nordmassiv«. Das Kreuz bezeichnet die Landestelle von »Challenger« in dem etwa 20 Kilometer langen Tal.

Unten: Dieses Panorama-Bild des Kraters »Shorty« wurde aus mehreren Bildern zusammengesetzt. Im Hintergrund, etwa sieben Kilometer entfernt, das 2700 Meter hohe »Südmassiv«. Am Rand von »Shorty« entdeckte Geologe Schmitt orangefarbenes, glasähnliches Material.

blaue Leuchte am Instrumentenbrett: Kontakt! Cernan wird später sagen, dass »die Mondlandung nicht schwieriger ist als eine Nachtlandung mit einem Jet auf einem Flugzeugträger«, womit der temperamentvolle Texaner natürlich auch sagen will, er könne dies ebenso gut wie der Autopilot. Aber im Grunde weiß auch er, dass keiner der Astronauten das LM je manuell aus dem Orbit auf die Mondoberfläche bringen würde.

Nachdem Cernan und Schmitt den Rover aus der Abstiegsstufe geholt, montiert und getestet haben, brechen sie zu einer ersten Erkundungsfahrt auf. Insgesamt werden sie damit 34 Kilometer auf dem Mond zurücklegen und auch zu mehreren Kratern der Umgebung fahren.

Am zweiten Tag des Aufenthalts findet Geologe Schmitt am Rand des Einschlagkraters Shorty dann etwas Überraschendes:

Schmitt: *»Oh … Hey … Warte mal einen Moment!«*

Cernan: *»Was?«*

Schmitt: *»Was sind denn das für Reflexionen? Ich hab' mich ja schon mal getäuscht … Da ist orangene Erde!«*

Cernan: *»Beweg dich nicht von der Stelle, bevor ich es auch sehe!«*

Schmitt, nun total aufgeregt: *»Überall! Orange!«*

Cernan glaubt, dass »Dr. Rock«, so nennt er den Geologen, »an einer Überdosis Mondgestein leidet«, denn auf dem Mond gibt es nichts Far-

biges, da ist er sich sicher. Der erste praktische Selenologe der Welt, so kann er sich gleich überzeugen, hat aber tatsächlich orangefarbenes Material gefunden. Es ist einer der aufregendsten Momente der Mission. Später stellt sich heraus, dass es sich bei der »orangefarbenen Erde« um über drei Milliarden Jahre alte Glasfragmente vulkanischen Ursprungs handelt.

Dreimal verlassen Cernan und Schmitt das LM, für beinahe 21 Stunden halten sie sich in der freien Natur des Mondes auf und einmal entfernen sie sich mit dem Mondauto sogar beinahe acht Kilometer von der Mondfähre, so weit wie vom Zentrum Münchens bis an den Stadtrand.

Nach drei Tagen auf dem Mond sind die Anzüge der Apollo 17-Astronauten beinahe schwarz wie die Kombis von Bergleuten. Im hinteren Teil der engen Kabine liegen sie, kurz vor dem Rückflug, unter der Dachluke des LM verstaut.

»*Okay, Jack. Let's get this mutha* (mother) *out of here*«, sind die letzten, wenig feierlichen texanischen Worte von Gene Cernan vor dem Start vom Mond. Wenige Augenblicke später ist die Geschichte der Apollo-Mondlandungen vorüber. Die auf dem Mondauto montierte Fernsehkamera verfolgt, von der Erde aus ferngesteuert, den Start der Aufstiegsstufe von »Challenger« bis in große Höhe. Ein paar Stunden später koppeln Cernan und Schmitt an der »America« an. Auf dem Rückflug wird Ron Evans, Pilot des Kommandomoduls, noch einen spektakulären Außenbordeinsatz im All absolvieren.

Der letzte Start vom Mond: Die automatische Kamera auf dem Mondauto von Apollo 17 überträgt am 14. Dezember 1972 den Rückstart live zu den Fernsehzuschauern auf der Erde.

Mit Apollo 17 ist das Projekt Apollo zu Ende. Die verbliebenen Raumschiffe der wegen Budgetkürzungen nicht mehr durchgeführten Flüge Apollo 18 bis 20 werden teilweise für das erste Weltraumlabor der USA »Skylab« eingesetzt. Einer der Männer, die Skylab besuchen und darauf arbeiten, ist Apollo 12-Astronaut Al Bean. Das letzte Raumschiff der Apollo-Klasse fliegt 1975 zu einem denkwürdigen Abschluss dieser Ära in die Erdumlaufbahn: Beim Projekt Apollo-Sojus docken ein Apollo Command Service Module, das ursprünglich zum Mond hätte fliegen sollen, und ein russisches Zweimannraumschiff aneinander an. Was nur Jahre vorher undenkbar erschien, ist nun Realität: Kosmonauten und Astronauten besuchen sich im All, tauschen Wimpel aus, werden Freunde. Sergei Koroljow ist seit Langem tot, ebenso John F. Kennedy und Nikita Chruschtschow. Wernher von Braun hingegen erlebt die historische Mission noch, er stirbt 1977.

So endete jede der Apollo-Missionen: An drei riesigen Fallschirmen hängend wassert das Command Module im Pazifik. Hier das Command Module von Apollo 17, »America«, kurz vor der Wasserung.

## Constellation 2019: Die Gene von Apollo

»*Wir werden lernen, dort zu leben.*« Jim Garvin, Chef-Wissenschaftler der NASA

Nach Gene Cernan im Dezember 1972 war kein Mensch mehr auf dem Mond. Nach einer langen Pause von 13 Jahren aber ging die unbemannte Erforschung weiter, als 1990 die japanische Experimentalsonde Hiten den Mond erreichte. Seitdem waren mit Galileo, Clementine, Lunar Prospector, der europäischen Sonde Smart-1 (2004) und der japanischen Kaguya (2007) einige künstliche Satelliten im Mondorbit.

Auf eine bemannte Mission werden wir wohl noch einige Jahre warten müssen, auch wenn neben den USA auch Russland und China bemannte Landungen planen. Im Moment umkreist bereits der im März 2009 gestartete Lunar Reconnaissance Orbiter den Mond auf einer niedrigen polaren Umlaufbahn – er soll für die nächsten Besuche von Menschen vorgesehene Landeplätze auf ihre Tauglichkeit überprüfen.

Voraussichtlich im Juni 2019, so die derzeitige Planung der NASA, wird das Projekt Constellation mit der Mission Orion 15 vier US-Astronauten auf den Mond bringen. Orion 15 soll die erste mehrerer Mondmissionen sein und den Grundstein für die Errichtung einer dauerhaft bemannten Mondstation legen, die zwischen 2020 und 2024 errichtet und nach Neil Armstrong benannt werden soll. Die Raumfahrzeuge von Constellation, das Kommandomodul »Orion« und die Landefähre »Altair«, werden die Gene von Apollo in sich tragen. Sie sind grundsätzlich ähnlich konzipiert, werden natürlich aber mit einer Technik und Hightech-Systemen ausgestattet sein, von denen die Apollo-Astronauten noch nicht einmal träumen konnten.

So spannend wie an Bord der Mondfähren und Kommandomodule von Apollo wird es sicher nicht mehr zugehen: Erste Einblicke, die von der NASA in die neue Technologie gewährt werden, zeigen Bildschirmcockpits wie in modernen Airlinern, Touchscreens, Tastaturen. Von

2019 wird das Constellation-Programm mit Raumschiffen zum Mond aufbrechen, denen man ihre konzeptionelle Verwandtschaft mit Apollo deutlich ansehen wird.

zwei Ares-Raketen in den Erdorbit transportiert, werden »Orion« und »Altair« sich dort zu einer Einheit verbinden und dann, ganz ähnlich wie »Columbia« und »Eagle«, gemeinsam zum Mond fliegen.
Frank Borman, der Kommandant des ersten Schiffes zum Mond, wird dann 91 Jahre alt sein, Neil Armstrong, Buzz Aldrin und Mike Collins 89. Constellation wird vom selben Startgelände zum Mond aufbrechen, die Ares-Raketen werden in derselben Halle montiert werden, aber keiner der Mitarbeiter des Apollo-Programms wird an Constellation mehr beteiligt sein.

# Anhang

## Glossar Mond

| | |
|---|---|
| **Albedo** | Rückstrahlkraft des Mondes |
| **Anorthosit** | Feldspat-Gestein der Mondkruste |
| **Asteroid** | planetenähnliches Objekt in der Sonnenumlaufbahn |
| **Dorsa (Dorsum)** | lang gestreckte Hügel in den Maria |
| **Drakonitischer Monat** | Zeitspanne zwischen zwei Durchgängen durch denselben Knotenpunkt |
| **Ekliptik** | Ebene der scheinbaren Bahn der Sonne |
| **Fossae (Fossa)** | flache Senken |
| **Libration** | das Schwanken des Mondes |
| **Maria (Mare)** | Basalt-Tiefebenen des Mondes |
| **Mascons, Mass Concentrations** | Schwerkraftanomalien des Mondes |
| **Meteor** | Leuchterscheinung am Himmel, verursacht durch einen Meteoroiden |
| **Meteoroid** | Objekt in der Umlaufbahn der Sonne, kleiner als Asteroiden |
| **Meteorit** | nicht komplett verglühter Meteoroid, der die Erdoberfläche erreicht |
| **Mondfinsternis** | der Schatten der Erde fällt auf den Mond |
| **Mondknoten (Drachenpunkte)** | die Punkte, an denen die Mondbahn die Ekliptik schneidet |
| **Montes (Mons)** | Gebirge und Berge des Mondes |
| **Neumond** | der Mond steht zwischen Erde und Sonne |

| | |
|---|---|
| **Promontorium** | Gebirgsenden (Kap) |
| **Regolith** | die sand- oder staubähnliche oberste Schicht des Mondbodens |
| **Reiner Gamma** | helle Anomalie im Oceanus Procellarum |
| **Rimae (Rima)** | rillenförmige Strukturen (»Hadley Rille«) |
| **Rupes** | riss- und furchenartige Strukturen |
| **siderischer Monat** | vollständiger Umlauf der Mondes in Bezug auf die Fixsterne |
| **Sonnenwind** | Teilchenstrom der Sonne aus Protonen und Elektronen |
| **synodischer Monat** | Zeitspanne zwischen zwei gleichen Mondphasen |
| **Terrae** | geologisch ältere Hochländer des Mondes |
| **Vallis** | Mondtal |
| **Vollmond** | Die Erde steht zwischen Sonne und Mond. |

## Die Apollo-Astronauten

| | |
|---|---|
| **Apollo 1** | Virgil I. »Gus« Grissom, Roger B. Chaffee, Edward H. White II |
| **Apollo 7** | Walter M. Schirra, Donn F. Eisele, R. Walter Cunningham |
| **Apollo 8** | Frank F. Borman, William A. Anders, James A. Lovell Jr. |
| **Apollo 9** | James A. McDivitt, Russell L. Schweickart, David R. Scott |
| **Apollo 10** | Thomas P. Stafford, Eugene A. Cernan, John W. Young |
| **Apollo 11** | Neil A. Armstrong, Buzz Aldrin, Michael Collins |
| **Apollo 12** | Charles »Pete« Conrad Jr., Alan Bean, Richard F. Gordon Jr. |
| **Apollo 13** | James A. Lovell Jr., Fred W. Haise Jr., Jack Swigert |
| **Apollo 14** | Alan B. Shepard, Edgar D. Mitchell, Stuart A. Roosa |
| **Apollo 15** | David R. Scott, James B. Irwin, Alfred M. Worden |
| **Apollo 16** | John W. Young, Charles M. Duke Jr., T. Kenneth Mattingly Jr. |
| **Apollo 17** | Eugene A. Cernan, Harrison H. »Jack« Schmitt, Ronald E. Evans |

## 6 Landungen, 12 Männer auf dem Mond

**Apollo 11** Neil Armstrong und Buzz Aldrin: **20. Juli 1969,** Mare Tranquillitatis
**Apollo 12** Pete Conrad und Alan Bean: **19. November 1969,** Oceanus Procellarum
**Apollo 14** Alan Shephard und Edgar Mitchell: **5. Februar 1971**, Fra Mauro-Gebiet
**Apollo 15** David Scott und James Irwin: **30. Juli 1971,** Hadley-Rille
**Apollo 16** John Young und Charlie Duke: **21. April 1972,** Descartes-Hochplateau
**Apollo 17** Gene Cernan und Harrison Schmitt: **11. Dezember 1972,** Taurus Littrow-Tal

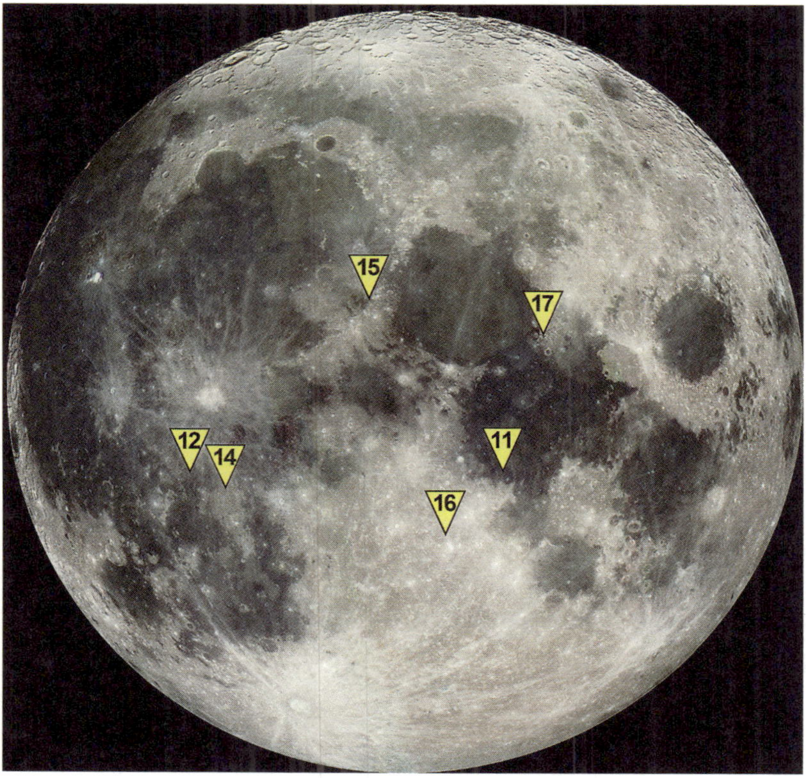


Die Landestellen der sechs erfolgreichen Mondmissionen lagen alle, vor allem aus Sicherheitsgründen und der optimalen Erreichbarkeit wegen, in der Nähe des Mondäquators. Dieses Foto des Vollmondes machte die US-Sonde Galileo am 7. Dezember 1992.

## Die 10 wichtigsten wissenschaftlichen Resultate der Mondlandungen

1. Der Mond ist kein Ur-Objekt des Sonnensystems; er ist in einer Evolution als terrestrischer Planet entstanden und beinhaltet der Erde ähnliche Zonen in seinem Inneren.
2. Der Mond ist ein uralter Körper und hat die ersten Milliarden Jahre der Entstehungsgeschichte gespeichert, die allen terrestrischen Planeten gemein ist.
3. Das jüngste Mondgestein ist etwa so alt wie das älteste Erdgestein. Spuren der ältesten Prozesse und Ereignisse, die beide Himmelskörper betrafen, können heute nur noch auf dem Mond gefunden werden.
4. Mond und Erde sind genetisch verwandt und bildeten sich aus unterschiedlichen Anteilen desselben Urmaterials.
5. Der Mond ist leblos; es gibt auf ihm keine lebenden Organismen, Fossilien – und er beheimatet auch keine anderen organischen Verbindungen.
6. Das gesamte Mondgestein entstand in Hochtemperaturprozessen ohne die Anwesenheit von Wasser. Grob lässt es sich in drei Gruppen einteilen: Basalte, Anorthosite und Brekzien.
7. Früh in seiner Geschichte war der Mond mit einem bis in große Tiefen flüssigen Magmaozean bedeckt. Die Hochländer enthalten Überreste frühen, wenig dichten Gesteins, das an die Oberfläche stieg.
8. Auf den Magmaozean folgte eine Reihe großer Asteroideneinschläge, die große Einschlagbecken schufen, welche später mit Lava überschwemmt wurden.
9. Der Körper des Mondes ist leicht asymmetrisch, was wahrscheinlich eine Konsequenz seiner Entstehung unter dem Einfluss der Gravitation der Erde ist. Seine Kruste ist auf der erdabgewandten Seite dicker, während die meisten vulkanischen Becken und Massekonzentrationen sich auf der Vorderseite befinden.
10. Die Oberfläche des Mondes ist von Felsbrocken und Staub bedeckt, dem sogenannten Regolith. In ihm ist eine einzigartige Strahlungshistorie der Sonne gespeichert, die wichtig für das Verständnis von Klimaveränderungen auf der Erde ist.

**Quelle:** NASA

# Glossar Apollo

| | |
|---|---|
| **Aerozine-50** | Treibstoff von CSM und LM |
| **AGC, Apollo Guidance Computer** | Navigationscomputer von CM und LM |
| **AGS, Abort Guidance System** | Reserve-Navigationssystem des LM |
| **ALS-2, Apollo Landing Site 2** | Landestelle von Apollo 11 |
| **ALSEP, Apollo Lunar Surface Experiments Package** | auf dem Mond aufgestellte Geräte für Experimente (ab Apollo 12) |
| **APS, Ascent Propulsion System** | Aufstiegstriebwerk der Mondfähre |
| **Boeing** | Hersteller der ersten Stufe der Saturn V |
| **CapCom, Capsule Communicator** | spricht am Funk mit der Crew |
| **CM, Command Module** | Apollo-Mutterschiff |
| **CMP, Command Module Pilot** | Pilot des Command Module |
| **CSM, Command Service Module** | Apollo-Mutterschiff mit Geräteteil |
| **DOI, Descent Orbit Insertion** | Einflug in die Abstiegsbahn |
| **DPS, Descent Propulsion System** | Abstiegstriebwerk des LM |
| **DSKY, Display and Keyboard** | Bedieneinheit des Apollo-Bordcomputers |
| **ECS, Environmental Control System** | lebenserhaltende Bordsysteme |
| **EASEP, Early Apollo Surface Experiments Package** | wissenschaftliche Experimente auf dem Mond (Apollo 11) |
| **EVA, Extravehicular Activity** | Außenbordeinsatz, auch auf dem Mond |
| **F-1** | Triebwerk der ersten Stufe der Saturn V |
| **Flight Director** | Flugleiter im Kontrollzentrum |
| **Gemini** | Raumfahrtprogramm zur Vorbereitung von Apollo |
| **»Go«** | Freigabe für ein Manöver (am Funk) |
| **Grumman** | Hersteller der Mondfähre LM |
| **IMU, Inertial Measuring Unit** | Trägheitsplattform in CM und LM |

| | |
|---|---|
| **IU, Instrument Unit** | Instrumenteneinheit der Saturn V |
| **J-2** | Triebwerk der zweiten und dritten Stufe der Saturn V |
| **Johnson Space Center** | NASA-Center für bemannten Raumflug |
| **JPL, Jet Propulsion Laboratory** | |
| **KSC** | Kennedy Space Center, Florida |
| **LC-39-A/B (Launch Complex)** | Startrampen des Apollo-Programms |
| **LET, Launch Escape Tower** | Rettungssystem der Saturn V-Rakete |
| **LGC, Lunar Guidance Computer** | Navigationscomputer der Mondfähre |
| **LLRV/LLTV, Lunar Landing Research (Training) Vehicle** | Trainingsgerät für die Mondlandung |
| **LM (LEM)** | Lunar (Excursion) Module – Mondfähre |
| **LMP, Lunar Module Pilot** | »Pilot« (Systemingenieur) der Mondfähre |
| **LPD, Landing Point Designator** | Lande-Visiereinrichtung des LM |
| **LRL, Lunar Receiving Laboratory** | NASA-Labor für Mondsteine |
| **LRV, Lunar Roving Vehicle** | elektrisches Mondauto |
| **LUT, Launch Umbilical Tower** | Startrampen von Apollo |
| **M.I.T.** | Massachusetts Institute of Technology |
| **Mercury** | Amerikas erstes bemanntes Raumfahrtprogramm |
| **MOCR, Mission Operations Control Room** | Missions-Kontrollzentrum (Houston) |
| **Moon Landing Hoax** | Verschwörungstheorien zur Mondlandung |
| **MSC, Manned Spacecraft Center** | Houston (heute Johnson Space Center) |
| **MSFC, Marshall Space Flight Center** | |
| **NASA, National Aeronautics and Space Administration** | Raumfahrtbehörde der USA, Nachfolger der NACA |
| **NASM** | National Air and Space Museum, Washington D.C. |

| | |
|---|---|
| **North American** | Hersteller von CSM und 2. Stufe der Saturn V |
| **P63, P64, P65, P66** | Computerprogramme des LM für die Landung |
| **PDI, Powered Descent Initiation** | Bremszündung für den Landeanflug |
| **PGNS, Primary Guidance and Navigation System** | Primäres Navigationssystem (»Pings«) |
| **PLSS, Portable Life Support System** | Rucksäcke der Apollo-Mondanzüge |
| **RCS, Reaction Control System** | Steuerdüsen von CSM und LM |
| **ROD, Rate of Descent** | Sinkrate (in Fuß pro Sekunde) |
| **Saturn IB** | kleinere Variante der Saturn-Rakete für den Erdorbit |
| **Saturn V** | die dreistufige Mondrakete |
| **Service Module (SM)** | Geräteteil des Kommandomoduls |
| **S-IC** | erste Stufe der Saturn V |
| **S-IVB** | dritte Stufe der Saturn V |
| **Surveyor** | erster unbemannter Mondlander der USA |
| **TLI, Trans Lunar Injection** | Einschuss in die Mondbahn |
| **Tranquility Base** | Funkzeichen von Apollo 11 nach der Landung |
| **V-2/A-4** | »Vergeltungswaffe 2«, Rakete aus dem Zweiten Weltkrieg |
| **VAB, Vehicle Assembly Building** | Montagehalle für Saturn-Raketen |

## Literatur und Quellen

Zitate

**S. 7 (Borman)** aus *Discover Magazine*, 1994; **S. 85 (Shepard)** aus *Gene Kranz: Failure Is Not an Option: Mission Control from Mercury to Apollo 13 and Beyond*, 2000; **S. 88 (Seamans)**: NASA History Website; **S. 129 (Petrone)** aus *Thomas J. Kelly: Moonlander. How we developed the Apollo Lunar Module*, 2001; **S. 136 (Scott)**; aus einem Vortrag von David Scott, 1982; **S. 139 (Shepard)** aus *David A. Mindell: Digital Apollo. Human and Machine in Spaceflight*; 2008 **S. 141 (Collins)** *NASA History Website:Apollo Expeditions to the Moon*; **S. 142 (Collins)** aus *Michael Collins: Carrying the Fire*, 1974; **S. 148 (Collins)** aus *Michael Collins: Carrying the Fire*, 1974; **S. 148 (Bean)** aus dem Film *In the Shadow of the Moon*, 2007; **S. 149 (Scott)** aus dem Film *In the Shadow of the Moon*, 2007; **S. 150 (Fred Haise)** aus *W. David Woods: How Apollo flew to the Moon*, 2008; **S. 164 (Grissom)** aus *Andrew Chaikin: A Man on the Moon. The Voyages of the Apollo Astronauts*, 1994; **S. 168 (Bean)** aus dem Film *In the Shadow of the Moon*, 2007; **S. 190 (Borman)** aus dem offiziellen Sprechfunkprotokoll von Apollo 8; **S. 195 (Cernan)**, Auszug aus dem Buch: *Eugene Cernan and Don Davis: The Last Man on the Moon*, 1999; **S. 209 (Bean)** aus dem Film *In the Shadow of the Moon*, 2007; **S. 242 (Duke)** aus dem Film *In the Shadow of the Moon*, 2007; **S. 245 (Bean)** aus dem Film *In the Shadow of the Moon*, 2007; **S. 257 (Conrad)** aus dem Film *In the Shadow of the Moon*, 2007; **S. 263 (Cernan)** von der Website *Apollo Lunar Surface Journal* (http://history.nasa.gov/alsj); Alle anderen Zitate stammen aus offiziellen Dokumenten und Quellen der NASA, wie etwa den Sprechfunkprotokollen der Apollo-Missionen oder den Missionsberichten der Astronauten.

Bücher

**A Man on the Moon**, Andrew Chaikin, New York, 1994
**A Short History of the World**, J. M. Roberts, New York, 1993
**Apollo – The definitive Sourcebook**, Orloff & Harland, Berlin / New York, 2006
**Astronomy through the Ages**, Robert Wilson, Princeton (USA), 1998
**Big Bang**, Simon Singh, München, 2005
**Carrying the Fire**, Michael Collins, New York, 2001
**Cosmos**, Carl Sagan, New York, 1980
**Countdown**, Frank Borman, New York, 1988
**Den Mond beobachten**, G. North, Heidelberg, 2003
**Die exakten Geheimnisse unserer Welt**, Isaac Asimov, München, 1985
**Digital Apollo**, David A.Mindell, Cambridge, 2008
**dtv-Atlas Astronomie**, München, 1990
**Earth Shine**, Anne Morrow Lindbergh, New York, 1969

**Epic Moon**, A history of lunar exploration in the age of the telescope, W. Sheehan, T. Dobbins, Richmond (USA), 2001
**Exploring the Moon**, David M. Harland, Chichester (UK), 2008
**First Man**, The Life of Neil A. Armstrong, James R. Hansen, New York, 2005
**Flying to the Moon**, Michael Collins, New York, 1976
**Genesis**, The Story of Apollo 8, Robert Zimmerman, New York, 1998
**How Apollo flew to the Moon**, W. David Woods, Berlin / New York, 2008
**In the Shadow of the Moon**, Francis French/Colin Burgess, Lincoln (USA), 2007
**Lost Moon**, James A. Lovell & Jeffrey Kluger, Boston / New York, 1994
**Moondust**, Andrew Smith, London, 2005
**Moonlander**, How we built the Lunar Module, Thomas J. Kelly, Washington D.C., 2001
**Pale Blue Dot**, Carl Sagan, München, 1996
**Rocketman**, Nancy Conrad & Howard A. Klausner. New York, 2005
**Stages to Saturn**, Roger E. Bilstein, Gainesville (USA), 2003
**The Geologic History of the Moon**, Don E.Wilhelms, Washington D.C., 1987
**The Last Man on The Moon**, Gene Cernan & Don Davis, New York, 1999
**The Lunar Sourcebook**, Heiken,Vaniman, French, Cambridge, 1991
**The Moon and How to Observe it**, Peter Grego, London, 2005
**The Spirit of St. Louis**, Charles Lindbergh, New York, 1953
**Virtual LM** und **Virtual Apollo**,Scott P. Sullivan, Ontario (Kanada), 2002 und 2004

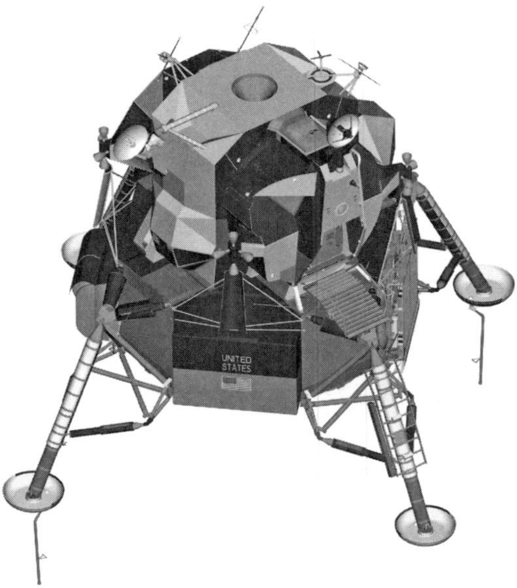


In seinen Büchern »*Virtual LM*« und »*Virtual Apollo*« hat Scott Sullivan die Raumschiffe des Apollo-Programms bis ins Detail mithilfe von CAD-Programmen nachgebildet.

Websites
**airWORK images** (www.airwork-images.com)
**Apollo Flight Journals**
(http://history.nasa.gov/ap08fj)
**Apollo Lunar Surface Journals** (http://history.nasa.gov/alsj/)
**Encyclopedia Astronautica** (www.astronautix.com)
**William K. Hartmann** (www.psi.edu/Hartmann)
**Lunar Module Guidance Computer** (http://klabs.org)/
**Marshall Space Flight Center** (http://history.msfc.nasa.gov)
**NASA** (www.nasa.gov)
**NASA History Division**
(http://www.hq.nasa.gov/office/pao/History)
**The Galileo Project** (http://galileo.rice.edu/index.html)
**Moon Base Clavius** (www.clavius.info)

Filme
**Apollo 13**, Ron Howard
**Die Eroberung des Alls**, DVD, SPIEGEL TV
**In the Shadow of the Moon**, 2007, Ron Howard
**Apollo 11**, Men on the Moon, (DVD) NASA

Software
**The Virtual Moon Atlas**, 3.5 C. Legrand, P. Chevalley (Freie Software bei http://www.ap-i.net/avl/en/start)
**Eagle Lander 3D (EL3D)**: Authentische Simulation der Mondlandungen für den PC (http://www.eaglelander3d.com)
**Mission Mond, Aufbruch ins All**, United Soft Media GmbH, München

Mondsteine
Fragmente von Mondmeteoriten können Sie im Internet zum Beispiel bei *www.fossilien.de* oder *www.aerolites.com* bestellen.

Mondlandesimulation für den PC: Eagle Lander 3D von Ron Monsen

# Bildnachweise

**Seite 2:** NASA, **S. 13:** NASA/JPL (Jet Propulsion Laboratory), **S. 23:** William K. Hartmann, **S. 37:** Alexis von Croy, **S. 49:** NASA/JPL, **S. 53:** Al-Biruni (aus »Islamic Science: An Illustrated Study«, 1976, **S. 72:** Galileo Galilei (Original in der Biblioteca Nazionale Centrale, Florenz, **S. 79:** John W. Draper, 1840, **S. 83:** NASA, **S. 86:** NASA, **S. 91:** NASA, **S. 92:** NASA, **S. 94:** NASA, **S. 106:** NASA, **S. 113:** NASA, **S. 117:** NASA, **S. 123:** NASA, **S. 126:** NASA, **S. 128:** NASA, **S. 131:** NASA, **S. 135:** NASA, **S. 142:** NASA, **S. 145:** NASA, **S. 147:** NASA, **S. 152:** NASA, **S. 162:** NASA, **S. 169:** NASA, **S. 175:** NASA, **S. 177:** NASA/v. Croy, **S. 183:** Alexis von Croy, **S. 189:** NASA, **S. 205:** NASA, **S. 209:** NASA, **S. 221:** John Knoll, aus dem Buch »Digital Apollo«, **S. 225:** NASA, **S. 229:** NASA, **S. 230:** NASA, **S. 232:** NASA, **S. 233:** NASA, **S. 235** (links): NASA, **S. 235 (rechts):** Alexis von Croy, **S. 236/237:** NASA/Mike Constantine, **S. 239:** NASA, **S. 240:** Smithsonian National Air & Space Museum. Washington D.C., **S. 241:** Alexis von Croy, **S. 245:** Ulrich Lotzmann, **S. 252:** NASA, **S. 254:** NASA, **S. 258/259:** NASA, **S. 260:** NASA (Montage: Alexis von Croy), **S. 262:** NASA, **S. 264 (oben):** Japan Aerospace Exploration Agency (JAXA), **S. 264/265 (unten):** NASA/Mike Constantine, **S. 266:** NASA, **S. 267:** NASA, **S. 268:** NASA, **S. 270:** NASA, **S. 274:** NASA (Galileo), Alexis von Croy (Landestellen), **S. 280:** Scott Sullivan, **S. 281:** Ron Monsen, **S. 283:** Marjan von Croy

Die beiden Panoramabilder auf den Seiten 236/237 (Apollo 11) und 264/265 (Apollo 17) erstellte Mike Constantine aus Einzelbildern der Missionen. Auf seiner Website ***http://moonpans.com*** können Sie hochwertige Ausdrucke dieser Bilder in vielen Formaten bestellen, zum Teil sogar mit Originalsignaturen der Apollo-Astronauten.

Zum Bild des LM-Cockpits während der Landung von Apollo 11 auf der Seite 221: Mit freundlicher Genehmigung von David Mindell und John Knoll, aus dem Buch *Digital Apollo. Human and Machine in Spaceflight,* MIT Press, 2008. John Knoll, Spezialist für visuelle Effekte *(»Star Wars«)* hat die Situation im LM-Cockpit wenige Sekunden vor dem Aufsetzen des »Adlers« im Meer der Ruhe am 20. Juli 1969 am Computer präzise nachgestellt. Er verwendete dazu die Programme »Photoshop«, »AutoDesSys«, »FormZ« und »LuxologyModo« und erstellte das Bild auf der Basis historischer Zeichnungen und Fotos. Auf dem Display des Computers ist der »1202-Alarm« zu sehen, Armstrong ist eben dabei, den Autopiloten auf halb-manuelle Steuerung umzuschalten. Vor dem linken Fenster ist der »West Crater« zu sehen, den das LM noch überflog, bevor es aufsetzte.

## Danke – Thank you!

Für ihre direkte oder indirekte Unterstützung bei diesem Buch danke ich (in zufälliger Reihenfolge) ***W. David Woods*** für die technischen Einblicke, die mir sein Buch *How Apollo flew to the Moon* verschafft hat, ***Eric Jones*** für das *Apollo Surface Journal* im Internet, ***Henning Conrad*** für die Beantwortung einiger technischer Fragen, ***Kip Teague*** für seinen Einsatz bei der Dokumentation von Apollo für zukünftige Generationen, ***Prof. David A. Mindell*** vom Massachusetts Institute of Technology (M.I.T.) für die Beantwortung von Fragen zur Steuerung der Apollo-Raumschiffe, ***Dr. William K. Hartmann*** für das Verfassen des Vorworts, ***Scott P. Sullivan*** für das CAD-Bild der Mondfähre aus seinem Buch *Virtual LM*, ***Prof. Dr. Ulrich Lotzmann*** für das Foto der »Cuff Checklist« von Apollo 12, ***Jörg Ruthel*** für die akribische Durchsicht und Verbesserung des Manuskripts und gute Tipps!, meiner Verlegerin ***Brigitte Fleissner-Mikorey*** dafür, dieses Buch machen zu dürfen, meiner Lektorin ***Gabriele Rieth-Winterherbst*** für ihren scharfen Blick, ***Dr. Carmen Sippl*** für ihre Geduld, ***Dietmar Schmitz*** für das Layout, meinem Vater ***Maximilian Prinz v. Croy*** und meiner Mutter ***Asja***, meinen Kindern ***Amelia*** und ***Marjan***, die viel Verständnis dafür hatten, dass ich fast ein Jahr lang wenig Zeit für sie hatte – vor allem aber ***meiner Frau Nicola***, die mich während der langen Monate am Schreibtisch vor dem Verhungern bewahrt hat.

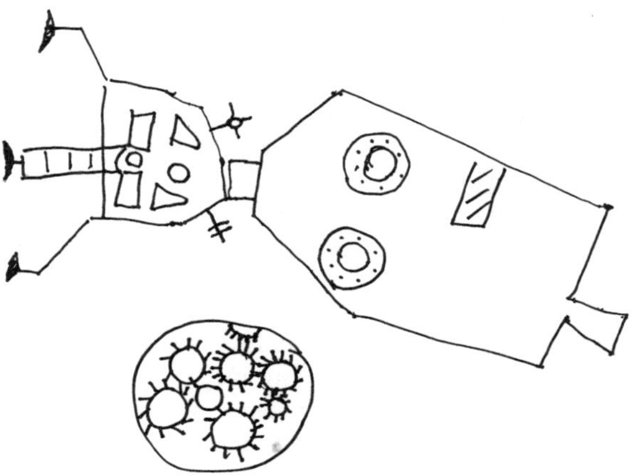

»Columbia« und »Eagle« über dem Mond
(Marjan von Croy, 6)

# Register

Apollo 16-Kommandant John Young springt – und salutiert gleichzeitig.